黄冈师范学院教材建设专项基金重大项目资助

高等学校规划教材

食用农产品资源与健康

向　福　方元平　主编

樊官伟　主审

化学工业出版社

·北京·

内容简介

本书结合生物学分类、中医学、中药学相关知识，从品种考证、入药部位及性味功效、经方验方应用等方面，对常见食用农产品及其健康用途作了系统分析介绍。本书分为两部分，第一部分介绍了农产品相关术语、生物学分类以及中医中药学相关基础知识；第二部分介绍了覆盖 47 科食用农产品的入药部位及性味功效、经方验方应用等。

本书立足科学性、简明性、启发性、可读性，对日常饮食的中医营养、健康护理，乃至农产品加工和大健康产品的开发利用均具有一定的参考和指导意义。

本书可供食品、营养、医学、农学等学科的院校师生作为专业教材使用，也可作为中医营养健康科普教材或读物，对相关领域的科研、生产单位从业人员和管理决策人员也有参考价值。

图书在版编目（CIP）数据

食用农产品资源与健康/向福，方元平主编 . —北京：
化学工业出版社， 2022.8
ISBN 978-7-122-41916-3

Ⅰ.①食… Ⅱ.①向…②方… Ⅲ.①农产品-食品-教材②食物疗法-教材 Ⅳ.①S37②R247.1

中国版本图书馆 CIP 数据核字（2022）第 137888 号

责任编辑：李　琰　满孝涵　　　文字编辑：李　平
责任校对：宋　玮　　　　　　　装帧设计：关　飞

出版发行：化学工业出版社
　　　　　（北京市东城区青年湖南街 13 号　邮政编码 100011）
印　　装：北京科印技术咨询服务有限公司数码印刷分部
787mm×1092mm　1/16　印张 14¼　字数 357 千字
2022 年 10 月北京第 1 版第 1 次印刷

购书咨询：010-64518888　　　　售后服务：010-64518899
网　　址：http://www.cip.com.cn
凡购买本书，如有缺损质量问题，本社销售中心负责调换。

定　　价：88.00 元　　　　　　版权所有　违者必究

编写人员

主　编

向　福（黄冈师范学院）

方元平（黄冈师范学院）

副主编

项　俊（黄冈师范学院）

张椿雨（华中农业大学）

刘　谦（山东中医药大学）

参　编

吴　伟（黄冈师范学院）

王蔚新（黄冈师范学院）

王书珍（黄冈师范学院）

胡晓星（黄冈师范学院）

占剑峰（黄冈师范学院）

王中山（黄冈师范学院）

郑红妍（黄冈师范学院）

李世升（黄冈师范学院）

何　峰（黄冈师范学院）

前言

中国饮食文化历史源远流长，博大精深。古人在开发食物、寻觅健康的漫长过程中，发现某些食物不仅可以解渴充饥、扶正固本，而且还可以解"毒"、排"毒"、治病。张仲景指出："所食之味，有与病相宜，有与身为害，若得宜则益体，害则成疾。"扁鹊云："安身之本，必资于食。不知食宜者，不足以存生。"李时珍进一步明断："饮食者，人之命脉也。"从中医的角度而言，一种食物对一些人有完全的营养作用，但对另一些人却可能只有部分的营养作用，甚至有可能是副作用，乃至是致病因素。因此，饮食是否有益于健康，或者说营养价值的高低，不在于营养多么丰富，更不在于其是否珍、奇、名、贵，而应着眼于自身状况来选择"气味"适宜的饮食，可能"食粥一大碗"反而更有益于健康。这攸关安全饮食与营养健康，值得我们思考和探索。

民以食为天。食用农产品是日常饮食的源头和重要组成部分。我国各地独特的地理条件和气候，孕育了丰富多元的食用农产品资源，为健康中国提供了重要的资源。从中医的角度而言，日常饮食都具有其独特的健康效益。比如面条和米饭，分别来源于麦和稻。吃面条和吃米饭有没有区别？从现代营养学的角度看，没有区别，或者说没有本质区别，都是碳水化合物。但中医认为二者所携带的信息是不同的，谷助胃气而麦补脾。脾喜燥而恶湿，麦子长在旱地，因此麦能够健脾；胃喜润而恶燥，稻长在水田，因此大米能养胃。中医赋予日常饮食"药性化"特征，通过合理搭配饮食，辨证施食，以此来增进健康、防治疾病、养生保健，这或许是中医之于健康的魅力所在，也更具有现实意义。

本书主要分为两大模块。上篇侧重于农产品相关术语、生物学分类以及中医中药学相关基础知识介绍。下篇介绍常见食用农产品的品种考证、入药部位及性味功效、经方验方应用，包括菌类农产品、植物类农产品和动物类农产品，共47科，以认识日常饮食中触手可及的健康资源。希望为传承和发扬中医食疗食养文化，发挥食用农产品资源在日常饮食营养和健康护理中的积极作用，乃至农产品加工和大健康产品的开发利用，提供一些启发和思考。

天津中医药大学樊官伟研究员作为主审人，在百忙中审阅了本书全稿，提出了许多宝贵建议，在此表示衷心感谢，还要特别感谢"黄冈师范学院教材建设专项基金项目（2021CJ08）"资助。

在本书的出版过程中得到黄冈师范学院各级领导，特别是教务处、研究生处的支持与鼓励，还得到化学工业出版社编辑的帮助，在此一并表示衷心的感谢。

限于水平有限，以及时间仓促，收集的资料欠多，书中不足之处在所难免，恳切希望广大读者给予批评、指正。

编者
2022 年 3 月

目录

上 篇

知识理论基础

第一章
农产品与营养健康基础

第一节　食用农产品定义及范围

　　根据 2018 年修订的《中华人民共和国农产品质量安全法》第二条，农产品，是指来源于农业的初级产品，即在农业活动中获得的植物、动物、微生物及其产品。农产品分为种植业和养殖业两大类产品。

　　根据 2016 年 3 月 1 日起施行的《食用农产品市场销售质量安全监督管理办法》第五十七条，食用农产品，指在农业活动中获得的供人食用的植物、动物、微生物及其产品。其中，农业活动，指传统的种植、养殖、采摘、捕捞等农业活动，以及设施农业、生物工程等现代农业活动；植物、动物、微生物及其产品，指在农业活动中直接获得的，以及经过分拣、去皮、剥壳、干燥、粉碎、清洗、切割、冷冻、打蜡、分级、包装等加工，但未改变其基本自然性状和化学性质的产品。

　　比较而言，农产品的概念大于食用农产品，食用农产品是农产品的一部分。比如，源于农业的初级产品包括玉米和棉花，区别在于玉米是供食用的农产品，棉花是不能食用的农产品。但要注意的是同样是玉米，如果种植是用来作为饲料，也不能认定为食用农产品。

　　食用农产品分为植物类、畜牧类、渔业类等三大类农产品。

一、植物类

　　植物类包括人工种植和天然生长的各种植物的初级产品及其初加工品。

1. 粮食

　　粮食是指供食用的谷类、豆类、薯类的统称。范围包括：

　　① 小麦、稻谷、玉米、高粱、谷子、杂粮（如大麦、燕麦等）及其他粮食作物。

　　② 对上述粮食进行淘洗、碾磨、脱壳、分级包装、装缸发制等加工处理，制成的成品粮及其初制品，如大米、小米、面粉、玉米粉、豆面粉、米粉、荞麦面粉、小米面粉、莜麦面粉、薯粉、玉米片、玉米米、燕麦片、甘薯片、黄豆芽、绿豆芽等。

③ 切面、饺子皮、馄饨皮、面皮、米粉等粮食复制品。

以粮食为原料加工的速冻食品、方便面、副食品和各种熟食品，不属于食用农产品范围。

2. 园艺植物

(1) 蔬菜

蔬菜是指可作副食的草本、木本植物的总称。范围包括：

① 各种蔬菜（含山野菜）、菌类植物和少数可作副食的木本植物。

② 对各类蔬菜经晾晒、冷藏、冷冻、包装、脱水等工序加工的蔬菜。

③ 将植物的根、茎、叶、花、果、种子和食用菌通过干制加工处理后，制成的各类干菜，如黄花菜、玉兰片、萝卜干、冬菜、梅干菜、木耳、香菇、平菇等。

④ 腌菜、咸菜、酱菜和盐渍菜等也属于食用农产品范围。

各种蔬菜罐头（罐头是指以金属罐、玻璃瓶，经排气密封的各种食品。下同）及碾磨后的园艺植物（如胡椒粉、花椒粉等），不属于食用农产品范围。

(2) 水果及坚果

① 新鲜水果。

② 通过对新鲜水果（含各类山野果）清洗、脱壳、分类、包装、储藏保鲜、干燥、炒制等加工处理，制成的各类水果、果干（如荔枝干、桂圆干、葡萄干等）、果仁、坚果等。

③ 经冷冻、冷藏等工序加工的水果。

各种水果罐头，果脯，蜜饯，炒制的果仁、坚果，不属于食用农产品范围。

(3) 花卉及观赏植物

通过对花卉及观赏植物进行保鲜、储蓄、分级包装等加工处理，制成的各类用于食用的鲜、干花，晒制的药材等。

3. 茶叶

茶叶是指从茶树上采摘下来的鲜叶和嫩芽（即茶青），以及经吹干、揉拌、发酵、烘干等工序初制的茶。范围包括各种毛茶，如红毛茶、绿毛茶、乌龙毛茶、白毛茶、黑毛茶等。

精制茶、边销茶及掺兑各种药物的茶和茶饮料，不属于食用农产品范围。

4. 油料植物

① 油料植物是指主要用作榨取油脂的各种植物的根、茎、叶、果实、花或者胚芽组织等初级产品，如菜籽（包括大豆、花生、葵花籽、蓖麻籽、芝麻籽、胡麻籽、茶籽、桐籽、橄榄仁、棕榈仁等）。

② 通过对菜籽、花生、大豆、葵花籽、蓖麻籽、芝麻、胡麻籽、茶籽、桐籽及粮食的副产品等，进行清理、热炒、磨坯、榨油（搅油、墩油）等加工处理，制成的植物油（毛油）和饼粕等副产品，具体包括菜籽油、花生油、小磨香油、豆油、棉籽油、葵花油、米糠油以及油料饼粕、豆饼等。

③ 提取芳香油的芳香油料植物。

精炼植物油不属于食用农产品范围。

5. 药用植物

① 药用植物是指用作中药原药的各种植物的根、茎、皮、叶、花、果实等。

② 通过对各种药用植物的根、茎、皮、叶、花、果实等进行挑选、整理、捆扎、清洗、晾晒、切碎、蒸煮、蜜炒等处理过程，制成的片、丝、块、段等中药材。

③ 利用上述药用植物加工制成的片、丝、块、段等中药饮片。

中成药不属于食用农产品范围。

6. 糖料植物

① 糖料植物是指主要用作制糖的各种植物，如甘蔗、甜菜等。

② 通过对各种糖料植物，如甘蔗、甜菜等，进行清洗、切割、包装等加工处理的初级产品。

7. 热带、南亚热带作物初加工

通过对热带、南亚热带作物去除杂质、脱水、干燥等加工处理，制成的半成品或初级食品。具体包括：天然生胶和天然浓缩胶乳、生熟咖啡豆、胡椒籽、肉桂油、桉油、香茅油、木薯淀粉、腰果仁、坚果仁等。

8. 其他植物

其他植物是指除上述列举植物以外的其他各种可食用的人工种植和野生的植物及其初加工产品，如谷类、薯类、豆类、油料植物、糖料植物、蔬菜、花卉、植物种子、植物叶子、草、藻类植物等。

可食用的干花、干草、薯干、干制的藻类植物，也属于食用农产品范围。

二、畜牧类

畜牧类产品是指人工饲养、繁殖取得和捕获的各种畜禽及初加工品。范围包括：

1. 肉类产品

① 兽类、禽类和爬行类动物（包括各类牲畜、家禽和人工驯养、繁殖的野生动物以及其他经济动物），如牛、马、猪、羊、鸡、鸭等。

② 兽类、禽类和爬行类动物的肉产品。通过对畜禽类动物宰杀、去头、去蹄、去皮、去内脏、分割、切块或切片、冷藏或冷冻等加工处理，制成的分割肉、保鲜肉、冷藏肉、冷冻肉、冷却肉、盐渍肉，绞肉、肉块、肉片、肉丁等。

③ 兽类、禽类和爬行类动物的内脏、头、尾、蹄等组织。

④ 各种兽类、禽类和爬行类动物的肉类生制品，如腊肉、腌肉、熏肉等。

各种肉类罐头、肉类熟制品，不属于食用农产品范围。

2. 蛋类产品

① 蛋类产品　是指各种禽类动物和爬行类动物的卵，包括鲜蛋、冷藏蛋。

② 蛋类初加工品　通过对鲜蛋进行清洗、干燥、分级、包装、冷藏等加工处理，制成的各种分级、包装的鲜蛋、冷藏蛋等。

③ 经加工的咸蛋、松花蛋、腌制的蛋等。

各种蛋类的罐头不属于食用农产品范围。

3. 奶制品

① 鲜奶　是指各种哺乳类动物的乳汁和经净化、杀菌等加工工序生产的乳汁。

② 通过对鲜奶进行净化、均质、杀菌或灭菌、灌装等，制成的巴氏杀菌奶、超高温灭菌奶、花色奶等。

用鲜奶加工的各种奶制品，如酸奶、奶酪、奶油等，不属于食用农产品范围。

4. 蜂类产品

① 是指采集的未经加工的天然蜂蜜、鲜蜂王浆等。

② 通过去杂、浓缩、熔化、磨碎、冷冻等加工处理，制成的蜂蜜、鲜王浆以及蜂蜡、蜂胶、蜂花粉等。

各种蜂产品口服液、王浆粉不属于食用农产品范围。

5. 其他畜牧产品

其他畜牧产品是指上述列举以外的可食用的兽类、禽类、爬行类动物的其他组织，以及昆虫类动物。如动物骨、壳、动物血液、动物分泌物、蚕种、动物树脂等。

三、渔业类

1. 水产动物产品

水产动物是指人工放养和人工捕捞的鱼、虾、蟹、鳖、贝类、棘皮类、软体类、腔肠类、两栖类、海兽及其他水产动物。范围包括：

① 鱼、虾、蟹、鳖、贝类、棘皮类、软体类、腔肠类、海兽类、鱼苗（卵）、虾苗、蟹苗、贝苗（秧）等。

② 将水产动物整体或去头、去鳞（皮、壳）、去内脏、去骨（刺）、擂溃或切块、切片，经冰鲜、冷冻、冷藏、盐渍、干制等保鲜防腐处理和包装的水产动物初加工品。

熟制的水产品和各类水产品的罐头，不属于食用农产品范围。

2. 水生植物

① 海带、裙带菜、紫菜、龙须菜、麒麟菜、江篱、浒苔、羊栖菜、莼菜等。

② 将上述水生植物整体或去根、去边梢、切段，经热烫、冷冻、冷藏等保鲜防腐处理和包装的产品，以及整体或去根、去边梢、切段，经晾晒、干燥（脱水）、粉碎等处理和包装的产品。

罐装（包括软罐）产品不属于食用农产品范围。

3. 水产综合利用初加工品

通过对食用价值较低的鱼类、虾类、贝类、藻类以及水产品加工下脚料等，进行压榨（分离）、浓缩、烘干、粉碎、冷冻、冷藏等加工处理制成的可食用的初制品，如鱼粉、鱼油、海藻胶、鱼鳞胶、鱼（汁）、虾酱、鱼籽、鱼肝酱等。

以鱼油、海兽油脂为原料生产的各类乳剂、胶丸、滴剂等制品不属于食用农产品范围。

第二节　农产品品牌标志概述

1. 食品

根据《中华人民共和国食品安全法》相关规定，食品是指各种供人食用或者饮用的成品和原料以及按照传统既是食品又是中药材的物品，但是不包括以治疗为目的的物品。

从概念来看，食品与食用农产品的主要区别在于是否有加工，是初级加工还是深加工。

2. 无公害农产品

根据《无公害农产品管理办法》，无公害农产品是指产地环境、生产过程和产品质量符合国家有关标准和规范的要求，经认证合格获得认证证书并允许使用无公害农产品标志的未经加工或者初加工的食用农产品。

3. 绿色食品

绿色食品是指产自优良生态环境，按照绿色食品标准生产，实行全程质量控制并获得绿色食品标志使用权的安全、优质食用农产品及相关产品。因此绿色食品有 3 个基本特征：一是产地生态环境优良；二是符合绿色食品生产标准并在生产全程实行质量控制；三是经绿色食品认证机构认证合格，允许使用绿色食品标志。

绿色食品产生于 20 世纪 90 年代初期，诞生于发展高产优质高效农业大背景下。绿色食品标准共分为两个技术等级，即 AA 级绿色食品标准和 A 级绿色食品标准。AA 级绿色食品标志与字体为绿色，底色为白色；A 级绿色食品标志与字体为白色，底色为绿色。整个图形描绘了一幅明媚阳光照耀下的和谐生机，告诉人们绿色食品是出自纯净、良好生态环境的安全、无污染食品，能给人们带来蓬勃的生命力。绿色食品标志还提醒人们要保护环境和防止污染，通过改善人与环境的关系，创造自然界新的和谐。

4. 有机农产品

有机农产品是指根据有机农业原则，生产过程绝对禁止使用人工合成的农药、化肥、色素等化学物质和采用对环境无害的方式生产、销售过程受专业认证机构全程监控，通过独立认证机构认证并颁发证书，销售总量受控制的一类真正纯天然、高品味、高质量的食品。

有机农产品具有两个基本特征：一是生产过程中只利用植物、动物、微生物、土壤等 4 种生产因素，不利用农业以外的如化肥、农药、添加剂、生产调节剂等影响农业能量循环的物质或能源，遵从有机农业原则和有机农产品生产方式及标准生产、加工；二是通过有机食品认证机构认证并允许使用有机农产品标志。有机农产品又被称为"AA 级绿色食品"。

有机食品是国际有机农业宣传和辐射带动的结果，是食品的最高档次。

5. 农产品地理标志

农产品地理标志是指标示农产品来源于特定地域，产品品质和相关特征主要取决于自然生态环境和历史人文因素，并以地域名称冠名的特有农产品标志。因此农产品地理标志具有 3 个基本特征：一是来源于特定地域，以地域名称冠名；二是产品特征和产品品质主要取决于该特定地域的历史人文因素和自然生态环境；三是通过农产品地理标志认证机构认证并允许使用农产品地理标志。农产品地理标志体现的是农产品的地域性、独特性，是中国特色农业的重要组成部分。

农产品地理标志是借鉴欧洲发达国家的经验，为推进地域特色优势农产品产业发展的重要措施。根据《农产品地理标志管理办法》规定，农业部负责全国农产品地理标志的登记工作，农业部农产品质量安全中心负责农产品地理标志登记的审查和专家评审工作；省级人民政府农业行政主管部门负责本行政区域内农产品地理标志登记申请的受理和初审工作；农业部设立的农产品地理标志登记专家评审委员会，负责专家评审。

6. 生态原产地产品

生态原产地产品是指产品全生命周期（即生长、原材料提取、生产、加工、制造、包装、储运、使用、废弃处理等）过程中，符合绿色环保、低碳节能、资源节约要求并具有原产地特征和特性的良好生态型产品。包括原产地标记产品，原产地名称保护产品，生物物种起源产品，具有历史传承的名、优、特产品或自主知识产权的创新型产品等。

7. 生态食材

生态食材是指按照生态食材团体标准生产、加工、销售的供人类消费、动物食用的农产品中可以供人类食用的产品（粮油、果蔬、水产、畜禽等）。

生态食材在生产和加工中充分考虑水土保持及生态承载力，以及生物的多样性和可持续利用能力，遵循生态学、生态经济学原理，以中医农业和耕育农法技术、生态保育和耕育农业理念，合理利用生态资源为基础生产的无污染、可循环的健康农业产品，或者模拟天然条件为基础而抚育生产的食材。

生态食材产业链包括：生态食材农产品、生态食材食品、生态食材饮品、生态食材餐馆、生态食材商业物流体系等，旨在满足人们对食品的优质安全、无污染、营养健康的消费需求的同时，能够实现农业循环和生态绿色发展。我国有 2 万多种特色农产品，使我国形成了生态、健康、安全、营养为特色的生态食材体系。

8. "三品一标"

无公害农产品、绿色食品、有机农产品和农产品地理标志统称"三品一标"。

"三品一标"涵盖了安全、优质、特色等要素，是政府主导的安全优质农产品公共品牌，是当前和今后一个时期农产品生产消费的主导产品。纵观"三品一标"发展历程，通过品牌推广带动，向产品标准化、产量规模化、形式基地化、产业高端化等方向发展，极大推动了农业现代化建设、供给侧结构性改革、增效增收，对国家精准扶贫政策的贯彻和实施起到了重要的推动作用。发展"三品一标"是适应国内外市场需求，提升农业标准化水平，保障农产品消费安全的重要决策，是传统农业向现代农业转变的重要标志，是适应国内外市场需求和提升农业标准化水平的重要举措。对提升农产品质量安全水平，推进现代农业发展的作用日益凸显，有助于推动农业的数量、质量、效益统一，对于农产品的品牌塑造和营销有着非常大的帮助。

9. "二品一标"

"二品一标"指的是绿色食品、有机农产品和农产品地理标志，较"三品一标"少了无公害产品。

为贯彻落实中共中央办公厅、国务院办公厅《关于创新体制机制推进农业绿色发展的意见》，农业农村部加快推进无公害农产品认证制度改革，适时停止无公害农产品认证，全面推行农产品合格证制度，构建以合格证管理为核心的农产品质量安全监管新模式。

2017年12月，农业农村部办公厅印发了《关于调整无公害农产品认证、农产品地理标志审查工作的通知》，就已启动无公害农产品认证制度改革工作，将无公害农产品审核、专家评审、颁发证书和证后监管等职责全部下放，由省级农业行政主管部门及工作机构负责，无公害农产品产地认定与产品认证合二为一。

"二品一标"具有资质的农产品能够通过质量安全把关，并层层审核认证，都是精品。另一方面，物以稀为贵，目前我国达到"两品一标"的品牌偏少，从供需来看，距离平价还有距离。在人民生活水平不断提高的当下，更多的家庭开始关注饮食的健康、安全和品质保障。

10. "二生二品"

"二生二品"也叫"两生两品"，针对生态农产品而言。"两生（二生）"是国家生态原产地、生态食材；"两品（二品）"是绿色食品、有机食品。

11. "一标一品"

"一标一品"即农产品地理标志和食用农产品合格证。农业农村部于2019年12月17日发布了《农业农村部关于印发〈全国试行食用农产品合格证制度实施方案〉的通知》，提出了按照全国"一盘棋"要求，在全国范围统一试行，统一合格证基本样式，统一试行品类，统一监督管理，实现全国范围内通查通识。试行品类包括蔬菜、水果、畜禽、禽蛋、养殖水产品。食用农产品合格证是食用农产品生产者根据国家法律法规、农产品质量安全国家强制性标准，在严格执行现有的农产品质量安全控制要求的基础上，对所销售的食用农产品自行开具并出具的质量安全合格承诺证。

第三节　药食同源

随着"健康中国"战略的提出，养生保健在中国成为新风尚。与此同时，药食同源一词逐渐广为人知。在西方国家，有人提出要用"厨房代替药房""食物代替药物"。中国传统的"药食同源"思想即是食物保健思想的反映，包含着中医药学中的食疗、养生保健和药膳等内容。"药食同源"目前还没有统一的概念。从字面理解，是指药物与食物的起源相同，当前的主流看法是药物和食物没有明显的界限。一些药物本身就是食物，如生姜、大枣；而一些食物却有某些治疗功能，如大蒜。原卫生部颁布的"按照传统既是食品又是药品的品种名单"即是药食同源在当前发展的反映。

一、健康的定义

1. 健康

根据世界卫生组织（WHO）的定义，健康不仅是躯体没有疾病，还要具备心理健康、社会适应良好和有道德，即生理、心理、社会、道德四者共同构成人的健康。

衡量健康的十项标准为：精力充沛，能从容不迫地应付日常生活和工作；处事乐观，态度积极，乐于承担任务，不挑剔；善于休息，睡眠良好；应变能力强，能适应各种环境变化；对一般感冒和传染病有一定的抵抗力；体重适当，体态均匀，身体各部位比例协调；眼睛明亮，反应敏锐，眼睑不发炎；牙齿洁白，无缺损，无疼痛感，牙龈正常，无蛀牙；头发光洁，无头屑；肌肤有光泽，有弹性，走路轻松，有活力。

2. 亚健康状态

亚健康状态是指人的机体虽然检查无明显疾病，但呈现出疲劳，活力、反应能力、适应力减退，创造能力较弱，自我有种种不适的症状的一种生理状态。

亚健康介于健康与疾病之间，在身体上、心理上没有疾病，但主观上却有许多不适的症状表现和心理体验，也称为"机体第三种状态""灰色状态"。因其主诉症状多样而且不固定，如无力、易疲劳、情绪不稳定、失眠等，也被称为"不定陈述综合征"。

亚健康常见症状：躯体方面有失眠、头昏、乏力、困倦、懒怠、气短、虚汗、心悸、肌肉酸楚、关节疼痛和性功能减退等；心理方面会出现情绪低落、反应迟钝、记忆力减退、心烦意乱、恐惧不安、焦虑烦躁和神经质等。

WHO 的一项全球调查结果显示：全世界真正健康的人仅占总人口的 5%，有病的人也只占 20%，75% 的人处于亚健康状态。引起人的第三种状态的原因，一是饮食不合理。机体摄入热量过多或营养贫乏，可导致机体失调；过量吸烟、酗酒、睡眠不足、缺少运动、情绪低落、心理障碍以及大气污染、长期接触有毒物品，也可出现这种状态。二是休息不足，特别是睡眠不足。起居无规律、作息不正常已经成为常见现象；对于青少年，由于影视、网络、游戏、跳舞、打牌、打麻将等娱乐，以及备考开夜车等，常打乱生活规律；成人有时候也会因为娱乐（如打牌、打麻将）、看护患者而影响到休息。三是紧张程度过高，压力太大。特别是白领人士，身体运动不足，头脑透支。四是长久的不良情绪影响。

二、药食同源的内涵

药食同源是现代人们对于药食关系及其应用的总结，其确切的出处及时间尚不明确。从中国知网、维普、万方和全国图书馆参考咨询联盟等数据库中收载的文献查询可知，该词首现于 1984 年发表的《略谈肿瘤病人的饮食疗法》，但在 20 世纪 30 年代，即有"医食同源"的说法，而在药食同源提出后，两者常同时出现。有学者认为医食同源即为药食同源，或因古代医和药的界限不明显，主要医疗手段为药物，且医家多会认药采药，更善合药。发展到现代，医学与药学已逐渐分化成 2 个学科，医食同源与药食同源也表现出差异。从研究对象及范围看，医食同源侧重于学科之间的关系，指的是医学和饮食营养学在实践及理论上的同源性，包含了药食同源，范畴较大；药食同源中，药物是医学的载体,食物是饮食营养学的研究对象,该词强调的是药物和食物的关系,范围较小。药食同源可视为从医食同源中分离出来,研究具体药食关系的支流。

药食同源概念自首次提出以来,其研究总体表现出上升趋势,且在近几年有较大的提升。究其原因,一是药食同源符合市场需求。人口老龄化、亚健康及慢性病的威胁使"养"和"防"成为现代人日常保健的重心,且人们越来越倾向于回归自然,寻求符合自然法则的医疗及保健方式。食物是最好的药物、食物代替药物等理念促使具功能性的食品成为时兴的食品形式。二是政策鼓励。1987年,卫生部和国家中医药管理局联合颁布了第一批"既是食品又是药品的品种名单",明确了药食同源物质的范围,促进了药食同源的相关研究。2016年以来,国家集中颁布了多个有关中医药发展的法律法规文件,其中尤为强调发挥中医药在养生保健中的优势,鼓励开发药食同源食品。

药食同源,即食物和药物具有同源性,从古今我国人民对两者的应用及研究来看,两者的同源性主要体现在以下3个方面。

1. 来源具有同源性

食物和药物均来源于自然界,人类对于食物的认识要早于药物,在觅食的过程中,人们逐渐认识到某些物质能填饱肚子,即将其确定为食物;某些物质能损人健康或致人死亡,即为毒物;某些物质能使患病之人好转,即为药物。在我国,食物和药物的发现往往归功于神农氏。《医膳》中解释神农尝百草是"为别民之可食者,而非定医药也",也说明寻食先于定药,即药食本同源,然先寻食后得药。以植物为主的饮食习惯,加上药物又多从植物而来,我国的药物亦称为"本草",可视为药食同源的例证。随着人类实践活动发展和认识水平的提高,人们认识到食物和药物的不同特性而将两者分离开来,药与食由同源走向分化,同时衍生了药食两用的分支。

2. 成分具有同源性

从生物和化学的角度来说,组成生命的元素相同,均为碳、氢、氧、氮、硫、磷等,这些基本元素进一步构成蛋白质、脂肪、氨基酸和碳水化合物等初生代谢产物,初生代谢产物通过次生代谢过程产生萜类、黄酮类、酚类和生物碱类等次生代谢产物。就功能而言,初生代谢产物可满足人体对能量的需求,而次生代谢产物多为防治疾病的有效成分。自20世纪60年代日本提出"功能食品"的概念以来,世界各国纷纷投入到食品的功能性成分研究中。膳食纤维、类胡萝卜素、低聚果糖等被认为是有益健康的功能性成分。因此,食品除营养功能和感官功能外,还衍生了第三功能,即保健功能。

此外,学者们将目光投向食物和药物的共有成分,并重点研究这些共有成分的保健功效及其机制。如葡萄、桑椹和虎杖中的白藜芦醇,具有抗肿瘤、抗心血管疾病、抗炎、抑菌、抗病毒、免疫调节和雌激素样作用。再如多糖,广泛存在于食物和药物中,具有修复肠道屏障及调节肠道微生态、抗氧化、降血糖、降血脂、提高免疫等药理作用;通过抗氧化、抗炎、保护胰岛β细胞结构和功能等方式促进胰岛素的分泌;通过调节关键酶活性、促进糖吸收利用和代谢以及信号通路等途径调节血糖含量等机制降血糖。因此,食物和药物在成分上的同源性,为两者应用于医疗保健奠定了物质基础。

3. 理论具有同源性

由于药物和食物来源相同,且共同目标是使人健康,客观上要求两者须有共同的理论指导。我国药食同源理念在应用于实践时体现了鲜明的中医药特色，食物和药物的理论同源性，主要体现在整体观念和辨证论治思想指导下的药食运用法则上。

春秋战国至秦汉时期，百家争鸣，哲学思想空前繁荣。随着朴素自然辩证法及唯物主义哲学的发展，医学和饮食营养学亦在其指导下形成了较系统的理论。整体观、平衡观、阴阳五行、性味归经、升降浮沉、三因制宜等理论指导着食物和药物的应用。《寿亲养老新书》记载："水陆之物为饮食者不管千百品，其五气五味冷热补泻之性，亦皆禀于阴阳五行，与药无殊。"人是一个有机整体，"阴平阳秘"意味着身体健康，一旦阴阳失调，则需"祛邪扶正"。食养正气，药攻邪气。不同药物和食物的性味归经，不同地域、季节和体质的人群饮食与用药法则皆有不同。《素问·六元正纪大论》记载："用热远热，用凉远凉，用温远温，用寒远寒，食宜同法"，说明食物用以养生及药物用以治病的指导原则是一致的。

因此，药食同源是人们对食物和药物（尤其是中药材）关系的归纳，指食物与药物来源一致，且具有成分同源性和理论同源性，许多食物既有食用性又有药用性，因此可用以养生保健及防病治病。药食同源是一种观念、一种理念，不指代具体的物质。

药食两用物质概念的提出，是对药食同源更具体、更科学的阐释。在广义上，凡是既可食用又可药用的物质皆为药食两用物质。从《食疗本草》的 260 种药食两用物质到《食物本草》的 1679 种，古代医家们对药食两用物质的范围不断扩充。而后，在安全可控原则的指导下，在对药食两用物质成分及长期服用的安全性充分研究的基础上，从古代食物类本草中规范筛选安全性好的 87 种到"既是食品又是药品的品种名单"，并几经修订，逐渐规范了药食两用物质的品种。亦明确了"按照传统既是食品又是中药材的物质"（药食同源物/药食两用物质）的定义、列入原则、来源、使用部位和限制使用等信息，为药食两用物质的应用提供了科学的指导。药食两用物质是具有传统食用习惯，且列入国家中药材标准（《中华人民共和国药典》及相关中药材标准）中的动物和植物可使用部分（食品原料、香辛料和调味品）。

三、食物、药物和药食两用物质的差异

药食虽同源，但药食之异促进了两者的分化，借助"物-性-效"的关系有助于明了食物和药物的差异。

从化学物质上看，虽食物和药物都有初生代谢产物和次生代谢产物，但两种成分的含量、比例有差异。长期以来，人们对两者成分研究的侧重点有所不同。食品中初生代谢产物更多，故多侧重评价其营养成分，而药物中次生代谢产物所占比重更大。现代营养学认为，食物可提供蛋白质、碳水化合物、脂肪、维生素、矿物质元素等人体需要的营养素。中药中主要的药效成分为黄酮类、甾体类、生物碱类、萜类等。如大豆，含有丰富的蛋白质和不饱和脂肪酸，在发酵为豆豉之后，蛋白质、脂肪、钙、镁、钾等含量明显下降，而核黄素、视黄醇等含量明显上升。

从性味归经来看，食物和药物虽均具有四性五味，但其性味的强弱和厚薄不同。《备急千金要方》中有"药性刚烈，犹若御兵"之说。而食物性味则多平和，因此，不论是补益、疗疾还是不良反应，都较药物小。范宁对 424 种药材及 212 味食材进行分析，发现药材中偏性药味达 77.6%，苦味系药材达 43.6%，有毒药材占 9.4%；而食物中平性占

36.8%，甘味食材占81.6%，所有食材均无毒。而药食两用物质温性、甘味、归脾胃经的食物比例最多。有学者研究了食物化学成分及性味归经的关系，发现平性食物、归脾肾经的食物蛋白质含量较高。

正因为食物和药物的化学成分及偏性有异，所以两者的主攻方向不同，食物主要用于"安身"，药物主要用于"救疾"。吴钢在《类经证治本草》中说"药优于伐病而不优于养生，食优于养生而不优于伐病"。近代医家张锡纯在《医学衷中参西录》中指出食物"病人服之，不但疗病，并可充饥；不但充饥，更可适口，用之对症，病自渐愈，即不对症，亦无他患"。这一观点很好地阐释了食物充饥、疗疾且安全的特性（见图1-1）。

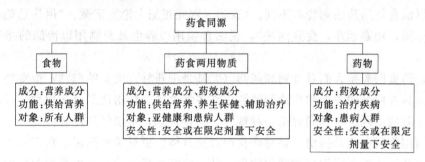

图 1-1　食物、药物和药食两用物质的差异
(引自谢果珍等，2020)

第四节　食物成分与人体营养

食物是人类赖以生存的物质基础。为了维持正常的生理需要和保持健康，人类必须每天从食物中获取各种各样的营养物质。人体对某种营养素的需要量会随年龄、性别和生理状况而异。如果某种营养素长期供给不足或过多就会产生相应的营养不足或营养过多的危害。因此必须根据不同生理状况人群的营养需要和食物的营养价值，科学地安排每日膳食以提供数量和质量适宜的能量和各种营养素。

一、食物成分

1. 营养素种类及分类

营养素是为维持机体繁殖、生长发育和生存等一切生命活动和过程，需要从外界环境中摄取的物质。来自食物的营养素种类繁多，人类所需大约40多种，根据其化学性质和生理作用分为五大类，即蛋白质、脂类、碳水化合物、矿物质和维生素。根据人体的需要量或体内含量多少，可将营养素分为宏量营养素和微量营养素。

（1）宏量营养素

人体对宏量营养素需要量较大，包括碳水化合物、脂类和蛋白质，这三种营养素经体内氧化可以释放能量，又称为产能营养素。碳水化合物是机体的重要能量来源，成年人所需能量50%～65%应由食物中的碳水化合物提供。脂肪作为能源物质在体内氧化时释放的能量较多，可在机体大量储存。一般情况下，人体主要利用碳水化合物和脂类氧化供能，在机体所需能源物质供能不足时，可将蛋白质氧化分解获得能量。

(2) 微量营养素

相对宏量营养素来说，人体对微量营养素需要量较少，包括矿物质和维生素。

根据在体内的含量不同，矿物质可分为常量元素和微量元素。凡体内含量大于体重0.01％的矿物质称为常量元素，包括钙、磷、钠、钾、硫、氯、镁；凡体内含量小于体重0.01％的称为微量元素。1996年，FAO/IAEA/WHO联合组织的专家委员会将存在于人体中的微量元素分为三类。其中，铁、铜、锌、硒、铬、碘、钴、钼被认为是人体必需微量元素；锰、硅、硼、钒、镍为人体可能必需微量元素；氟、铅、镉、汞、砷、铝、锡和锂为具有潜在毒性但低剂量时可能具有功能作用的微量元素。

维生素是维持机体生命活动过程所必需的一类微量低分子有机化合物。维生素种类很多，化学结构各不相同，在生理上既不是构成各种组织的主要原料，也不是体内的能量来源，但却在机体物质和能量代谢过程中发挥着重要作用。根据维生素的溶解性可将其分为两大类，即脂溶性维生素和水溶性维生素。脂溶性维生素包括维生素 A、维生素 D、维生素 E、维生素 K。水溶性维生素包括 B 族维生素（维生素 B_1、维生素 B_2、维生素 B_6、维生素 B_{12}、烟酸、泛酸、叶酸等）和维生素 C。

2. 水及其他膳食成分

(1) 水

水不仅构成身体成分，还具备调节生理功能的作用。人体离不开水，一旦失去体内水分的10％，生理功能即会发生严重紊乱；失去体内水分的20％，人很快就会死亡。由于水在自然界中广泛分布，一般无缺乏危险，所以营养学专著中多不把水列为必需营养素，但是科学意义上讲水是营养素。水的生理功能表现为构成细胞和体液的重要组成部分、参与新陈代谢、调节体温及润滑作用。

体内水的来源包括饮水、食物中的水及内生水三部分。人体对水的需要量受到代谢、年龄、体力活动、温度和膳食等因素的影响，因此水的需要量变化很大。一般来说，健康成人每天需要水 2500mL 左右。在温和气候环境中生活的轻体力活动的成年人，每日至少饮水 1500～1700mL；在高温或强体力劳动的条件下，应适当增加饮水量。

(2) 食物中的生物活性成分

大量的流行病学研究结果表明，除了某些营养素的作用外，在植物性食物中还有一些生物活性成分，它们具有保护人体、预防心血管病和癌症等慢性非传染性疾病（简称慢性病）的作用，这些生物活性成分现已统称为植物化学物，主要包括类胡萝卜素、植物固醇、皂苷、芥子油苷、多酚、蛋白酶抑制剂、单萜类、植物雌激素、硫化物、植酸等几大类。

二、人体营养

1. 营养素的代谢及生理功能

(1) 营养素的代谢

物质代谢的主要形式是营养素代谢，是指生物体与外界环境之间物质的交换和生物体内物质的转变过程。生物在生命活动中不断从外界环境中摄取营养素，转化为机体的组织成分，称为同化作用；同时机体本身的物质也在不断分解成代谢产物，排出体外，称为异化作用。在生物体内，糖类、脂类和蛋白质这三类物质的代谢是同时进行的，它们之间既相互联系，又相互制约，形成一个协调统一的过程。

营养素的代谢可分为 3 个阶段：①消化吸收：进入消化道的食物营养素，除水、矿物质、维生素和单糖等小分子物质可被机体直接吸收外，糖类、蛋白质、脂类及核酸等都须经消化，分解成比较简单的水溶性或脂溶性物质，才能被吸收到体内；②中间代谢：食物经消化吸收后，由血液及淋巴液运送到各组织中参加代谢，在许多相互配合的各种酶类催化下，进行分解和合成代谢，细胞内外物质进行交换和能量转变；③排泄：物质经过中间代谢过程产生多种终产物，这些终产物再经肾、肠、肝及肺等器官随尿、粪便、胆汁及呼气等排出体外。

(2) 营养素的生理功能

主要表现为以下 3 个方面：

① 提供能量，以维持体温并满足各种生理活动及体力活动对能量的需要。能量来自三大产能营养素，即蛋白质、脂类和碳水化合物。

② 构成细胞组织，供给生长、发育和自我更新所需的材料。蛋白质、脂类、碳水化合物与某些矿物质经代谢、同化作用可构成机体组织，以满足生长发育与新陈代谢之需要。

③ 调节机体生理活动。在机体各种生理活动与生物化学变化中起调节作用，使之均衡协调地进行。

2. 营养对人体构成的影响

人体内含有的元素有六十多种，氧、碳、氢、氮占了人体总重量的 96%，其中氧含量约为 65%，碳约为 18%，氢约为 10%，氮约为 3%，钙约为 2%，磷约为 1%，其他元素虽然在人体内所占的比例很小，但在体内也具有重要的生理功能。人体组成是一个非常复杂的生物工程，各种物质组成有一定的比例，水占人体的 60%～70%，蛋白质占 15%～18%，脂类占 10%～20%，糖类占 1%～2%，矿物质占 3%～4%，这些物质在新陈代谢中还能合成许多重要物质，其结构相当复杂。膳食中营养素的摄入水平，会影响机体的生长发育以及机体的结构成分。

3. 人群的营养需要

(1) 膳食营养素参考摄入量

膳食营养素参考摄入量（dietary reference intake，DRI）是为了保证人体合理摄入营养素，避免缺乏和过量，在膳食营养素推荐供给量（recommended dietary allowance，RDA）的基础上发展起来的每日平均膳食营养素摄入量的一组参考值。制定 RDA 的目的是预防营养缺乏病。2000 年制定的 DRI 把 RDA 的单一概念发展为包括平均需要量（estimated average requirement，EAR）、推荐摄入量（recommended nutrient intake，RNI）、适宜摄入量（adequate intake，AI）、可耐受最高摄入量（tolerable upper intake level，UL）在内的一组概念，其目的是预防营养缺乏病和防止营养素摄入过量对健康的危害。2013 版中国营养学会修订的 DRI 增加了与慢性非传染性疾病有关的 3 个参考摄入量：宏量营养素可接受范围（acceptable macronutrient distribution range，AMDR）、预防非传染性慢性病的建议摄入量（proposed intakes for preventing non-communicable chronic diseases，PI-NCD，简称建议摄入量，PI）和特定建议值（specific proposed level，SPL）

(2) 营养不良（或称营养失调）

营养不良指一种或几种营养素的缺乏或过剩所造成的机体健康异常或疾病状态。营养不良包括 2 种表现，即营养缺乏和营养过剩。

(3) 慢性非传染性疾病（noninfectious chronic disease，NCD）

长期的、不能自愈的、非传染性疾病，有时称为"慢性病"，如 2 型糖尿病。

(4) 合理营养

合理营养（rational nutrition）是指人体每天从食物中摄入的能量和各种营养素的数量及其相互间的比例，能满足在不同生理阶段、不同劳动环境及不同劳动强度下的需要，并使机体处于良好的健康状态。因为各种不同的营养素在机体代谢过程中均有其独特的功能，一般不能互相替代，因此，营养素的种类应该齐全；同时，在数量上要充足，能满足机体对各种营养素及能量的需要；另一方面，各种营养素彼此间有着密切的联系，起着相辅相成的作用，因此，各种营养素之间还要有一个适宜的比例。

4. 平衡膳食

(1) 平衡膳食的概念

平衡膳食指能量及各种营养素能够满足机体每天需要的膳食，且膳食中的各种营养素的比例合适，以有利于人体的吸收和利用。平衡膳食是合理营养的物质基础，是达到合理营养的唯一途径，也是反映现代人类生活质量的一个重要标志。

(2) 平衡膳食要求

① 食物种类齐全、数量充足、比例合适。人类需要的基本食物一般可分为谷薯类、蔬菜水果类、畜禽鱼蛋奶类、大豆坚果类和油脂类五大类。只有多种食物组成的膳食才能满足人体对能量和各种营养素的需要。同时，不仅在数量上要满足各类食物适宜的摄入量，动物性食物与植物性食物之间或之内的比例也要适宜，从而保证能量与各营养素之间的比例适宜。

② 保证食物安全。食物不得含有对人体造成危害的各种有害因素且应保持食物的新鲜卫生，以确保居民的生命安全。食品中的微生物及其毒素、食品添加剂、化学物质以及农药残留等均应符合食品安全国家标准的规定。一旦食物受到有害物质污染或发生腐败变质，食物中营养素就会受到破坏，不仅不能满足机体的营养需要，还会造成人体急、慢性中毒，甚至致癌。

③ 科学的烹调加工。食物经科学的加工与烹调的目的在于消除食物中的抗营养因子和有害微生物、提高食物的消化率、改变食物的感官性状和促进食欲。因此，加工与烹调时，应最大限度地减少营养素的损失，提高食物的消化吸收率，改善食物的感官性状，增进食欲，消除食物中的抗营养因子、有害化学物质和微生物。

④ 合理的进餐制度和良好的饮食习惯。根据不同人群的生理条件、劳动强度以及作业环境，对进餐制度给予合理安排。合理的进餐制度有助于促进食欲和消化液定时分泌，

使食物能得到充分消化、吸收和利用。成年人应采用一日三餐制，并养成不挑食、不偏食、不暴饮暴食等良好的饮食习惯。

⑤ 遵循《中国居民膳食指南》的原则。食物多样，谷类为主；吃动平衡，健康体重；多吃蔬果、奶类、大豆；适量吃鱼、禽、蛋、瘦肉；少盐少油，控糖限酒；杜绝浪费，兴新食尚。

第五节　食物营养价值的影响因素

食物的营养价值除受到食物种类的影响外，在很大程度上还受到食物的加工、烹调以及储藏的影响。食物经过烹调、加工可改善其感官性状，增加风味，去除或破坏食物中的一些抗营养因子，提高其消化吸收率，延长保质期，但同时也可使部分营养素受到破坏和损失，从而降低食物的营养价值。因此应采用合理的加工、烹调、储藏方法，最大限度地保存食物中的营养素，以提高食物的营养价值。

一、加工对食物营养价值的影响

1. 谷类加工

谷类加工主要有制米、制粉两种。由于谷类结构的特点，其所含的各种营养养素分布极不均匀。加工精度越高，糊粉层和胚芽损失越多，营养素损失也越多，尤以 B 族维生素损失显著。

谷类加工粗糙时，虽然出粉（米）率高、营养素损失减少，但感官性状差，而且消化吸收率也相应降低。此外，因植酸和纤维素含量较多，还会影响矿物质的吸收。我国于 20 世纪 50 年代初加工生产的标准米（九五米）和标准粉（八五粉），既保留了较多的 B 族维生素、纤维素和矿物质，又能保持较好的感官性状和消化吸收率，在节约粮食和预防某些营养缺乏病方面起到了积极作用。但标准米和标准面的概念近年来不再延用。近年来随着经济的发展和人民生活水平的不断提高，人们倾向于选择精白米、面，为保障人民的健康，应采取对米面的营养强化措施，改良谷类加工工艺，提倡粗细粮搭配等方法来克服精白米、面在营养方面的缺陷。

2. 豆类加工

多数大豆制品的加工需经浸泡、磨浆、加热、凝固等多道工序，不仅可去除纤维素、抗营养因子，还使蛋白质的结构从密集变成疏松状态，提高蛋白质的消化率。如干炒大豆的蛋白质消化率只有 50% 左右，整粒煮熟大豆的蛋白质消化率为 65%，加工成豆浆后为 85%～90%，制成豆腐后可提高到 92%～96%。

大豆经发酵工艺可制成豆腐乳、豆瓣酱、豆豉等，发酵过程中酶的水解作用可提高营养素的消化吸收利用率，并且某些营养素和有益成分含量也会增加。如豆豉在发酵过程中，由于微生物的作用可合成维生素 B_2，豆豉中含维生素 B_2 可达 0.61mg/100g，活性较低的糖苷型异黄酮中的糖苷被水解，成为抗氧化活性更高的游离态异黄酮。另外豆类在发酵过程中可以使谷氨酸游离，增加发酵豆制品的鲜味口感。

大豆经浸泡和保温发芽后制成豆芽，在发芽的过程中维生素C从0增至5～10mg/100g左右，豆芽中维生素B_{12}的含量为大豆的10倍。在发芽的过程中酶的作用还促使大豆中的植酸降解，更多的钙、磷、铁等矿物元素被释放出来，增加矿物质的消化率和利用率。

3. 蔬菜、水果类加工

蔬菜、水果的深加工首先需要清洗和整理，如摘去老叶及去皮等，可造成不同程度的营养素丢失。蔬菜水果经加工可制成罐头食品、果脯、菜干等，加工过程中受损失的主要是维生素和矿物质，特别是维生素C。

4. 畜、禽、鱼类加工

畜、禽、鱼类食物可加工制成罐头食品、熏制食品、干制品、熟食制品等，与新鲜食物比较更易保藏且具有独特风味。在加工过程中对蛋白质、脂肪、矿物质影响不大，但高温制作时会损失部分B族维生素。

二、烹调对食物营养价值的影响

食物经过烹调处理，起到杀菌及增进食物色、香、味的作用，使之味美且容易消化吸收，提高人体对食物营养素的利用率；同时烹调过程中食物会发生一系列的物理化学变化，某些营养素遭到破坏；因此，在烹饪过程中要尽量利用其有利因素，提高营养价值，促进消化吸收，另一方面要控制不利因素，尽量减少营养素的损失。

1. 谷类烹调

米类食物在烹调前一般需要淘洗，在淘洗过程中一些营养素特别是水溶性维生素和矿物质有部分丢失，淘洗次数越多、水温越高、浸泡时间越长，营养素的损失就越多。

谷类的烹调方法有煮、焖、蒸、烙、烤、炸及炒等，不同的烹调方法引起营养素损失的程度不同，主要是对B族维生素的影响。如制作米饭，采用蒸的方法B族维生素的保存率比弃汤捞蒸方法要高，米饭在电饭煲中保温时，随时间延长，维生素B_1的损失增加，可损失所余部分的50%～90%；在制作面食时，一般用蒸、烤、烙的方法，B族维生素损失较少，但高温油炸时损失较大。如油条制作时因加碱及高温油炸会使维生素B_1全部损失，维生素B_2和烟酸仅保留一半。

2. 畜、禽、鱼、蛋类烹调

畜、禽、鱼等肉类的烹调方法多种多样，常用有炒、焖、蒸、炖、煮、煎炸、熏烤等。在烹调过程中，蛋白质含量变化不大，而且经烹调后，蛋白质变性更有利于消化吸收。无机盐和维生素在用炖、煮方法时，损失不大；在高温制作过程中，B族维生素损失较多。上浆挂糊、急火快炒可使肉类外部蛋白质迅速凝固，减少营养素的外溢损失。蛋类烹调除B族维生素损失外，其他营养素损失不大。

3. 蔬菜烹调

在烹调中应注意水溶性维生素及矿物质的损失和破坏，特别是维生素C。烹调对蔬菜中维生素的影响与烹调过程中洗涤方式、切碎程度、用水量、pH、加热的温度及时间有关。如蔬菜煮 5～10 分钟，维生素 C 损失 70%～90%。

使用合理加工烹调方法，即先洗后切，急火快炒，现做现吃是降低蔬菜中维生素损失的有效措施。

三、保藏对食物营养价值的影响

食物在保藏过程中营养素可以发生变化，这种变化与保藏条件（如温度、湿度、氧气、光照、保藏方法及时间长短）有关。

1. 谷类保藏对营养价值的影响

谷物保藏期间，由于呼吸、氧化、酶的作用可发生许多物理化学变化，其程度大小、快慢与储存条件有关。在正常的保藏条件下，谷物蛋白质、维生素、矿物质含量变化不大。当保藏条件不当，粮粒发生霉变，感官性状及营养价值均降低，严重时完全失去食用价值。由于粮谷保藏条件和水分含量不同，各类维生素在保存过程中的变化也不尽相同，如谷粒水分为 17% 时，储存 5 个月，维生素 B_1 损失 30%；水分为 12% 时，损失减少至 12%；谷类不去壳储存 2 年，维生素 B_1 几乎无损失。

2. 蔬菜、水果保藏对营养价值的影响

蔬菜、水果在采收后仍会不断发生生理、生化、物理和化学变化。当保藏条件不当时，蔬菜、水果的鲜度和品质会发生改变，使其营养价值和食用价值降低。

蔬菜、水果采摘后会发生 3 种作用：①水果中的酶参与的呼吸作用，尤其在有氧存在的条件下，加速水果中的碳水化合物、有机酸、糖苷、鞣质等有机物分解，从而降低蔬菜、水果的风味和营养价值；②蔬菜的春化作用即蔬菜打破休眠而发生发芽或抽薹变化，如马铃薯发芽、洋葱大蒜的抽薹等，这会大量消耗蔬菜体内的养分，使其营养价值降低；③水果的后熟作用是水果脱离果树后的成熟过程，大多数水果采摘后可以直接食用，但有些水果刚采摘时不能直接食用，需要经过后熟过程才能食用。水果经过后熟进一步增加芳香和风味，使水果变软、变甜适合食用，对改善水果质量有重要意义。

蔬菜、水果常用的保藏方法有：

① 低温保藏法　以不使蔬菜、水果受冻为原则，根据其不同特性进行保藏。如热带或亚热带水果对低温耐受性差，绿色香蕉（未完全成熟）应储藏在 12℃ 以上，柑橘在 2～7℃，而秋苹果可在 −1～1℃ 保藏。近年来速冻蔬菜在市场上越来越多，大多数蔬菜在冷冻前进行漂烫预处理，在漂烫过程中会造成维生素和矿物质的丢失，在预冻、冻藏及解冻过程中水溶性维生素将进一步受到损失。

② 气调保藏法　是指改良环境气体成分的冷藏方法，利用一定浓度的二氧化碳（或其他气体如氮气等）使蔬菜、水果呼吸变慢，延缓其后熟过程，以达到保鲜的目的，是目前国际上公认的最有效的果蔬储藏保鲜方法之一。

③ 辐照保藏法　辐照保藏是利用 γ 射线或高能（低于 10kGy）电子束辐照食品以达到抑制生长（如蘑菇）、防止发芽（如马铃薯、洋葱）、杀虫（如干果）、杀菌，便于长期保藏的目的。在辐照剂量恰当的情况下，食物的感官性状及营养成分很少发生改变。大剂量照射可使营养成分尤其是维生素 C 造成一定的损失。但低剂量下再结合低温、低氧条

件，能够较好地保存食物的外观和营养素。

3. 动物性食物保藏对营养价值的影响

畜、禽、鱼等动物性食物一般采用低温储藏，包括冷藏法和冷冻法。

冷藏是冷却后的食品在冷藏温度（常在冰点以上）下保藏食品的一种保藏方法，尤其对于果蔬，主要是使它们的生命代谢过程尽量延缓，保持其新鲜度。冷冻法是保持动物性食物营养价值、延长保藏期的较好方法。冷冻肉质的变化受冻结速度、储藏时间和解冻方式的影响。"快速冷冻，缓慢融化"是减少冷冻动物性食物营养损失的重要措施。

第二章
生物学分类基础

自然界中的生物种类繁多，据估计，目前人们已鉴定命名的约有 200 万种，其中动物约有 150 万种，植物约有 50 万种。随着时间的推移，新发现的种类还会逐年增加。为了研究和利用如此丰富多彩的生物世界，长久以来，人们将其汇同辨异，归纳综合，分门别类，系统整理，逐步建立了生物分类学。

第一节　生物分类概述

一、生物分类的意义和方法

生物分类学是研究生物分类理论和方法的学科。它包括分类、命名和鉴定 3 个独立和相关的分类学领域。

分类是根据生物的相似性和亲缘关系，将生物归入不同的类群（分类单元）；命名是根据国际生物命名法给生物分类单元以科学的名称；鉴定则是确定一个新的分类生物属于已经命名的分类单元的过程。

因此，概括来说生物分类学是对各类生物进行鉴定、分群归类，按分类学准则排列成分类系统，并对已确定的分类单元进行科学命名的学科。

生物分类学是一门历史悠久的学科。随着对生命认识的深入，生物分类系统几经改变，从历史发展上看，在分类方法上有人为分类法和自然分类法，这两种方法也代表了分类工作发展的 2 个阶段。

1. 人为分类法

人们为了自己的方便，主要是凭借对生物的某些形态结构、功能、习性、生态或经济用途的认识将生物进行分类，而不考虑生物亲缘关系的远近和演化发展的本质联系，因此所建立的分类体系大都属于人为分类体系。例如，将生物分为陆生生物、水生生物；草本植物、木本植物；粮食作物、油料作物等。16 世纪我国明朝的李时珍（1518—1593）在他的《本草纲目》一书中将植物分为五部，即草部、谷部、菜部、果部和木部；将动物也分为五部，即虫部、鳞部、介部、禽部和兽部；人另属一部，即人部。

2. 自然分类法

1859 年达尔文出版了《物种起源》一书，进化论的确立及生物科学的发展，使人们逐渐认识到现存的生物种类和类群的多样性乃是由古代的生物经过几十亿年的长期进化而形成的，各种生物之间存在着不同程度的亲缘关系。分类学应该是生物进化的历史总结。

现代生物分类学在鉴定、分类的基础上，研究生物的系统发育，特别强调分类和系统发育的关系。在这个过程中分类学家追求的是划分的分类单元应是"自然"的类群，提出的分类系统力求反映客观实际，就是说要符合系统发育的原则。

二、分类的依据

目前生物分类已从形态学、比较胚胎学、比较解剖学和古生物学等方面的研究扩展到多个学科。近几十年来，特别是分子生物学的发展，现代分类学家在分类的过程中，广泛采用了生理、生化、免疫学、生态分布、遗传学及分子生物学的技术进行分类学研究，以便获得更为可靠、更为全面的分类学依据，来确定生物间的亲缘关系，使"自然分类"符合自然的本来面貌。

总之，一切具有种间差异的特征均可作为分类的依据。随着各学科的发展，对生物体的认识愈来愈全面，生物学各学科的发展为生物分类的逐步完善提供了条件，人们才有可能综合各方面的资料，最终建立起一个反映亲缘关系的自然分类系统

三、生物的分界

1. 两界系统

传统的分类认为界是最高级的分类单位。在林奈时代以生物能否运动为标准，将生物划分为两界，即植物界和动物界。将细菌、真菌等都归入植物界。

2. 三界系统

19 世纪前后，由于显微镜的发明和使用，发现许多单细胞生物是兼有动、植物两种属性的中间类型的生物。如裸藻、甲藻等既可自养，有的也可异养运动。因而赫克尔（E. N. Haeckel，1866）将原生生物（包括细菌、藻类、真菌和原生动物、黏菌等）另立为界，提出原生生物界、植物界、动物界的三界系统。

3. 五界系统

1959 年魏泰克（R. H. Whittaker）根据细胞结构的复杂程度及营养方式的不同，将细菌和蓝藻、真菌从植物界中分出，分别另立为界，提出五界分类系统：原核生物界（包括细菌和蓝藻等）、原生生物界（单细胞真核生物）、植物界、真菌界和动物界。

它们组成了一个纵横统一的系统，从纵的方面它显示了生命历史的三大阶段：原核单细胞阶段、真核单细胞阶段和真核多细胞阶段。在横的方面它显示了进化的三大方向：营光合作用的植物，为自然界的生产者；分解和吸收有机物的真菌，为自然界的分解者；以摄食有机物的方式进行营养的动物，为自然界的消费者。

五界系统没有反映出非细胞生物阶段，我国著名昆虫学家陈世骧（1979）等提出加一

个病毒界。对病毒界有异议的问题之一是关于病毒的地位。病毒是一类非细胞生物，究竟是原始类型还是次生类型仍无定论。

4. 六界系统、三原界系统 (Woese，1990)

分子生物学的发展，特别是 rRNA 和 rDNA 的序列分析为整个生物界系统发育的研究提供了大量的数据。分子系统发育学已经表明，传统的 Whittaker 五界系统并不完全代表生物的五个进化谱系。

Woese 和 Wolfe（1987）认为，原核生物在进化上有两个重要分支，提出将原核生物分二界：古细菌界（包括甲烷菌、极嗜盐菌和嗜热嗜酸菌）和真细菌界（包括古细菌以外的其他原核生物，蓝藻、真细菌等）。真核生物分四界：原生生物界、真菌界、动物界和植物界。因此，提出六界分类系统。

1990 年，Woese 根据分子生物学的研究资料，对生物分类又提出新的建议，认为"整个生物界可以区分为三个独立起源的大类群，它们是从共同祖先沿三条路线进化发展的"。即形成三个原界：①古细菌原界；②真细菌原界；③真核生物原界（包括原生生物、真菌、动物、植物），认为古细菌是一类既不同于其他原核生物，也与真核生物不同的特殊生物类群。古细菌与真核生物有更为接近的共同祖先，它们的关系与真细菌相比，更为密切。

在新的分类系统中，非细胞生命的病毒一般不被看作是分类系统中的一个单元。很多系统分类学家则把生物的多样性归结为三原界系统。

四、生物分类等级

分类学家根据生物之间相同、相异的程度与亲缘关系的远近，以不同的分类特征为依据，将生物逐级分类。主要的分类等级或阶元单位为：界、门、纲、目、科、属、种七级。排列在一定分类等级上的具体分类研究类群，有特定的名称和分类特征，常称分类单元。

每种生物均无例外地归属于这一阶层系统中，排列在一定分类等级位置上。在这个系统中，种或物种是分类的最基本的单元，因为生物是以种群或居群的形式存在的。

1. 物种

现代生物学观点认为，物种是由可以相互交配（产生能育的正常后代）的自然居群组成的繁殖群体，是和其他群体生殖隔离着，并占有一定的生态空间，拥有一定的基因型和表现型，是生物进化和自然选择的产物。种是相对稳定的，又是发展的。种以下还可以设立亚种、变种、变型。

2. 品种

通常把经过人工选择而形成的有经济价值的变异（色、香、味、形状、大小等）列为品种。不属于自然分类系统的分类单位。作为一个品种，首先应该具备一定的经济价值。旧品种在栽培和饲养中的地位，常由优良的新品种取代。所以品种的发展取决于生产的发展。

五、生物的命名

根据国际上共同的命名规则，给每一种生物取一个科学的名字，称为学名，以求统一，便于交流。

1. 种的名称——双名法

物种的学名在国际上是采用林奈首创的"双名法"，即每种生物的学名采用属名和种名命名，用拉丁文（或拉丁化的词）写出。第一个拉丁词为属名，用名词表示，第一个字母要求大写；第二个拉丁词是种名，大多用形容词表示，字母均小写。规定学名后常附上定名人的姓氏（可缩写），首字母要大写。属名和种名在印刷时要求用有别于文内所用的字体，排印一般用斜体，但手稿中常在学名下划线，定名人姓氏不用斜体字。例如，棉蚜的学名为 *Aphis gossypii* Glover（依次分别为属名、种名、定名人），马铃薯的学名为 *Solanum tuberosum* L.（或 Linn）。

2. 亚种的名称——三名法

亚种的学名，由属名、种名和亚种名依次组合而成，即所谓三名法，也就是种的学名后加上拉丁文亚种的缩写 ssp. 或 subsp.，再加上一个亚种名，亚种名的首字母用小写，印刷要求与种的学名相同，排斜体，名后附上定名人姓氏。例如，东亚飞蝗 *Locusta migratoria* ssp. *manilensis* Linne（其中，*manilensis* 为亚种名）。变种的命名，则在原来的完整学名之后，加上拉丁文变种的缩写 var.（动物中大多不写），然后再写变种名称和变种名的定名人。例如，天椒是辣椒的变种，其学名是：*Capsicum fruiescens* L. var. *conoides* Bailey（其中 L. 为种的定名人，*confides* 为变种名，Bailey 为变种命名人）。

第二节　生物的主要类群

一、病毒类

1. 病毒

病毒个体微小，一般可通过细菌过滤器，只有借助于电子显微镜才能观察到。一般呈球状、杆状和蝌蚪状，也有呈卵圆状、丝状、子弹状和砖状等各种形态。

病毒体为非细胞结构，结构极其简单。一般由一个核酸芯子（一种病毒只含一种核酸，分别为 DNA 或 RNA，至今没有发现两者兼有者）和包在核酸外面的蛋白质衣壳（或称壳体）组成。核酸和衣壳又合称为核衣壳。有些病毒的核衣壳外还包着一层由脂类、蛋白质和多糖组成的包膜，又称被膜。

病毒具有双重存在方式，只能在活细胞内营专性寄生，又能在细胞外以大分子颗粒状态存在，具有侵染力。对一般抗生素不敏感，而对干扰素敏感。

有许多疾病是病毒引起的，如人的天花、流感、艾滋病、麻疹、肝炎、脊髓灰质炎、腮腺炎、疱疹、流行性乙型脑炎和一些肿瘤；动物的口蹄疫、猪瘟、鸡瘟、牛痘、狂犬病；植物的烟草花叶病、水稻矮缩病、黄化病等。几乎所有的生物都发现有病毒。为此，人们常根据病毒的宿主类型进行归类，即分为动物病毒、植物病毒、昆虫病毒、细菌病毒、真菌病毒等。但是有的病毒侵染一种以上的宿主生物。

2. 亚病毒

20世纪70年代以来，陆续发现了比病毒更简单的致病因子，统称为亚病毒。包括类病毒、朊病毒以及拟病毒。

类病毒是裸露的，无蛋白质衣壳，类病毒都是侵染植物致病的，如菊花矮化病、椰子坏死病、黄瓜白果病以及菊花褪绿斑病等。

朊病毒（又称朊粒）是只含蛋白质而无核酸，具侵染性并在宿主细胞内复制的蛋白质颗粒。1982年，美国的S. B. Prusiner在研究引起羊瘙痒病的病原时发现了朊病毒。它能引起寄主中枢神经系统病变，使寄主死亡。它能引起人的Kuru病（新几内亚震颤病）和Creutzfeldt-Jakob病（CJ病，脑脱髓鞘病变）以及牛的疯牛病。

朊病毒的发现具有重大的理论和实践意义，对深入研究"中心法则"提供了更加丰富的内容。此外，还有可能对一些疾病的病因、传播研究以及治疗带来新的希望。

二、原核生物界

原核生物是目前已知的结构最简单，并能独立生活的一类细胞生物。它们大约出现在35亿多年前。在生物进化的历程中分为三个大类群：①细菌类，又称真细菌类（包括细菌、放线菌、立克次体、支原体、衣原体和螺旋体等）。②古细菌类（包括产甲烷细菌、极端嗜盐细菌、极端嗜热酸细菌等）。③原核藻类（包括原绿藻、蓝藻）。它们绝大多数是单细胞生物，有些种类形成多核或多细胞丝状体。其细胞核在构造上称为原核，即没有核膜、核仁，遗传物质也无结合的组蛋白。细胞内不含线粒体、质体、高尔基体、内质网等由单位膜包裹的细胞器，细胞壁的主要成分为肽聚糖，细胞无有丝分裂，无典型的染色体，无真正的有性生殖等。

1. 细菌

细菌是原核生物中种类最多、数量最大、分布广泛和繁殖迅速的类群。它们在自然界的物质循环中起到了重要的作用。

根据形状分类，细菌主要有球菌、杆菌及螺旋菌。细菌细胞无真正的细胞核，只是在菌体中央有一个大量遗传物质（DNA）所在的核区。很多细菌细胞质中含有一种染色体外的遗传物质——质粒，为小型环状双链DNA。细胞壁主要成分为肽聚糖。

某些细菌在生长的特定阶段还能形成荚膜、鞭毛和芽孢3种特殊构造。

细菌数量大，适应性强，广泛分布于自然界，与人类的关系密切，有益或有害。

细菌可导致生物体疾病的发生，如人类的霍乱、伤寒、鼠疫、白喉、猩红热、破伤风、结核、百日咳、细菌性肺炎等；作物的水稻白叶枯病、棉花角斑病，苹果、梨的火疫病及冠瘿病等。但是，大多数细菌是有利于人类的。寄生人体的某些肠道细菌能合成多种B族维生素和维生素E、维生素K（互利共生）。

此外，细菌在工业（食品、化工、医药）、污水处理与环境保护、生物防治、医药卫生及遗传工程、自然界物质循环方面具有重要的作用。

2. 蓝藻

又称蓝细菌或称蓝绿藻。通常将它们归为藻类，但发现它们与细菌同为原核生物而又称其为蓝细菌。

蓝藻有单细胞的（球状、杆状），各种群体及多细胞组成的丝状体等不同类型。和细菌一样具有原核生物细胞的结构特点。

蓝藻的细胞壁含肽聚糖，也含有纤维素。蓝藻藻体通常呈现蓝、绿色，其颜色可随光照条件略有改变。蓝藻为光能自养生物，进行放氧的光合作用，因此植物学家常将其列入植物界。

蓝藻约 2000 种，广泛存在于淡水、海水和土壤中，有些种类与真菌、角苔、蕨类以及裸子植物共生。

湖泊或鱼塘中，如果蓝藻大量繁殖会形成"水华"，即在水面上形成一层具腥味的浮沫。其危害是将水中氧气耗尽，有些种类还放出毒素，使鱼和水生生物窒息或中毒而死。

蓝藻具有重要的经济价值，著名的食用蓝藻有发菜（*Nostoc flageliforme*）、螺旋藻（*Spimlina*）等。一些蓝藻有固氮作用，在农业生产上有重要价值。

3. 其他原核生物

其他原核生物还有原绿藻、放线菌、立克次体、支原体、衣原体等。

三、原生生物界

真核生物包括原生生物、真菌、植物、动物四界，其细胞的主要特点是具有真正的细胞核和多样的单位膜系统。

原生生物是真核的单细胞生物，主要以单细胞为其生命活动单位。具有真核细胞的结构特点，具核膜、核仁，有明显的膜系统构成的质膜内质网及膜结构形成的细胞器（线粒体，有些具叶绿体、液泡）等。个体较小，生命活动都是在各种细胞器中完成的。群体不同于多细胞动物，群体中各细胞的形态和功能上没有出现分化，各自保持较大的独立性，脱离群体后也能继续生活。

原生生物有 35000 种，其中包括一切单细胞（部分为群体）的真核生物。J. H. Postlethwait 将原生生物界主要分为三大类：类动物原生生物（原生动物）、类植物原生生物（单细胞真核藻类）以及类真菌原生生物（黏菌、卵菌）等。

原生生物在自然界中分布广泛，在海水、河水、湖水、土壤、动物粪便和其他生物体内都能生存。据报告，全世界至少有 1/4 人口由于原生生物的感染而得病（寄生原虫病）。如仅疟原虫引起的疟疾病，在全球每年至少有 2.5 亿人受到危害，非洲等热带地区每年因疟疾死亡人数在 100 万以上，我国在 1949 年前每年患病者至少有 3000 万以上。有 28 种原生动物可寄生人体，如由利什曼原虫引起的黑热病，还有睡眠病、毛滴虫病、阿米巴痢疾等，给人体健康带来不同程度的影响。此外，原生生物的一些种类对家禽和某些经济动物等有严重影响。但原生生物也给人类生活带来有益的一面。如为自然界有机物及氧气的重要来源、用于污水处理和生物防治、为地质石油勘探的重要监测物以及用于科学研究的理想材料。

四、真菌界

真菌是与其他真核生物在营养方式、组织结构、生长发育及繁殖方式都不同的独特的有机体。真菌有核膜与核仁的分化，细胞质中有线粒体等细胞器和内质网等内膜结构。具有细胞壁，但无根、茎、叶的分化，也没有光合色素，不能进行光合作用。只能靠寄生或腐生的异养方式生活，并且大多数向外分泌消化酶，分解后的小分子有机物通过细胞表面的渗透作用进入体内，即为吸收式异养营养（不同于动物的吞噬作用）。真菌界包括真菌门和地衣门。

1. 真菌门

大多数真菌的营养体是单细胞或多细胞形成的分支或不分支的丝状体，叫菌丝，许多菌丝相互交织形成菌丝体。有些菌丝体在生殖时由菌丝形成各种各样形状的结构，如伞形、球形、盘形，称为子实体。有的菌种能在营养菌丝上产生假根，伸入基质或附着于器壁上。

真菌细胞无光合色素和叶绿体。细胞壁化学成分大多为几丁质。

当环境条件不良或在繁殖阶段，有些真菌的菌丝体能集结成团，形成坚硬的休眠体，叫菌核。

真菌种类繁多，已记载的约有 10 万种以上，估计地球上约有 25 万或 50 万种。中国可能有 10 万种左右。常见的绒毛状、蜘蛛网状或絮丝状霉菌（如曲霉、青霉、黑根霉等）及一些大型的蕈菌（如蘑菇、灵芝、木耳等）等都是真菌。它们分别属于真菌门的各亚门。

真菌与人类关系极为密切，在经济上给人类带来许多益处，同时也带来许多灾难。早在四千多年前，我们的祖先就已开始利用真菌酿酒制酱。在近代工业发酵工程中，真菌已被广泛应用于酒精、甘油、甘露醇、有机酸、酶制剂等的生产，以及石油脱蜡、丝绸、纺织、皮革和食品工业等方面。真菌中的茯苓、灵芝、银耳、冬虫夏草等都是珍贵的中药材。在现代医药中，利用真菌可生产抗菌素（如青霉素、灰黄霉素等）、麦角碱、甾体激素、维生素（如核黄素）、核酸、辅酶 A 及人类自己不能合成的必需氨基酸等。此外，许多高等真菌如蘑菇、木耳、猴头菇等，营养丰富，味美可口，是深受人们欢迎的食物。

2. 地衣门

地衣是真菌（子囊菌居多）和藻类中的绿藻（共球藻、橘色藻）或蓝藻（念珠藻）等形成的共生生物，约有 26000 种。地衣的藻、菌互为依存，藻的光合营养物供给真菌，真菌吸取的水分和矿物质营养供给藻类。通常一种地衣与一种藻类共生，也有的具两种共生藻类。

地衣可以生活在别的生物难以生存的恶劣环境中，从而分布广泛。有的地衣可食用（如石耳），有的可药用，有的可作为化工原料和香料，有的可作为饲料，有的可用于大气的生物监测，有的可用作酸碱指示剂，如石蕊。

五、植物界

植物在地球上分布极广。无论平原、丘陵、高山、大陆、荒漠、河海或温带、赤道、极地，都有不同的植物种类生长繁衍。

植物界包括多细胞的藻类、苔藓植物、蕨类植物、裸子植物和被子植物。多细胞的藻类为低等植物，其他为高等植物；裸子植物和被子植物又称为种子植物，其余为孢子植物；从蕨类植物开始植物有了维管组织，又称为维管植物。

1. 多细胞的藻类植物

藻类是光能自养型的生物。原生生物界的藻类为单细胞（或群体）的真核藻类，而多细胞的藻类归属于植物界，包括褐藻门、红藻门及多细胞的绿藻门。

藻类植物体具有多种形态类型，如丝状、片状和管状体等，都没有分化成根、茎、叶等器官，因而它是叶状体植物，有的具有假根，是植物界的低级类型。藻体绝大多数很微小，但有少数为大型藻类，如褐藻中的海带、巨藻等。

藻类植物的细胞是真核细胞，具有核膜、核仁，有质体（即光合器）。

植物界的藻类分布广泛，绝大多数水生（淡水或海水）。植物界的多细胞藻类植物有褐藻门、红藻门、多细胞的绿藻门等。

褐藻门大多为海产，少数几种产于淡水，是最大的多细胞藻类，如巨藻（*Macrocystis*）可长达 70m 以上。海带（*Laminaria japonica*）、裙带菜（*Undaria pinnatifida*）、鹿角菜（*Pelvetia*）、马尾藻（*Sargassum*）等褐藻都可食用。有些褐藻可用于制碘、制褐藻胶等。食用的紫菜、提取琼脂的石花菜等为红藻门植物。绿藻门主要分布于淡水水域，常见的种类有失去游动能力的水网藻、羽藻、水绵、刚毛藻等，还有行固着生活的石药、毛枝藻等。

2. 苔藓植物门

苔藓植物是一类小型的不具维管组织的陆生高等植物。苔藓植物是植物从水生到陆生发展的过渡性的陆生植物，多生活在潮湿的地方。

通常看到的绿色苔藓植物就是它们的配子体。配子体有假根和类似茎、叶的分化，简单的种类呈扁平的叶状体；体内无维管组织，实质上为拟茎叶体，因此植物总是矮小的，体高仅几厘米。孢子体绝大多数由孢蒴、蒴柄、基足三部分组成，不能独立生活。主要从配子体收取营养，仍寄生在配子体上。

苔藓植物的生活史有明显的世代交替，为配子体占优势的异形世代交替。

苔藓植物约有 2 万余种，中国有 2800 多种。主要有苔纲和藓纲。地钱（*Marchantia polymorpha*）为苔纲的代表植物，平铺于地面生长，叶状体由多层细胞组成。葫芦藓（*Funaria hygrometica*）为藓纲代表植物，配子体直立，呈茎叶形，无真正的根、茎、叶分化，茎下生多数假根。

苔藓植物对改造自然和经济上都有重要意义。不少种类如大金发藓等可作药用，有败毒止血及抗菌等作用，也是观赏园艺发掘的资源植物之一。

3. 蕨类植物门

蕨类植物又称羊齿植物，陆生，淡水生，喜生于阴湿处，次热带和亚热带地区为其分布中心。

蕨类植物的孢子体和配子体均可独立生活。但孢子体发达，有了真正的根、茎、叶的分化，内有维管组织。从而实现了远距离运输的功能，使植物能长得高大，大大加强了水分和养料的运输作用。蕨类植物的生活史中有明显的世代交替现象。以孢子体占优势（苔藓是以配子体占优势），而且朝着配子体逐渐退化而孢子体逐渐发达的方向发展。

蕨类分布广泛，是古老的植物，从志留纪就有了蕨类。现在生活的蕨类约在 10000 种以上。常见的蕨类植物有裸蕨纲的松叶蕨（*Psilotum*）和梅溪蕨（*Tmesipteris*）；石松纲的卷柏（*Selaginella tamariscina*），俗称九死还魂草；木贼纲的节节草（*Equisetum ramosissimum*）；真蕨纲常见有芒萁（*Dicranopteris dichotoma*）、贯众（*Cyrtomium fortunei*）和水龙骨属（*Polypodium*）的种类。

蕨类的用途广泛，是重要的工业原料，如用于制造火箭、照明弹等引起突然起火的引火燃料。有些是优质肥料和饲料，如满江红与固氮蓝藻共生能肥田，增产效果明显，也是猪鸭等家畜、家禽的好饲料。有些种类是重要的中草药，如海金沙可治尿道感染和结石，贯众的根茎入药能解毒治流感、腹痛；江南卷柏可治湿热黄疸。蕨的根状茎可加工成淀粉，幼叶可食用；还是极富观赏价值的观叶植物，是用于插花、盆景的重要的观赏植物。

4. 裸子植物门

裸子植物是一类保留着颈卵器，具有维管束，能产生种子，介于蕨类植物和被子植物之间的一类高等植物。

裸子植物的孢子体发达，体内组织分化程度高，维管组织发达，具维管形成层，具次生生长和次生结构。常绿或落叶，叶针形、线形或鳞形，极少为阔叶。裸子植物的胚珠裸露。裸子植物的孢子叶聚集成球花或球果，单性，雌雄同株或异株。受精过程完全摆脱了水的限制。除苏铁和银杏外，精子均不具鞭毛。裸子植物产生种子，裸子植物的胚珠裸露，胚珠内卵细胞受精后发育成胚，部分的雌配子体细胞发育成胚乳，珠被发育成种皮。裸子植物是以种子进行繁殖的。

裸子植物的生活史类型为异形世代交替。它们和蕨类植物相比，其孢子体更加发达，配子体则极度退化，而且不能独立生活。

裸子植物在志留纪开始出现，中生代十分繁茂，属种很多，许多种类已灭绝。现生存的裸子植物只是历史遗留的一部分，有 12 科，71 属，约 800 余种，中国约 11 科，41 属，230 种和 48 变种。

(1) 苏铁纲

苏铁（铁树 Cycas）具大型羽状复叶，躯干不分支，雌雄异株，球花单性生于茎顶，精子具鞭毛。

(2) 松柏纲

裸子植物中约有一半属松柏纲，如松、柏、杉。针叶或鳞叶，有大孢子叶球和小孢子叶球之分，雌雄同株或异株。精子无鞭毛。最常见有松属（*Pinus*），为常绿乔木，针叶，茎内有树脂管道，分泌树脂。松的种类很多，是好的建筑用材，也是我国东北、西北一带造林的主要树种。水杉（*Metasequoia glyptostroboides*）是我国特产，是稀有的古老植物，被誉为活化石，中生代繁茂，现仅遗留于我国；此外还有杉木（*Cunninghamia lanceolata*）、侧柏（*Biota orientalis*）、桧柏（*Sabina chinensis*）等。

(3) 银杏纲

落叶乔木，叶扇形。雌雄异株，精子具鞭毛，种子核果状（俗称白果）。此纲仅银杏

（*Ginkgo biloba*）一种，为活化石树种。

裸子植物是重要的用材树种，广泛用于建筑木材、造纸、交通、家具等人类生活的各个方面，还是重要的工业原料植物，是树脂、栲胶的重要工业原料，又是绿化、观赏植物的重要树种。如雪松、南洋杉、巨杉、水杉、银杏等，它们在美化环境、调节气候、保持水土、吸收 CO_2 以防止温室效应、维持生态平衡方面有重要作用。银杏等裸子植物具有重要的药用价值。

5. 被子植物门

被子植物是自新生代以来最高级、最繁盛、对陆生环境适应最完善的植物类群，分布于陆地各处，且占有极大的优势。其广泛的适应性，是和它的结构复杂化、完善化分不开的。

被子植物孢子体更加发达。被子植物具真正的花，称有花植物。在形态结构上极富多样性，广泛适应于虫媒、风媒、鸟媒、水媒等各种传粉条件。被子植物的胚珠不裸露，有子房包被，受精后子房发育成果实，胚珠发育成种子，种子得到了很好的保护。

在被子植物生活史中，孢子体高度发达，配子体极度退化，具有异形世代交替的生活史。

现被子植物约 25 万种，占植物界半数，中国有 2.5 万种。分为双子叶植物纲和单子叶植物纲。双子叶植物纲中常见科有：十字花科（Cruciferae）、蔷薇科（Rosaceae）、菊科（Compositae）、豆科（Leguminosae）、茄科（Solanaceae）、葫芦科（Cucurbitaceae）等，代表种类分别为大白菜（*Brassica pekinensis*）、月季（*Rosa chinensis*）、向日葵（*Helianthus annuus*）、大豆（*Glycine max*）、马铃薯（*Solanum tuberosum*）、黄瓜（*Cucumis sativus*）。单子叶植物纲有：禾本科（Gramineae）、百合科（Liliaceae）、兰科（Orchidaceae）等，代表种类分别为玉米（*Zea mays*）、葱（*Allium fistulosum*）、春兰（*Cymbidium goeringii*）。

被子植物对人类的生存和发展至关重要。它们的根、茎、叶、花、果实、种子给人类提供着丰富的物质和能源，如粮食、蔬菜、水果、油料、糖、酒、烟、茶、纤维、药材、香料、装饰品……甚至肉、鱼、蛋等产品，几乎人们的衣、食、住、行各种用品都直接或间接地来源于被子植物。

六、动物界

目前已知的种类就达 150 万种，其物种的多样性及其对环境的适应性比之植物更加明显。动物界的发展，也遵循着从低级到高级、从简单到复杂的过程。标志着动物进化和发展水平的个体发育特征，反映在细胞的分化、胚层的形成、体型的对称形式、身体的分节、附肢的变化以及一些重要器官的形成等诸方面。根据这些方面的情况以及各动物类群特有的结构，目前学者将动物界分为 30 余门，其中主要的有 9 个门。

1. 海绵动物门

海绵动物门也称多孔动物门，是最原始的多细胞动物类群，绝大多数栖息于海水中，少数为淡水种类。成体固着生活，多形成群体，附着于岩石和动植物等上。体型多数不对称，形状变化很大，各种各样，很不规则。

海绵动物的体壁多有骨针或海绵丝。骨针质地坚硬，海绵丝质地柔软而有弹性。如浴用海绵，吸收液体能力强，加工后可供医学上用以吸收药液、血液或脓汁，也可用于沐浴，具一定经济意义。其他海绵动物有毛壶（*Grantia*）、白枝海绵（*Leucosolenia*）等。

2. 腔肠动物门

腔肠动物是真正的两胚层多细胞动物，其他后生动物都是由双胚层阶段发展起来的，因而在动物进化中占有重要的位置。

腔肠动物门是比海绵动物稍高等的后生动物。体壁内、外两胚层间，有一层非细胞质的中胶层。水和食饵以及不消化的残屑经顶端的大孔（口）出入于内腔（腔肠）。口的周围环生一定基数或其倍数的触手。外胚层及触手上有一种特殊的刺细胞，能翻出刺丝，放射毒素，用以捕食与袭击敌害。通常可分水螅型和水母型两种形态，一体一形、一体两形或一体多形。

腔肠动物门约 9000 余种，大多海产，少数生活于淡水中。一般分为水螅虫纲、钵水母纲、珊瑚虫纲、栉水母纲四纲。常见种类如海月水母（*Aurelia aurita*）、钩手水母（*Gonionemus*）等。少数种类可供食用（如海蜇），骨骼充工艺雕刻用材和珍贵装饰用品（如红珊瑚）。

3. 扁形动物门

扁形动物身体背腹扁平，两侧对称，使动物体明显出现了前后、左右和背腹的区分，在功能上也相应有了分化。从进化来看，为动物从水生生活进入陆生生活创造了条件。

扁形动物出现了中胚层。中胚层的产生，减轻了内外胚层的负担，同时也促进了身体结构的一系列发展和机能的完善。

神经系统较腔肠动物集中和发达，在头部形成一对脑神经节，由此向体后发出若干条神经索，其中左右两条神经索最发达，神经索间有横神经相连接，构成梯形神经系统。涡虫等营自由生活的种类具眼点，能感受光线的明暗。

扁形动物现存约 7000 种，部分营自由生活，多数寄生，不少种类是人、畜严重寄生虫病的病原体。分为涡虫纲、吸虫纲和绦虫纲三个纲。常见种类如真涡虫（*Euplanaria gonocephala*）、日本血吸虫（*Schistosoma japonica*）、猪绦虫（*Taenia solium*）等。

4. 原体腔动物门

原体腔动物又称假体腔动物或线形动物，是一类宠大而复杂的动物类群，种类达 18000 多种，形态差别很大，并且它们的发展历史不详，亲缘关系不明，但它们都具原体腔，也称初生体腔或假体腔，为胚胎期囊胚腔的残余。

本门动物尚无特殊的循环系统和呼吸系统，自由生活种类由体表呼吸，寄生种类为厌氧呼吸。多雌雄异体，体型差别不大，但大小显著。

本门动物种类比较庞杂，各类群间的形态差异大，亲缘关系不密切，学者们的分类意见不太一致。其中比较重要的纲有线虫纲和轮虫纲。常见有危害人类健康的人蛔虫（*Ascaris lumbricoides*）、蛲虫（*Enterobius vermicularis*）、钩虫和血丝虫等种类。有些种类寄生于植物，如小麦线虫（*Anguillulina tritici*）。还有与渔业关系密切，为鱼类特别是仔鱼的重要饵料的种类，如椎尾水轮虫（*Epiphanes senta*）。

5. 环节动物门

环节动物身体分节，具次生体腔，各器官系统也较为发达，在动物进化中占重要位置。

躯体由许多体节组成。多数环节动物的体节在形态和机能上都基本相同，因此称为同律分节。体节的出现，促进了形态构造和生理机能的进一步分化发展，同律分节是异律分节的基础，为身体进一步形成头、胸、腹提供了可能性。分节现象的出现在动物进化上有重要的意义。

次生体腔的产生是环节动物的另一重要特征。次生体腔也称真体腔，是中胚层产生的腔隙，具有上皮组织的体腔膜，肠壁和体壁上都有中胚层发育形成的肌肉层。肠壁中胚层的形成，加强了肠的消化机能，也为肠的进一步分化提供了基础。体腔内有循环、排泄、生殖、神经等器官，还充满了体腔液，体腔液和循环系统一起完成体内的物质运输，并使身体具有一定的形状，有利于运动。

循环系统是从环节动物开始出现的，环节动物的循环系统较为完善，由"心脏"、血管和毛细血管构成。血液始终在血管中按一定的方向循环流动，称为闭管式循环系统。排泄系统由扁形动物的原肾管演变为后肾管，多按体节排列，代谢废物自体腔收集，经排泄孔排出体外。神经系统较扁形动物集中，形成链状神经系统，前端的咽上神经节发达，称为"脑"，可控制全身的感觉和运动。

环节动物约3500种，多自由生活，分布于海水、淡水和土壤中。多毛纲的动物海产，头部发达，有疣足和刚毛，雌雄异体，发育过程有担轮幼虫期，如沙蚕（*Neresis*）。寡毛纲的动物生活于陆地或淡水中，头部不发达，无疣足，体节具刚毛。如各种蚯蚓，蚯蚓可松动土壤，增加肥力，也可作为家禽的饲料，此外可提取药物供医用。一些水生种类是鱼类的重要饵料。蛭纲的动物生活于淡水或陆地上，半寄生生活，身体背腹扁平，前后端有吸盘，如金线蛭（*Whitmania laenis*），能吸吮人畜的血液，由于其唾液腺能分泌出防止血液凝固的蛭素，故伤口不易愈合，易感染。蛭在医学上可用来提取抗凝血剂。

6. 软体动物门

软体动物外形差别较大，但体制结构基本相同。身体一般两侧对称，腹足类动物由于发育过程发生扭转而左右不对称。软体动物身体柔软，不分节，具外套膜和贝壳，身体一般可分为头、足和内脏团三部分。

软体动物的次生体腔退化而不明显。血液由动脉血管进入组织而流入血窦，周围无血管壁，故血液循环为开管式循环。心脏发达，有心室和心耳两部分。

软体动物种类繁多，现存种类达八万种。分布广泛，生活于海水、淡水和陆地，可分为五个纲，其中和人类关系密切的有腹足纲、瓣鳃纲和头足纲三个纲。代表种类有鲍（*Haliotis*）、红螺（*Rapana*）、田螺（*Cipangopaludina*）、河蚌（*Anodonta*）、牡蛎（*Ostrea*）、蚶（*Area*）、扇贝（*Chlamys*）、珍珠贝（*Pteria*）等，多数种类可食用。一些种类如蜗牛（*Fruticicda*）、蛞蝓（*Limax*）危害农作物。钉螺（*Oncomelania*）、椎实螺（*Lymnoed*）和隔扁螺（*Segmentirui*）等淡水螺类是人、畜寄生吸虫的中间宿主。章鱼（*Octopus*）、乌贼（*Sepia*）的捕获量大，为我国重要的海产。

7. 节肢动物门

节肢动物是动物界种类最多的一门，达100万种以上。它们的分布极为广泛，对环境有高度适应性。

节肢动物的身体同环节动物一样，也由许多体节组成，但已明显地由同律分节发展到异律分节，体节数显著减少且愈合。身体分化为头、胸、腹三部分。在有些种类，这三部分也有不同程度的愈合。这种异律分节使动物在形态和功能上都有较高的分化，头部趋于感觉和摄食，胸部是运动的中心，腹部是营养和生殖的中心。

节肢动物具有复杂的附肢，而且附肢也分为许多节。节与节之间以及附肢与身体之间均以关节相连，运动极为灵活，用于游泳和爬行，并适于多种功能，如感觉、捕食、呼吸和生殖等。

节肢动物体表具有由表皮分泌形成的几丁质外骨骼，有效地保护了身体，增加了运动能力。外骨骼还具有防止水分蒸发、抗干旱等作用，使节肢动物行动迅速，加强了适应环境的能力，尤其是对陆生环境的高度适应。由于外骨骼坚硬，不能随身体的生长而增大，因此节肢动物普遍存在周期性的蜕皮现象，以使身体继续生长。

节肢动物的肌肉发达，由横纹肌组成肌肉束，附在外骨骼的内壁上，收缩快速有力，从而产生强有力运动。

神经系统和环节动物基本相似，呈链状，但随着体节的高度愈合，节肢动物的神经节也趋于合并和集中。在高等的种类，神经系统已失去了其原有的链状形式。感觉器官特别发达，类型多而复杂，如触角、单眼、复眼等。

呼吸器官的多样化，往往与生活环境密切相关，水生种类用各种鳃呼吸，陆生种类用气管呼吸，而蛛形纲的动物用书肺进行呼吸。

排泄器官在不同的类群也不相同，水生种类有触角腺、颚腺，陆生种类则以马氏管进行排泄。

此外，消化、循环、生殖等器官系统都比环节动物发达而有效。

(1) 甲壳纲

约3万余种，多数海生，少数生活于淡水、潮湿的陆地或寄生。触角两对。多数种类头、胸合并为头胸部，其背部被硬甲。甲壳动物有重要的经济意义。虾类和蟹类产量大，其中对虾（*Pentus orientalist*）体较大，是重要的海产资源；罗氏沼虾是淡水养殖虾类的优良品种，三疣梭子蟹（*Portunus trituberculatus*）产量大，是我国重要的海水蟹；中华绒螯蟹（*Eriocheir sinensis*）肉味鲜美，是我国最著名的淡水蟹，现已大量养殖。甲壳动物也是海水和淡水中的浮游生物组成部分，是鱼类的重要饵料，如水蚤（*Daphnia*）和剑水蚤（*Cyclops*）。

(2) 蛛形纲

种类多，多数陆生，少数水生或寄生。身体多分为头胸部和腹部，头胸部6对附肢，无触角，腹部无附肢，如圆网蛛（*Aranea*）、蝎（*Scorpio*）、人疥螨（*Sarcoptics scabiei*）等。

(3) 多足纲

陆栖蠕虫状节肢动物，触角一对，身体分为头和躯干部，体节多，每节1～2对附肢，以气管呼吸。常见种类如蜈蚣（*Scolopendra*）、马陆（*Spirobolus*）、蚰蜒（*Scutigera*）。蜈蚣有药用价值，已人工养殖。

(4) 昆虫纲

昆虫是动物中种类最多的一个纲，现存近 100 万种。昆虫种类繁多，生态类群复杂，对环境具高度的适应性，是最繁盛的一纲。

身体分为头、胸、腹三部分，头部有触角、眼和口器，胸部三节，有三对胸足，一般具两对翅。成虫腹部无附肢，以气管呼吸，排泄器官为马氏管。体表覆有几丁质的外骨骼，发育过程大多有变态现象。

昆虫与人类的关系非常密切。很多昆虫可传播花粉，促使植物受精结实。有些是重要的工业原料，如蚕、白蜡虫、紫胶虫。有些可供食用，如蜜蜂为人类创造蜂蜜和蜂王浆。有些昆虫可用来防治其他害虫，如赤眼蜂。也有很多昆虫危害农作物及果树森林，破坏树木和建筑物，传播很多疾病，给人类造成重大的损失。

8. 棘皮动物门

棘皮动物门的动物体制为辐射对称，而且多数为五辐射对称。身体不分节，体形多种多样，有星状、球状、圆筒状或呈树状的分支等。体表有许多棘、刺突起，由中胚层形成的石灰质内骨骼突出表皮所形成，内骨骼还可形成骨板或骨片分散在体壁中，有的种类甚至相互愈合形成完整的壳。棘刺和骨板均有保护身体的作用。

棘皮动物约 5700 种，海产，绝大多数底栖或固着生活，因数量较大，分布广泛，是海洋生物中的重要组成部分，例如海星、蛇尾、海胆、海参和海百合等。某些海参体壁肌肉发达，骨片小，无棘刺，具较高食用价值。

9. 脊索动物门

脊索动物是动物界最高等的一门动物。脊索动物的共同特征主要表现在具脊索。脊索是一条支持身体的棒状结构，位于消化道的背面，具弹性，脊索外包一层或两层结缔组织的髓鞘。具背神经管，位于脊索的背面，是一条中空的神经索，与无脊索动物位于身体腹部的实心神经索不同。具鳃裂，为咽部两侧直接或间接与外界相通的裂孔，也称咽鳃裂，为呼吸器官。

根据脊索的存在情况，脊索动物分为四个亚门：半索动物亚门、尾索动物亚门、头索动物亚门和脊椎动物亚门，其中前三类为海栖脊索动物，种类少。

半索动物：海产，蠕虫状，身体由吻、领和躯干组成。脊索短，仅为咽部向前伸出的一条育管，称为口索，在身体背部还有一条背神经索，神经索内出现腔隙，是背神经管的雏形，半索动物如柱头虫（*Balanoglossus*）。

尾索动物：单体或群体的海栖动物，体表被以特殊的类似植物纤维素的被囊，故称被索动物。自由生活的种类，脊索终生存在；固着生活的种类（如海鞘 Ascidia），脊索仅存在于幼体的尾部，成体时脊索则随尾部一起消失。

头索动物：典型的脊索动物类群，脊索动物的三个主要特征终生存在。脊索贯穿身体前后，中枢神经系统为典型的背神经管，消化管前部具鳃裂。肠管的前端有一向前伸出的囊管，称为肝盲囊，相当于脊椎动物肝脏。如文昌鱼（*Branchiostoma*），产于我国厦门、青岛、烟台等地，底栖或钻沙。

脊椎动物：高等的脊索动物，形态和机能复杂而完善，生存和适应能力强，脊索在绝大多数种类中仅存在于胚胎时期，至成体被脊椎组成的脊柱所替代，脊柱前端分化成头骨，和脊柱一起组成中轴骨骼。背神经管前端分化形成发达的脑和完善的感觉器官，形成明显的头部，因此也称有头类。神经管在脑后部分形成脊髓。脊椎动物包括圆口纲、软骨鱼纲、硬骨鱼纲、两栖纲、爬行纲、鸟纲、哺乳纲共七个纲。

(1) 圆口纲

圆口纲（Cyclostomata）是现存脊椎动物最原始的一个类群，在海水或淡水中营寄生或半寄生生活。身体结构表现出原始性和特殊性。其主要特点表现在没有上、下颌的分化，故称无颌类。圆口动物种类很少，现存种类约 50 种，如东北七鳃鳗（*Lampetra* mori）。

(2) 软骨鱼纲和硬骨鱼纲

这两纲动物统称鱼类，是典型的水生脊椎动物，不仅具有比圆口类动物进步的进化特征，而且还有对水生生活高度适应的一系列特征。最重要的进化特征表现为具上、下颌，颌的出现，增强了动物主动捕食的能力，使动物的活动能力大大提高，是脊椎动物进化发展的一个重要里程碑。

鱼类具有高度适应水生生活的一系列特征。身体多呈流线型；体表被覆鳞片，鳞片是皮肤的衍生物，有保护身体的作用。表皮内还有大量黏液腺，黏液在体表形成有保护作用的黏液层。用鳃呼吸，鳃的结构复杂，鳃表皮下有大量的毛细血管，水中的氧通过鳃进入血液。鱼类除眼、鼻外，还有特殊的侧线器官，能感受身体两侧水流的压力和震动。多数鱼有鳔，能调节鱼体的比重，对鱼体的沉浮有辅助作用。

鱼类是脊椎动物种类最多的类群，约有 24000 种，生活于各种水环境中，根据骨骼性质等特点，可将鱼类分为软骨鱼纲和硬骨鱼纲。软骨鱼纲代表种类如各种鲨、鳐。鲨的肝脏大，可制鱼肝油，皮能制革。硬骨鱼纲代表种类有矛尾鱼（*Latimeria chalumnae*），被认为是陆生脊椎动物的祖先，为动物界珍贵的活化石。海产种类如带鱼（*Trichiurus haumela*）、黄鱼（*Pseudosciaena*）等，淡水养殖重要种类如草鱼（*Ctenopharyngodon idellus*）、青鱼（*Mylopharyngodon piceus*）、鲢鱼（*Hypaphthalmichthys molitrix*）、鳙鱼（*Aristichthysnobilis*）四大家鱼以及鲤鱼（*Cyprinus carpio*）、鲫鱼（*Carassius auratus*）、团头鲂（*Megalobrama terminals*）、黄鳝（*Menopterus alba*）等。

(3) 两栖纲

两栖动物是从水生向陆生过渡的脊椎动物，既有适应陆生生活的特征，也有不能完全脱离水的结构，以"两栖"命名该纲，正说明该类动物是从水生到陆生进化的过渡类型。

两栖纲有五趾型四肢，适合于陆地上运动和支撑身体。但四肢还很弱，不能将身体抬离地面，因而运动能力不强。成体用肺呼吸，但肺的结构简单，呈囊泡状，获得的氧气不足以维持机体的需要，尚有皮肤作为辅助器官完成呼吸功能。两栖类皮肤裸露，富有腺体，分泌黏液可使体表保持湿润，利于氧气溶解并进入皮肤内的血管中。体温不恒定，属变温动物。

两栖动物的生殖未脱离水环境，而且皮肤通透性强，无保护性衍生物，不能有效地防止水分蒸发，因而主要生活在淡水和比较湿潮的地带。两栖动物主要分布在热带和亚热带，温带较少。

两栖纲现存约 2500 种，分为无足目、有尾目和无尾目三个目。代表种类有版纳鱼螈（*Ichthyophis bannanica*）、大鲵（*Megalobatrachus davidianus*）、大蟾蜍（*Bufo bufo*）、

黑斑蛙（*Rana nigromaculata*）、中国林蛙（*Rana temporaria chensinensis*）等。

大鲵又称娃娃鱼，是现存最大的两栖动物，重可达 50kg，为我国特产，具有科研和观赏价值；蟾蜍耳后腺可制"蟾酥"供药用。一些种类可人工养殖供食用，如牛蛙（*Rana catasbeiana*）。

（4）爬行纲

爬行动物的身体结构以及生殖、发育上都摆脱了对水环境的依赖，真正地适应了陆生环境。

爬行动物身体可分为头、颈、躯、四肢和尾等五部分。颈部明显，头部活动灵活，扩大了感觉器官的作用。四肢发达，使爬行动物在陆地上的运动能力加强。体表覆有角质鳞或角质板，可保护身体并防止体内水分的蒸发。骨骼坚固，骨化好，四肢骨和中轴骨连结更加牢固，这在支撑身体、保护内脏、增强呼吸等方面均具有重要意义。

爬行动物的身体结构和机能虽已能适应陆生环境，但总体代谢水平还较低，体温调节能力也较弱，仍属变温动物。

爬行纲现存种类约 6000 余种，分属四个目。喙头目是现存最原始的爬行动物，仅存喙头蜥（*Sphenodon punctatum*），分布仅限于新西兰岛。有鳞目是比较典型的爬行动物类群，数量最多，生活环境多样，体表被角质鳞，包括蜥蜴类和蛇类，如壁虎（*Gekko*）、石龙子（*Eumeces*）等，蛇类适于穴居，四肢消失。常见的如蟒（*Python*）、蝮蛇（*Agkistrodon halys*）、银环蛇（*Bungarus multicinctus*）等。不少蛇和蜥蜴能消灭害虫，蛇毒有特殊的医用价值。龟鳖目是特化的爬行动物类群，身体短宽，被硬壳，壳内为骨甲，生活于海水、淡水或陆地。如中华鳖（*Amyda*）、乌龟（*Chinemys reevesii*）、海龟（*Chelonia*）、玳瑁（*Eretmochelys imbricata*）等。鳄目是最高等的现代爬行动物，半水生。身体背腹略扁，尾左右侧扁，四肢粗壮，趾间有蹼。我国仅有扬子鳄（*Alligator sinensis*）一种，分布于长江下游一带，目前自然环境中数量已极少，为国家级保护动物。

（5）鸟纲

鸟类是一支由爬行动物进化而来，适应于飞翔生活的高等脊椎动物。鸟类具有很高的代谢水平，体温恒定，与哺乳动物同属恒温动物。减少了对环境的依赖性。地理分布广泛，生存竞争能力强。

鸟类体均被羽，恒温，卵生，胚胎外有羊膜。前肢成翼，有时退化。多营飞翔生活。骨多空隙，内充气体。呼吸器官除肺外，有辅助呼吸的气囊。

全世界已发现有超过一万种，分为三个总目。平胸总目的前肢退化，胸骨无龙骨突。大型走禽，无飞翔能力，善于奔跑。如非洲鸵鸟（*Struthio camelus*）、食火鸡（*Casuarius casuarius*）。企鹅总目的前肢鳍状，腿短而后移，善于游泳和潜水。主要分布于南极大陆沿岸，如王企鹅（*Aptenodytes patagonica*）。突胸总目的翼发达，胸骨具发达龙骨突，善于飞翔，包括现存绝大多数鸟类。我国鸟类 1100 种，均属此类，如绿头鸭（*Anas platyrhynchos*）、丹顶鹤（*Grus japonensis*）、喜鹊（*Pica pica*）等。鸟类的经济意义很大，一些狩猎鸟的肉和羽毛可利用，不少鸟可供观赏，多数鸟类能捕食农林害虫，并在自然生态平衡中起特殊作用。

（6）哺乳纲

哺乳动物是动物界进化最高等的类群，其结构和功能最复杂也最完善，最能适应外界环境。

胎生、哺乳是最重要特征。哺乳动物绝大多数胎生，为胎生羊膜动物。胎儿在母体子宫内进行发育，通过胎盘与母体有机地联系在一起，得到丰富的营养物质，并排出代谢废物，为胚胎发育提供了一个安全、稳定、营养充足的内环境。母体具乳腺，以乳汁哺育胎儿。胎生、哺乳保护了后代并提高幼仔成活率。

哺乳动物代谢水平高，体温恒定，对环境有很强的主动适应能力。

现存哺乳动物约 4000 余种，分为三个亚纲。

① 原兽亚纲　最原始的类群，卵生，有泄殖腔，无齿，无乳头。如针鼹（*Tachy-glossus aculeatus*）、鸭嘴兽（*Omithorhynchus anatinus*）。

② 后兽亚纲　胎生，无真正胎盘，幼仔产出时发育不良，在母体育儿袋中继续发育。主要分布在澳洲，如大袋鼠（*Marcopus giganteus*）。

③ 真兽亚纲　有胎盘，胎儿发育完全后产出，异齿型，大脑皮层发达。种类约占现存哺乳动物的 95%，分布广，适应多种环境。可分为 17 个目，最重要的有：

食虫目：原始的有胎盘类，主食昆虫和蠕虫。如刺猬（*Erinaceus europaeus*）、鼩鼱（*Sorex araneux*）。

翼手目：为适应飞翔的哺乳动物。前肢皮翼状，指骨延长，胸骨具龙骨突，种类多，如蝙蝠（*Vespertilio superans*）。

灵长目：为树栖类群，拇指（趾）多能与其他指（趾）对握，大脑半球发达，两眼前视。如猕猴（*Macaca mulatta*）、大猩猩（*Gorilla gorilla*）。

啮齿目：是种类最多的一目。适应于多种环境，上下颌各有一对能不断生长的门齿，多数种类对人类危害很大，如黄鼠（*Citellus dauricus*）、褐家鼠（*Rattus norvegicus*）。

鲸目：能终生生活于水中，体毛退化，体形似鱼，前肢鳍状，后肢退化，尾鳍水平状，呼吸孔位于头顶部。如蓝鲸（*Balaenoptera musculus*）和白鱀豚（*Lipotes vexillifer*）。

食肉目：为肉食性兽类，犬齿发达而尖锐，趾端具锐爪，适于猎捕动物。如赤狐（*Vulpes vulpes*）、黄鼬（*Mustela sibirica*）。

偶蹄目：四肢蹄数为偶数，第三、四指（趾）发达并负重。如野猪（*Sus scrofa*）、双峰驼（*Camelus bactriauus*）、梅花鹿（*Cervus nippon*）。

第三章
中医学基础

　　中医学是以中医药理论与实践经验为主体，研究人类生命活动中健康与疾病转化规律及其预防、诊断、治疗、康复和保健的综合性科学。中医学具有独特的理论体系、丰富的临床经验和科学的思维方法，是以自然科学知识为主体，与人文社会科学知识相交融的科学知识体系。

　　中医学独特的理论体系以人为研究对象，其形成受到中国古代哲学阴阳、五行学说的深刻影响，同时又是多学科交叉渗透的产物。

　　中医学理论体系是包括理、法、方、药在内的整体，是关于中医学的基本概念、基本原理和基本方法的科学知识体系。它是以整体观念为主导思想，以精、气、阴阳、五行学说为哲学基础和思维方法，以脏腑、经络及精气血津液为生理病理学基础，以辨证论治为诊疗特点的医学理论体系。

第一节　中医学基本特点

　　中医学理论体系的形成受到中国古代的唯物论和辩证法思想的深刻影响，即对于事物的观察分析方法，多以"取类比象"的整体性观察方法为主，通过对现象的分析，以探求其内在机制。古代医家以精、气、阴阳、五行学说为哲学基础，以整体观念为指导思想，以脏腑经络的生理病理为理论基础，以辨证论治为诊疗方法，来实现对人体的生理现象、病理变化及临床实践的观察和总结。

　　中医学理论体系贯穿着整体观念，而中医诊治疾病则贯穿着辨证论治精神，所以整体观念和辨证论治被认为是中医学的两个最基本的特点。

1. 整体观念

　　所谓整体就是统一性和完整性，中医学非常重视人体本身的统一性和完整性，及其与自然界、社会的相互关系，认为人体是一个有机的整体，人体与外界环境也是一个密切相关的整体。这种内外环境的统一性与机体自身的整体性思想，称为整体观念。整体观念对中医学认识人体的生理、病理，指导诊治疾病以及在康复保健等方面都具有重要意义。

(1) **人体是一个不可分割的有机整体**

人体是由若干脏腑、组织和器官组成的。人体的整体性和统一性，是以五脏为中心，通过经络系统"内属于腑脏，外络于肢节"的作用而实现的。

在人体结构上，五脏是代表着整个人体的五个大系统，人体所有器官都包括在这五个系统之中。人体以五脏为中心，通过经络系统，把六腑、五体、五官、九窍、四肢百骸等全身组织器官联系成为一个有机的整体。机体由若干脏器、组织器官及各种体液组成，各个脏器、组织器官及各种体液都有各自不同的功能，而这些功能又都是整体活动的组成部分，从而决定了机体的整体统一性。

在生理上，中医学在整体观念指导下，认为人体的生理活动通过精、气、血、津液的作用表现出来，既要依靠各脏腑组织发挥各自不同的功能，又要依靠脏腑组织之间相辅相成的协同作用和相反相成的制约作用。

在病理上，在认识和分析疾病时，中医学也是首先从整体出发，将重点放在局部病变引起的整体病理变化上，并把局部病理变化与整体病理反应统一起来。一般来说，人体某一局部的病理变化，往往与全身的脏腑、气血、阴阳的盛衰有关。所以在疾病过程中，一个部位和组织器官发生异常现象，就会影响其他组织和器官，甚至全身。

(2) **人与自然界环境的统一性**

人类生活在自然界中，人与自然环境息息相关。自然界存在着人类赖以生存的必要条件，同时自然界的运动变化又常常直接或间接地影响着人体，使机体相应地发生生理和病理上的变化。这种人与自然相统一的观点被称为"天人合一"或"天人相应"。中医学在病因、病理、诊断、治疗和养生等各个领域中，都十分重视自然环境对人体的影响。

在生理状态下，人体能够适应自然界的变化。在季节气候的变化过程中，人体会发生变化与之相适应。这种适应性的生理变化，既维持了人体体温恒定，也反映了自然界不同气温下人体气血运行和津液代谢的状况。

(3) **人与社会环境的统一性**

人生活在社会群体之中，是社会的组成部分；人能影响和改造社会，社会的变动对人体的身心健康也会产生影响。其中，社会的进步、社会的治或乱以及人的社会地位变动，对人的身体和心理的影响更大。

社会的进步有利于健康。人类的寿命随着社会的进步而逐渐延长。但是，社会进步也会给人类带来一些不利于健康的因素。例如机动车辆带来的噪声，工业发展带来的水、土壤和大气的污染，以及过度紧张的生活节奏，各方面激烈的竞争，可能会使人们出现各种身心疾患，常见症状有焦虑、头痛、头晕等。

社会的稳定与否，对人体的影响也非常大。社会安定，人的生活有规律，抵抗力强，得病较少，寿命也较长；社会动乱，人的生活不规律，精神紧张，抵抗力下降，各种疾病皆易发生，死亡率也高。

此外，社会中的许多因素可以带来个人物质和精神上的变化，如不能正确认识和处理，也会对健康产生不利的影响。中医诊治疾病和养生，十分注意结合社会和心理上的影响，正确地处理各方面的关系，调整心理，增进健康。

总之，中医学认为人体本身的统一性及人与自然界、社会之间存在着既对立又统一的关系，这就是中医学的一个重要特点即整体观念。整体观念主要是从宏观上揭示人体生理、病理现象，贯穿中医的各个方面。

2. 辨证论治

辨证论治是中医认识疾病和治疗疾病的基本原则，是中医学对疾病的一种特殊的研究和处理方法，是中医诊治疾病的特色。

(1) 病、症、证的基本概念

病，是指有特定病因、发病形式、病机、发病规律和转归的一种完整的过程。比如感冒、中风、痢疾等。

症，就是症状与体征，是指疾病的具体表现。主观性的自我感觉即为症状，如头痛、恶寒、腹痛等；客观性的表现即为体征，如面红、眼睛发黄、体温升高等。症只是疾病的个别的、表面的现象，很难反映疾病的本质，因为同患一种病，可以见到不同的症状，如同为感冒，或鼻塞流涕，或咽喉肿痛，而且疾病处于不同的阶段，症状也会发生变化。证，即指证候，是机体在疾病发展过程中的某一阶段的病理概括。由于其包括了病变的部位、原因、性质以及邪正关系，反映出疾病发展过程中某一阶段的病理变化的本质，因而证候能更全面、更深刻、更准确地揭示疾病的本质。

(2) 辨证论治的基本概念

"辨证"就是将四诊（望诊、闻诊、问诊、切诊）所收集的资料（症状和体征），通过分析、综合，辨清疾病的病因、性质、部位，以及邪正之间的关系，概括、判断为某种性质的证。"论治"，又称为"施治"，即根据辨证的结果，确定相应的治疗方法。中医临床认识和治疗疾病，是将重点放在"证"的区别上，通过辨证而进一步认识疾病。

辨证和论治是诊治疾病过程中相互联系、不可分割的两个方面，辨证是认识疾病，确立证候；论治是依据辨证的结果，确立治法和处方遣药，是理论和实践相结合的体现，是理法方药在临床上的具体运用，是指导中医临床的基本原则。

(3) 同病异治与异病同治

中医认为，同一疾病在不同的发展阶段，可以出现不同的证候；而不同的疾病在其发展过程中又可能出现同样的证候。因此在治疗疾病时就可以分别采取"同病异治"或"异病同治"的原则。这是辨证论治原则的具体应用典范。

所谓"同病异治"，是指同一疾病出现了不同证候，所采用治法也不同。以感冒为例，不同季节、不同体质的人，表现的证不同，治法也不同。

所谓"异病同治"，是指不同的疾病在发展过程中出现性质相同的证候，因而可以采用同样的治疗方法。

第二节　阴阳五行学说

中医学中的阴阳五行学说，就是古代朴素的唯物观点在医学上的运用。阴阳是说明事物的矛盾统一性，五行是说明事物的内在联系。两者结合起来，用以理解和说明事物在运动过程中的发展规律。由于这种朴素的唯物观点和自发的辩证法长期以来已与中医的医疗实践密切结合，所以，中医的阴阳五行学说，一方面早已成为中医理论的核心，另一方面几千年来一直在临证工作中起着指导实践的作用。有此两点，足以说明阴阳五行学说仍有很大的实用价值和科学研究价值。

一、阴阳学说

1. 阴阳的基本概念

阴阳，是对自然界相互关联的某些事物和现象对立双方的概括，也是对一切事物或现象内部对立双方的概括。既可以代表两个相互对立的事物，又可以代表一个事物内部相互对立的两个方面。

阴阳的概念出自于我国先民的自然观，中国古人将自然界中对立又关联的现象，如上下、寒热、天地、明晦、男女等以哲学思想归纳起来，冠以"阴阳"的含义。阴阳最初的含义是指日光的向背，向日为阳，背日为阴，后来引申为气候的寒暖，方位的上下、左右、内外，运动状态的躁动和宁静等，也就逐渐形成了哲学上的阴阳，是从事物和现象的普遍规律中抽象出来的概念，不再是指某一具体事物或现象，故阴阳"有名而无形"。阴阳是自然界的根本法则，可以用来解释自然界一切事物和现象的发生、发展和变化规律。

阴阳作为解释自然界一切事物和现象的理论，具有以下特性。

① 普遍性 阴阳被用来解释自然界一切事物或现象的发生、发展、运动、变化，因而具有普遍的特性。

② 关联性 所谓关联，即事物或现象的同一范畴、同一层面。也就是在同一范畴、同一层面的事物或现象中，才能用阴阳来进行解释和分析，不同范畴、不同层面的事物或现象是不能用阴阳来解释和分析的。

③ 相对性 所谓相对性，具体体现在：一为转化性，即指在一定的条件下，双方可相互转化，如一年的气候变化规律，属阳的春夏温热气候递变为属阴的秋冬凉寒气候，属阴的秋冬凉寒气候递变为属阳的春夏温热气候；二为无限可分性，如昼为阳，夜为阴，上午为阳中之阳，下午为阳中之阴，前半夜为阴中之阴，后半夜为阴中之阳。

④ 相对固定性 即阴阳的不可互换性，用阴阳分析的事物或现象一旦确定，阴阳的属性也就确定，不能互换。如水与火，永远都是水属阴、火属阳。

一般而言，凡是静止的、内守的、下降的、寒冷的、有形的、晦暗的、抑制的、衰退的都属于阴；凡是运动的、外向的、上升的、温热的、无形的、明亮的、兴奋的、亢进的都属于阳。

2. 阴阳学说的基本内容

阴阳的基本内容可概括为对立制约、互根互用、消长平衡、相互转化四个方面。

（1）阴阳的对立制约

阴阳的对立制约，就是指阴阳双方属性对立，并且存在着相互制约的关系。

阴阳学说认为，自然界一切事物或现象都存在着相互对立的两个方面。阴阳的相互对立表现为它们之间是相互斗争的。阴阳两个方面其属性对立的同时，还存在着相互制约、相互消长的关系，在自然界中，正是因为这种阴阳相互制约的作用，才能维持事物之间和事物内部的协调平衡状态。

（2）阴阳的互根互用

阴阳的互根互用，就是指阴阳双方互为基础，其中一方的存在以另一方的存在为前提，并且双方有着相互依存、相互资生的关系。

阴阳相互依存，表现在阴以阳的存在为前提，阳也以阴的存在为前提，任何一方都不能脱离另外一方而单独存在，即无阴就无所谓阳，无阳也就无所谓阴。可见每一方都以其相对的另一方的存在为自己存在的前提。

（3）阴阳的消长平衡

阴阳消长是阴阳运动变化的形式，或者说是量的变化，体现在事物或现象发生了数量的变化。阴和阳之间的对立制约、互根互用，并不是处于静止的和不变的状态，而是始终处于"阳消阴长""阴消阳长"或"阴阳同消同长"的不断运动变化之中，故说"消长平衡"。阴阳消长体现了阴阳双方不是平静地、各不相干地共处于一个统一体中，而是处在相互制约、相互消长的动态之中，事物就是在这种绝对的消长运动和相对静止平衡之中生化不息，不断地发生、发展的。

（4）阴阳的相互转化

阴阳转化，是指事物的阴阳对立的双方在一定条件下可以向其相反的方向转化。事物的阴阳两个方面，当其发展到一定阶段，各自可向其相反方向转化，阴可以转化为阳，阳也可以转化为阴。阴阳转化是阴阳运动的规律。阴阳转化，是阴阳质的变化，体现在事物或现象发生了质的变化。

3. 阴阳学说与中药的关系

中药的性能主要靠它的气、味、升降浮沉来决定，而药物的气、味和升降浮沉，又皆可以用阴阳来归纳说明。

以四气来说，则"寒、凉"属阴，"温、热"属阳；以五味来说，则"辛、甘"发散为阳，"酸、苦"涌泄为阴，"咸"味涌泄为阴，"淡"味渗泄为阳。在气味之中，又有厚薄的区别，如《素问·阴阳应象大论》说："味厚者为阴，薄为阴之阳；气厚者为阳，薄为阳之阴。"至于升降浮沉，则升浮为阳，沉降为阴。如果不熟悉这些根本规律，不但对中药的药理作用无法理解，更谈不到正确地运用了。

二、五行学说

1. 五行的基本概念

五行是指构成自然界最基本的物质：木、火、土、金、水。五种物质具有相互资生、相互制约的关系，且处于不断运动、变化之中。古人最初认为木、火、土、金、水，是自然界不可缺少的五种基本物质，"水火者，百姓之所饮食也；金木者，百姓之所兴作也；土者，万物之所资生，是为人用"，其后逐步认识到，这五种物质各有其特性，它们之间的运动变化也有一定规律。从而最初的"五材"演变成了哲学上的五行概念。这五种物质的运动变化，形成了自然界的运动规律。

(1) 五行的特性

五行的特性是归纳和分析自然界事物和现象的理论依据之一。五行的特性基本上已不是木、火、土、金、水五种物质的本身，而是在其朴素认识的基础上，抽象地概括出不同事物的属性。因此，五行的特性，虽然来自木、火、土、金、水这五种基本物质，但实际上已超越了其物质本身，而具有更广泛的涵义。

木的特性："木曰曲直"。"曲直"即弯曲、伸直之意，是指树木向外舒展的生长形态，树木的枝条具有生长、柔和、能屈能伸的特性。引申为凡具有生长、升发、条达舒畅、能屈能伸等作用或性质的事物和现象，均归属于木。

火的特性："火曰炎上"。"炎上"即炎热、上升之意，是指火具有温热、上升的特性。引申为凡具有温热、升腾、明亮等作用或性质的事物和现象，均归属于火。

土的特性："土爰稼穑"。"爰"通"曰"；"稼"，播种之意；"穑"，收获之意。"稼穑"，泛指人类种植和收获谷物的农事活动，故土具有长养万物的特性。引申为凡具有生长、承载、受纳作用或性质的事物和现象，均归属于土。

金的特性："金曰从革"。从，顺从之意；革，改变之意。"从革"，是指"变革"的意思。引申为凡具有清洁、肃降、收敛等作用或性质的事物和现象，均归属于金。

水的特性："水曰润下"。"润下"即滋润、向下之意，是指水具有滋润和向下的特性。引申为凡具有寒凉、滋润、闭藏、向下运行等作用或性质的事物和现象，均归属于水。

(2) 事物、现象的五行归类

事物、现象的五行属性划分是以五行的特性为依据，运用取象比类、归纳分类和演绎推理的方法，将自然界各种具有相同或相似特征的事物或现象，分别归属于木、火、土、金、水五类之中，从而形成了人们认识自然界的五大系统。

根据五行的特性，将自然界的事物和现象分别归纳到木、火、土、金、水五大类之中，如五季、五气、五化、五色、五味等。如在人体内部以五脏配五行：肝主升发而归属于木，心阳主温煦而归属于火，脾主运化而归属于土，肺主肃降而归属于金，肾主水而归属于水。对于认识和把握事物、现象的性质特征，起到执简驭繁的作用。

2. 五行学说的基本内容

五行学说的内容，包括五行的相生、相克、制化、相乘、相侮和母子相及等。主要是以五行相生、相克来说明事物之间的相互关系。即五行之间不是孤立静止的，而是密切联系和运动变化的。以五行之间的相生和相克联系来概括和说明事物之间的相互联系、相互协调平衡的整体性和统一性。

(1) 五行相生与相克

相生，即资生、助长、促进之意。五行相生，是指木、火、土、金、水之间存在着有序的依次资生、助长、促进的关系。五行之间递相资生的次序是：木生火，火生土，土生金，金生水，水生木。在五行相生的关系中，任何一行都存在着"生我者"和"我生者"两个方面的关系，《难经》将此关系喻为"母"和"子"的关系，"生我者"为我"母"，"我生者"为我"子"。所以通常把这种相生关系又称作"母子"关系。

相克，即克制、制约之意。五行相克，是指木、火、土、金、水之间存在着有序的相互克制、相互制约的关系。五行相克的次序是：木克土，土克水，水克火，火克金，金克木。在五行相克的关系中，任何一行都存在着"克我者"和"我克者"两个方面的关系。《内经》将相克关系称之为"所不胜"和"所胜"的关系。"克我者"为"我所不胜"，"我克者"为"我所胜"。

(2) 五行制化

制，是指事物之间的制约；化，是指事物之间的生化。五行制化，又称五行的生克制化，即五行的相生与相克相结合。五行之间存在着既相互资生、相互促进，又相互克制、相互制约的对立统一关系。在正常事物的运动、发展、变化过程中，五行的相生与相克作用同时存在，二者相反相成，生中有克，克中有生。相生才能促进事物的发生、成长，相克才能抑制事物的过度生长、过度运动，以维持事物在正常范围内发展。也就是说五行制化是事物的自稳定机制。

第三节　藏象经络学说

藏象学说即为脏腑学说，是研究藏象的概念内涵，各脏腑的形态结构、生理功能、病理变化及其与精气血津液神之间的相互关系，以及脏腑之间、脏腑与形体官窍及自然社会环境之间的相互关系的学说。中医藏象学说中的各脏器名称，虽然与西医的脏器名称相同，但在生理、病理方面的含义却全然有别，两者不能等同理解。脏腑在中医学中不单纯是一个解剖学概念，更重要的是一个生理学或病理学方面的概念。

"藏象"一词，首见于《黄帝内经》。藏，是指藏于躯体内的脏腑组织器官；象，是指内部脏腑组织器官等表现于外部的生理、病理现象。所谓藏象，即指藏于体内的脏器及其表现于外的生理、病理现象。

藏象学说认为人体以五脏为中心，通过经络系统，联络六腑、奇恒之腑，以及其他组织器官，归纳其相应组织的外在反映及精神情志与脏腑的对应关系，就构成了人体五脏生理活动系统。在这五个系统中又以心为最高主宰，而且系统与系统之间，在生理上是相互联系，在病理上也是相互影响与转变的。

精、气、血、津液是人体赖以生存的基本物质，它们的生成、运行和输布，是通过诸多脏腑的功能活动完成的，脏腑的各种功能活动又以精、气、血、津液为物质基础。

脏腑，是内脏的总称。根据脏腑的部位、形态、功能特点的不同，将脏腑系统分为五脏、六腑和奇恒之腑三类。五脏，即心、肝、脾、肺、肾；六腑，即小肠、胆、胃、大肠、膀胱、三焦；奇恒之腑，即脑、髓、骨、脉、胆、女子胞。

五脏主贮藏精气，藏而不泻。中医学认为，贮藏于五脏的精、气、血、津液等精微物质应经常保持充满而不能过度耗散，故称藏而不泻；并且五脏内充满精气，不能像六腑传化水谷那样虚实更替，故称"满而不能实"。此外，五脏还藏神。

六腑主传化水谷，泻而不藏。中医学认为，摄入到胃肠道的饮食物，精微物质被机体吸收后，其糟粕必须及时排泄到体外，故称为泻而不藏；并且六腑在进食后充满水谷，但应及时传化，虚实交替，故称"实而不能满"。

奇恒之腑虽然形态上多为中空而类似于六腑，但其功能特点多为贮藏精气而与六腑有别，并且生理特性是"藏而不泻"，也与五脏类似，故称为"奇恒之腑"。藏象学说以五脏为中心，六腑往往配属于五脏，没有五脏的功能重要，奇恒之腑的功能远没有五脏功能那样重要。所以，中医在论述脏腑生理功能及病理变化时，多详于脏而略于腑。

经络学说是在阴阳五行学说指导下，与中医学其他基础理论互相影响、互为补充而逐渐发展起来的。它补充了藏象学说的不足，是中药归经的又一理论基础。该学说认为人体除脏腑外，还有许多经络，分经脉和络脉，其中主要有十二经脉、奇经八脉、十五别络，以及从十二经脉分出的十二经别。每一经络又各与内在脏腑相联属，人体通过这些经络把内外各组织器官联系起来，构成一个整体。体外之邪可以循经络内传脏腑，脏腑病变亦可循经络反映到体表，不同经络的病变可引发不同的症状。当某经络发生病变出现病证，选用某药能减轻或消除这些病证，即云该药归此经。如足太阳膀胱经主表，为一身之藩篱，风寒邪外客引经后，可引发头项痛、身痛、肢体关节酸楚等症，投用羌活（散风寒湿止痛）能消除或减轻这些症状，即云羌活归膀胱经。

一、五脏

五脏的共同生理功能是化生和贮藏精气，以及产生和调节人体的神志活动。

1. 心

心位于胸腔偏左，横膈之上，肺之下，外有心包络裹护，内有孔窍相通。它的形态圆而下尖，似未开的莲蕊。心五行属火，阴阳属性为"阳中之阳"，心与六腑中的小肠互为表里。心的主要生理功能为主血脉与主藏神。在志为喜，开窍于舌，在液为汗，在体合脉，其华在面，与夏气相通应。

(1) 心的生理功能

主血脉。血，指血液，是人体重要的营养物质。脉，指经脉，为气血运行的通路，又称"血之府"。所谓心主血脉，指心脏推动血液在经脉内运行的生理功能，包含了心主血和心主脉两个方面。心主血即心能推动和调控血液的运行，以输送营养物质于全身脏腑形体官窍；心主脉即心能推动和调控心脏的搏动和脉管的收缩，使脉道通利，血流通畅，营养物质输送于全身脏腑形体官窍。

主藏神。心藏神，是指心有主管生命和精神活动的功能，也称"心主神志""心主神明"。神为人体生命活动的总称，有广义与狭义之分。广义的神是指整个人体生命活动的外在表现；狭义的神是指人的精神、意识和思维活动。中医认为人的精神意识思维活动这一功能归属于五脏，尤其是心。

(2) 心的生理特性

心为阳中之阳。心位于胸中，居膈上而近于背，背为阳，而心在五行中属火，故心为阳脏。如《素问·六节藏象论》说："心为阳中之太阳。"在生理上，心以阳气为用，心阳可温运血脉，振奋精神，温煦周身。在水谷精微的腐熟运化以及水液代谢的调节、汗液的调节过程中，心阳均起着重要作用。

主通明。心主通明，是指心脉以通畅为本，心神以清明为要。气血通过脉管到达全身各处，是以心脏搏动为动力的，即发挥心主血脉的功能。只有当心主血脉的功能正常，全身各脏腑组织器官才能发挥其正常的生理功能，使生命活动得以继续。

（3）心的生理联系

在志为喜，藏神。 心藏神，在志为喜，是指心的生理功能与精神情志活动的"喜"有关。喜乐愉悦对人体属于良性的刺激，有益于心主血脉等生理功能。但若喜乐过度，则又可使心神受伤、神志涣散而不能集中或内守。

在液为汗。 汗液，由津液所化生，即津液在阳气蒸腾气化作用下散于腠理而成汗。所以《素问·阴阳别论》说："阳加于阴谓之汗。"同时汗液的排泄还有赖于卫气对腠理的开合作用。腠理开，则汗出；腠理闭，则无汗。由于汗为津液所化生，血与津液又同出一源，因此又有"血汗同源"之说，而心主血，故又有"汗为心之液"的说法。

开窍于舌。 心开窍于舌，是指舌为心之外候，又称"舌为心之苗"。舌的主要功能是主司味觉，表达语言。舌的味觉功能和正确的语言表达，有赖于心主血脉和心主神志的生理功能，如果心的生理功能异常，则可导致味觉的改变和语言表达的障碍。同时，由于舌面无表皮覆盖，血管又极其丰富，因此，从舌质的色泽即可以直接察知气血的运行情况，并判断心主血脉的生理功能。

在体合脉。 脉，即经脉、血脉。其主要功能是通行气血，联络周身。在体合脉，是指全身的血脉统属于心，心脏不停地搏动，推动血液在经脉内循行，维持人体的生命活动，故脉与心脏的联系最为密切，即心主血脉。

其华在面。 心的生理功能正常与否，可以反映于面部的色泽变化。心主血脉，人体面部的血脉分布比较丰富。因此，心脏气血的盛衰可从面部的颜色与光泽上反映于外，故称心"其华在面"。其华在面的临床意义主要在于通过观察面部色泽的变化来诊断心脏乃至全身的病变。

2. 肝

肝脏位于横膈之下，腹腔之右上方，右胁之内。肝五行属木，阴阳属性为"阴中之少阳"。肝与六腑中的胆相表里。肝的主要生理功能为主疏泄与主藏血。在志为怒，开窍于目，在液为泪，在体合筋，其华在爪，与春气相通应。

（1）肝的生理功能

主疏泄。 主，即主持、管理之意；疏，即疏通；泄，即发泄、升发。所谓肝主疏泄，泛指肝脏疏通、宣泄、条达升发的生理功能。肝性喜条达而恶抑郁。肝主疏泄，实际上是指肝脏对全身阴阳气血的重要调节作用。

肝主疏泄主要指调畅气机。气机，泛指气的升、降、出、入运动。肝主疏泄，促进气的升降出入的有序运动。肝主疏泄气机主要体现于以下几个方面。

一是促进脾胃运化。饮食物的消化吸收，主要依赖于脾胃的运化功能，但脾胃之间的纳运升降是否协调平衡，则又要依赖于肝的疏泄功能是否正常。一般来说，肝对脾胃运化功能的影响较大。

二是调畅情志。情志是指人对外界客观事物刺激所产生的喜、怒、忧、思、悲、恐、惊等情感变化，但与肝的疏泄功能密切相关。人的情志活动，以气血为物质基础，而肝主疏泄，调畅气机，促进气血的运行，故能调畅情志。此外，中医认为肝在志为怒，而恼怒是最常见的不良情志因素。只有肝主疏泄功能正常，气血调畅，人的精神情志才能正常。

三是调节血液的运行和津液的输布代谢。血液的运行和津液的输布代谢，亦有赖于气的升降出入运动。气行则血行，气滞则血瘀；气行则水行，气滞则水停。而肝主疏泄，能调畅气机，故与血及津液的运行和代谢密切相关。

四是促进和调节生殖功能。肝主疏泄还可影响到人的生殖功能，一则影响到月经的排泄和胎儿的孕育。因为女子胞的功能以气血为物质基础，而肝主疏泄，调畅气机，促进气血的运行。同时，肝又主藏血，调节血量，为女子胞输送气血以维持其正常的生理功能。正因为肝与女子胞的功能极其密切，故又称"女子以肝为先天"。肝主疏泄功能失常，则可导致女子胞功能障碍。如肝失疏泄，气血不畅，影响到女子胞功能则可见月经不调，如月经周期紊乱、痛经等。中医多采用疏肝理气、活血调经的方药予以治疗。二则可影响到男子的生殖功能。因为男子精液排泄亦依赖于肝主疏泄功能的调节，如肝的疏泄功能太过，扰动精室，则可见遗精、早泄等。

主藏血。肝主藏血，是指肝脏具有贮藏血液、调节血量和防止出血的生理功能。人体的血液由脾胃消化吸收来的水谷精微化生。血液生成后，一部分被各脏腑组织器官直接利用，另一部分则流入到肝脏贮藏起来。肝藏血的功能对防止出血、制约和涵养肝阳及妇女月经的调节也有重要意义。

（2）肝的生理特性

肝为刚脏，体阴而用阳。刚，这里指刚强、躁急之意。肝为将军之官，在志为怒，又为风木之脏，肝具有刚强之性，其气主升主动，易亢易逆。

肝性喜条达而恶抑郁。条达，即调畅、通达和舒展之意；抑郁，即抑制、遏止和郁滞之意。肝属木气，应自然界春生之气，宜保持柔和、舒畅、升发、条达，既不抑郁也不亢奋的冲和之象，才能维持正常的疏泄功能。

肝主升发，与春气相应。升发为肝的生理特性之一。肝在五行属木，通于春气。春气内应于肝，肝气升发能启迪诸脏，诸脏之气生升有由，化育既施则气血冲和，五脏安定而生机不息。

（3）肝的生理联系

在志为怒，藏魂。人体对外界信息所引起的情志变化，是由五脏生理功能所化生的，而把喜、怒、思、悲、恐等五种情志活动称作五志，分属于五脏。怒是人们受到外界刺激时的一种强烈的情绪反应，是一种不良的情志刺激。怒与肝的关系最为密切，故称肝"在志为怒"。大怒最易伤肝而导致疏泄失常，肝气亢奋，血随气涌。

开窍于目。开窍，又称在窍。目，即眼睛，又称为"睛明"，是视觉器官，具有视物之功能。肝的经脉上连于目系，目的视力正常与否，有赖于肝气之疏泄和肝血之荣养，故说"肝开窍于目"。

在液为泪。肝开窍于目，泪为目所分泌的液体，具有润泽和保护眼睛的功能。在正常情况下，泪液的分泌，是濡润目窍而不外溢，但在异物侵入目中时，泪液即可大量分泌，起到清洁眼睛和排出异物的作用。

在体合筋。筋，即筋膜、肌腱。筋膜附着于骨而聚于关节，是连接关节、肌肉，主司运动的组织。筋和肌肉的收缩和弛张，能支配肢体、关节运动的屈伸与转侧。筋膜有赖于肝血的充分滋养，才能强健有力，活动自如。

其华在爪。华，是荣华、光彩之意。中医学认为，五脏精气的盛衰，均可以显现于与之相通应的某些体表组织器官上，称为五华。观察五华的改变，对诊察内脏疾患具有一定意义。爪，即爪甲，包括指甲和趾甲。爪乃筋之延伸到体外的部分，故称"爪为筋之余"。

3. 脾

脾位于上腹部，横膈之下，胃的左侧。脾在五行中属土，阴阳属性为"阴中之至阴"。脾与六腑中的胃相表里。脾的主要生理功能为主运化，主统血，主升清。在志为思、藏意，开窍于口，在液为涎，在体合肉，其华在唇，与长夏相应。

(1) 脾的生理功能

主运化。"运化"是"运"和"化"合并而成的概念。"运"即运输、转输之意。"化"，是变化之意，包括对饮食物的直接消化，以及将这些精微物质逐渐地转化为人体的气血津液。脾主运化，包括运化水谷和运化水液两方面。

运化水谷。水谷，泛指各种饮食物。运化水谷，指脾对饮食物的消化、吸收、布散、转化等作用，包括对饮食物的消化吸收、精微物质的转运输布及其向气血津液的转化等一系列过程。机体依赖于脾的运化，才能把饮食水谷转化成可以被人体利用的精微物质，并且依赖脾的转输，才能将这些精微物质输送到各脏腑组织器官，使其发挥正常的生理功能。

运化水液。运化水液，是指脾对水液的吸收、转输和布散功能，是脾主运化的重要组成部分。脾运化水液的功能包括两个方面，一是摄入到人体内的水液，需经过脾的运化转输，气化成津液，通过心肺而到达周身脏腑组织器官，发挥其满养、滋润作用；二是代谢后的水液及某些废物，亦要经过脾转输，而至肺、肾，通过肺、肾的气化作用，化为汗、尿等排出体外，以维持人体水液代谢的协调平衡。

主统血。统是统管，摄即固摄。统血，即统摄血液。脾主统血包括两个方面，一是脾气固摄血液，令其在脉管内运行，而不逸出脉外；二是指脾通过运化水谷精微化生血液的功能。

主升清。升，即上升；清，即清阳。清阳是指轻清的精微物质。脾主升清，是指脾气具有把轻清的精微物质上输于头目、心、肺，以及维持人体脏器位置恒定的生理功能。主要体现在两个方面，一是将精微上输心肺头目。脾主升清可将精微上输，以滋养清窍，并通过心肺的作用化生气血，以营养周身；二是维持内脏位置的相对恒定。

(2) 脾的生理特性

脾宜升则健。升，有升浮向上之意。脾气主升，是指脾的气机运动特点是以上升为主。脾气健旺则运化水谷精微的功能正常，脾能升清，气血生化有源。人体五脏的气机各有升降，心肺在上，在上者其气机宜降；肝肾在下，在下者其气机宜升；脾胃居中，脾气宜升，胃气宜降，为气机上下升降之枢纽。五脏之气机升降相互为用，相互制约，维持人体气机升降出入的整体协调。

脾喜燥恶湿。脾胃在五行中属土，按阴阳学说来分类，脾为阴土，胃为阳土，脾为太阴湿土之脏，胃为阳明燥土之腑，脾喜燥恶湿，胃喜润恶燥。脾主运化水湿，以调节体内水液代谢的平衡。

脾与长夏相应。长夏，即农历六月。中医学认为，五脏与自然界四时阴阳相通应。脾为太阴湿土之脏，而长夏之气以湿为主，为土气所化，与人体脾土之气相通，故脾气应于长夏。

（3）脾的生理联系

在志为思、藏意。思为思考、思虑之意，思有两个不同范畴的概念。一属于认知范畴，属思维意识活动，为实现某种意愿而反复研究、思考，属心主导下的精神活动的一部分；二属于情感范畴，归情绪变化，与其他情绪如喜怒忧恐并提，是情感之思。

开窍于口。口，为消化道的最上端，其生理功能是摄纳水谷，辨五味，泌津液，磨谷食，并参与言语活动。人的饮食及口味与脾的运化功能直接相关。口的接纳水谷主要是支持脾主运化功能，而脾气通于口，脾和则知五味，主吞咽，又有调节、协助口的接纳水谷之功。

在液为涎。涎为口津，是口腔中分泌的唾液中较清稀的部分，有保护口腔黏膜、润泽口腔的作用，在进食时分泌较多，有助于食物的吞咽和帮助消化。

在体合肉。人体的四肢、肌肉，均需要脾胃运化来的水谷精微的充养。只有脾气健运，气血生化有源，周身肌肉才能得到水谷精微的充养，从而保持肌肉丰满，健壮有力。

其华在唇。口唇的色泽，与全身的气血是否充盈有关。因为脾胃为气血生化之源，所以口唇的色泽是否红润不但能反映出全身的气血状况，而且实际上也是脾胃运化水谷精微功能状态的反映。

4. 肺

肺位于胸腔之内，膈膜之上，左右各一，通过气道口鼻与外界直接相通。肺在五脏中位置最高，居于诸脏之上，故有"华盖"之称。肺在五行中属金，阴阳属性为"阳中之阴"，肺与六腑中的大肠相表里。肺的主要生理功能是，主气司呼吸，主宣降，通调水道。其在志为忧，开窍于鼻，在液为涕，在体合皮，其华在毛，与秋气相通应。

（1）肺的生理功能

主气，司呼吸。肺主气，指肺有主持、调节各脏腑经络之气的功能。肺主气包括主呼吸之气和主一身之气两个方面。

主呼吸之气。肺为呼吸器官，为体内外气体交换的重要场所。通过肺的呼吸，不断地呼出体内的浊气，吸入自然界的清气，吐故纳新，完成体内外气体的正常交换，并促进气的生成，调节气的升降出入运动，从而维持着人体的新陈代谢和生命活动。

主一身之气。肺不但主呼吸之气，而且还主一身之气，主要体现在两个方面，一是气的生成，肺参与全身之气的生成，主要是宗气的生成，而人体的各种功能活动都与宗气有关。宗气是自然界的清气与水谷之精气结合而成，积于胸中，其主要功能是上出喉咙助肺以司呼吸，贯注于心脉助心以行气血，为人体各种功能活动的动力。二是气机的调节，气的升降出入运动推动着人的呼吸，促进着脾胃的升降运化，维持着人的整个生命活动。

主宣发肃降。肺主宣发肃降是对肺的生理机制的高度概括。

肺主宣发。所谓宣发，即指宣布与发散。肺主宣发，是指肺气具有向上、向外升宣布散的生理功能。

肺主肃降。所谓肃降，即肃清、洁净和下降。肺主肃降，即指肺气具有向下通降和使呼吸道保持洁净的生理功能。

朝百脉、主治节。朝，有朝会、聚会的意思，肺朝百脉，指全身的气血均通过经脉朝会于肺。治，治理；节，调节；肺主治节，是指肺对全身有治理调节的作用。

通调水道。通，疏通；调，调节；水道，是水液运行和排泄的道路。肺主通调水道，是指肺的宣发肃降功能对人体水液代谢具有疏通和调节作用。

(2) 肺的生理特性

肺为娇脏。娇，即娇嫩之意。肺为清虚之体，外合皮毛，开窍于鼻，与天气直接相通，故六淫等外邪侵袭机体，无论从口鼻而入，还是从皮毛而入，均易犯肺而致病。

以降为顺。肺位于胸腔，在五脏六腑中居位最高，覆盖心君和诸脏腑，为脏腑之外位；肺气顺则五脏六腑之气亦顺，故有"肺为脏之长"之说。因此称肺为华盖。

喜润恶燥、通于秋气。肺脏十分娇嫩，不能耐受过寒过热的伤害。肺气通于秋。在生理上，肺为清虚之体，性喜清润，与秋季气候清肃、空气明润相通应。燥为秋令主气，内应于肺，同气相求，所以在病理上，燥邪最易灼伤肺津，引起口鼻干燥，干咳少痰，痰少而黏等。日久还可化火耗阴，肺失滋润，以致肃降无权。故肺有喜润而恶燥的特性。

(3) 肺的生理联系

在志为忧、藏魄。以五志分属五脏，则肺在志为忧，若以七情配属五脏，则悲、忧同属于肺。"魄"是与生俱来的、本能性的、较低级的神经精神活动，如新生儿啼哭、吮吸、非条件反射动作和四肢运动，以及耳听、目视、冷热痛痒等感知觉。魄的活动以精气为物质基础。魄司痛痒等感觉由皮肤接受，而肺主皮毛；魄司啼哭为声，声音由肺发生；魄主本能反应与动作，运动由宗气推动。以上均表明肺与魄在功能上的联系，所以中医认为魄的活动场所在肺，故肺藏魄。

在窍为鼻。鼻为肺之窍，鼻与喉相通而连于肺。肺通过鼻窍与外界直接相通。鼻的主要生理功能有两方面，一是通气功能，鼻喉本身即是呼吸道的一部分，其通畅与否，直接关系呼吸的进行。二是嗅觉功能，可分辨各种气味。中医学认为，鼻的通气和嗅觉功能均需依赖于肺气的作用，喉主通气和发声，其功能依赖于肺气才能完成，故称喉为肺之门户。

在液为涕。涕，为鼻腔黏膜分泌的一种黏液，具有润泽鼻窍的功能，并能防御外邪，有利于肺的呼吸。在正常情况下，涕液润泽鼻窍而不外流。

在体合皮。皮，指皮肤，是一身之表，具有防御外邪，调节津液代谢，调节体温和辅助呼吸的作用。

其华在毛。毛，指毫毛。肺对毫毛的作用主要体现在肺气宣发，将脾胃运化的精微物质输送到毫毛，以营养之，使其光泽黑亮。

5. 肾

肾位于人体腰部，脊柱两旁，左右各一。肾在五行中属水，阴阳属性为"阴中之阴"。肾与六腑中的膀胱互为表里。肾的主要生理功能为主藏精，促进生长、发育与生殖，主水，主纳气。其在志为恐、藏志，开窍于耳及二阴，在液为唾，在体为骨，其华在发，与冬气相通应。

(1) 肾的生理功能

藏精。藏精，是说肾对精气具有封藏作用，此为肾的主要生理功能。肾藏精，主要是为精气在体内充分发挥其应有效应创造良好条件，防止精气无故流失。

肾所藏的精，包括"先天之精"和"后天之精"两部分，二者虽然来源与功能有异，但均同归于肾。二者之间存在着相互依存、相互为用的关系，可用"先天生后天，后天养先天"来概括。肾所藏的精可以转化为气，称为肾气。肾中精气能促进机体的生长、发育和生殖。机体生、长、壮、老、已的规律与肾中精气盛衰密切相关，而齿、骨、发的生长状况是了解肾中精气的标志，亦是判断机体生长发育和衰老的标志，所以称肾为"先天之本"。

主一身之阴阳。肾主一身之阴阳，是指肾具有主宰和调节全身阴阳，以维持机体阴阳动态平衡的功能，主要是通过肾精、肾气实现的。

主水。肾主水，是指肾中精气的气化功能，对于体内津液的输布和排泄，维持体内津液代谢的平衡起着极为重要的调节作用。

主纳气。纳，即收纳、摄纳之意。肾主纳气，是指肾有摄纳肺所吸入的清气，防止呼吸表浅的生理功能。

(2) 肾的生理特性

封藏之本。肾为先天之本，主藏精。肾的封藏、固摄作用，对人体有着极其重要的生理意义，可以防止精、气、血、津液的过量排泄与亡失，同时还可以维持呼吸运动的平稳和深沉，所以肾的封藏、固摄功能失常，则可出现相应的病理变化。

水火之宅。肾主一身阴阳，为五脏六腑之本，乃水火之宅，寓真阴（命门之水）而含真阳（命门之火）。

肾恶燥。肾为水脏，主藏精，主津液，燥则阴津受损，肾精耗损，甚则骨髓枯竭，所以说肾恶燥。

(3) 肾的生理联系

在志为恐、藏志。恐是人们对事物惧怕的一种精神状态。惊与恐相似，但惊为不自知，事出突然而受惊吓；恐为自知，俗称胆怯。惊恐作为不良的刺激，虽然均属于肾，但总与心主神志相关。

开窍于耳和二阴。耳为听觉器官，主司听觉，能分辨各种声音，但中医认为，耳的听觉功能与肾的精气盛衰有密切关系。只有肾精充足，耳有所养，才能维持正常的听力。如果肾之精气不足，髓海空虚，不能充养于耳，则可见耳鸣、听力减退，甚或耳聋等。

在液为唾。唾为口腔中分泌的一种液体，质地较稠厚，有润泽口腔、滋润食物及滋养肾精的功能。唾为肾精所化，咽而不吐，有滋养肾中精气的作用。若唾多或久唾，则易耗伤肾中精气。

在体合骨。骨，即骨骼，是人体的支架，具有支撑、保护人体，主司运动的生理功能。肾在体为骨，又称"肾主骨"，是指骨的生长发育与肾精关系密切，即骨的生长状况可以反映肾精充盛与否。

其华在发。发，即头发。"发为血之余"是指肾精能生血，血能生发。发的营养虽来源于血，但生机根本在肾。人在幼年，肾气逐渐充盈，发长齿更；青壮年，肾气强盛头发浓密乌黑而有光泽；进入中老年，肾气逐渐衰减，头发花白脱落，失去光泽。故肾的精气不足，可导致发的病变，在幼年时可见发迟，在成人可见头发早白早落，应考虑从肾论治。

二、六腑

六腑，即为小肠、胆、胃、大肠、膀胱、三焦的总称。它们共同的生理功能是将饮食物腐熟消化，传化糟粕。所以《素问·五藏别论》说："六腑者，传化物而不藏，故实而不能满也。"

由于六腑以传化饮食物为其生理特点，故有"实而不能满""六腑以通为用，以降为顺"之说。一旦"通"和"降"出现了异常，就会引起病变。

1. 小肠

小肠位于腹腔，其上端接幽门与胃相通，下端接阑门与大肠相连，迂回叠积于腹腔内。

主受盛与化物。 受盛，即接受，以器盛物之意。化物，即消化、转化饮食物。受盛是指经过胃初步腐熟的饮食物要适时地下降到小肠，由小肠来承受之，并在小肠内停留一定的时间，以便进一步充分消化和吸收。化物是指将水谷化为精微物质，经脾运化转输，以营养周身。

泌别清浊。 泌，即分泌；别，即分别。所谓清浊，是指饮食物中的精微物质和糟粕，而精粕包括食物残渣及废水。小肠泌别清浊的功能是指将由胃下降到小肠的饮食物，分为水谷精微和食物残渣两部分；通过脾的运化功能，将吸收的水谷精微和津液，转输于心肺，并布散于周身，以维持人体正常的生理功能；泌别清浊后的糟粕，分为食物残渣及废水两部分，食物残渣下降到大肠，形成粪便而排出体外，多余的水分则可气化生成尿液排出体外。

小肠主液。 小肠在吸收水谷精微的同时，还吸收了大量的水液，与水谷精微融合为液态物质，由脾气转输至全身脏腑形体官窍，即所谓"脾主为胃行其津液"，故有"小肠主液"之说。

2. 胆

肝与胆通过经脉相互络属，互为表里。胆为中空的囊状器官，内藏胆汁。因胆汁属人体的精气，故称胆为"中精之腑"，亦有医家将其称为"中清之腑"。胆为中空器官而类腑，其内藏的胆汁应适时排泄，具有"泻而不藏"的特性，故胆为六腑之一，又因其内藏精汁，与六腑传化水谷、排泄糟粕有别，故又属奇恒之腑。

贮藏和排泄胆汁。 胆汁为黄绿色液体，为肝之余气所化生。胆汁在肝内生成后，在肝的疏泄功能作用下，流入胆囊，贮藏起来，在进食时贮存于胆囊的胆汁流入肠腔，以助消化。

主决断。 胆主决断，是指胆在精神意识思维活动中，具有判断事物、做出决定的作用。胆的这一功能对于防御和消除某些不良精神刺激的影响，以维持精气血津液的正常运行和代谢，确保脏腑之间的协调关系，有着极为重要的作用。

3. 胃

胃位于腹腔上部，上连食管，下通小肠。胃又称为胃脘，分为上、中、下三部。胃的上部为上脘，包括贲门；胃的下部为下脘，包括幽门；上下脘之间的部分称为中脘。贲门上连食管，幽门下通小肠，是饮食物出入胃腑的通道。胃是机体对饮食物进行消化吸收的重要脏器，主受纳腐熟水谷，有"太仓""水谷之海"之称。

主受纳、腐熟水谷。胃主受纳水谷，是指胃气具有接受和容纳饮食水谷的作用。胃气的受纳水谷功能，既是其主腐熟功能的基础，也是饮食物消化吸收的基础。因此，胃气的受纳功能对于人体的生命活动十分重要。

主通降。胃气宜保持通畅下降的运动趋势。胃气的通降作用，主要体现于饮食物消化和糟粕的排泄过程中。饮食物入胃，胃容纳而不拒之；经胃气的腐熟作用而形成的食糜，下传小肠以进一步消化；小肠将食物残渣下移大肠，燥化后形成粪便；粪便有节制地排出体外。

喜润恶燥。胃应当保持充足的津液以利饮食物的受纳和腐熟。胃的受纳腐熟，不仅依赖胃气的推动和蒸化，亦需胃中津液的濡润。胃中津液充足，则能维持其受纳腐熟的功能和通降下行的特性。胃为阳土，喜润而恶燥，故其病易成燥热之害，胃中津液每多受损。

4. 大肠

大肠位于腹中，其上口通过阑门与小肠相接，其下端为肛门，又称为"魄门"。中医把大肠分为回肠和广肠两部分。

主传导糟粕。饮食物在小肠泌别清浊后，其浊者即糟粕则下降到大肠，大肠将糟粕经过燥化变成粪便，排出体外。大肠的传导功能是胃的降浊功能的体现，同时亦与肺的肃降功能密切相关。

大肠主津。大肠在传导糟粕的同时，吸收其部分水分，因此又有"大肠主津"的说法。由于大肠有吸收水分的功能，故能使糟粕燥化，变为成形之粪便而排出体外。若大肠吸收水分过多，则大便干结而致便秘；反之，可见腹泻、大便稀溏。大肠的主要功能是传导糟粕，所以大肠功能失调，主要表现为大便排泄的异常。

5. 膀胱

膀胱位于小腹部，为囊性器官。膀胱上通于肾，下连尿道与外界直接相通。膀胱又称"脬"，是贮存和排泄尿液的器官。膀胱与肾在经脉上相互络属而构成表里关系。

贮存尿液。人体津液代谢后的浊液（废水）下归于肾，经肾气的蒸化作用，升清降浊。清者回流体内，重新参与水液代谢，浊者下输于膀胱，变成尿液，由膀胱贮存。

排泄尿液。尿液的按时排泄，由肾气及膀胱之气的激发和固摄作用调节。肾气与膀胱之气的作用协调，则膀胱开合有度，尿液可及时地从溺窍排出体外。

6. 三焦

三焦为六腑之一，是中医藏象学说中的一个特有名称，然对其所在部位和具体形态，在中医学术上争议颇多，直至现代，亦未取得统一认识。目前常用的上、中、下三焦主要以人体部位来划分，膈以上为上焦，包括心、肺；膈以下脐之上为中焦，包括脾、胃；脐之下为下焦，包括肝、胆、小肠、大肠、肾、膀胱等。

（1）三焦的生理功能

虽然对三焦的形态和部位尚有争议，但对其生理功能的认识却是比较一致的。

通行元气。元气是通过三焦才得以布达全身的。三焦是人体之气升降出入的道路，人体之气是通过三焦而布散于五脏六腑、充沛于周身的。

运行水液。人体的饮食水谷，特别是水液的消化吸收、输布、排泄，是由多个脏器参加，共同完成的一个复杂的生理过程，其中三焦起着重要的作用。在水液代谢过程中，三焦有疏通水道、运行水液的作用，是水液升降出入的通路。

（2）三焦的生理功能特点

上焦主要宣发卫气、布散水谷精微，有"上焦如雾"之说。《温病条辨》中提出了"治上焦如羽，非轻不举"的治疗原则。

中焦主要是消化吸收水谷精微，化生血液，有"中焦如沤"之说。《温病条辨》中提出了"治中焦如衡，非平不安"的治疗原则。

下焦主要是排泄糟粕和尿液，有"下焦如渎"之说。《温病条辨》中提出了"治下焦如权，非重不沉"的治疗原则。

三、奇恒之腑

奇恒之腑，即为脑、髓、骨、脉、胆、女子胞的总称。奇恒之腑虽然形态上多为中空而类似于六腑，但其功能特点多为贮藏人体精气而与六腑功能有别，并且生理特性是"藏而不泻"，也与五脏功能类似，故称为"奇恒之腑"。下面将重点阐述脑、女子胞。

1. 脑

脑居颅内，由髓汇集而成。《灵枢·海论》曰："脑为髓之海。"这不仅指出了脑是髓汇集而成的，同时还说明了髓与脑的关系。脑的功能，如《素问·脉要精微论》曰："头者，精明之府。"指出脑与思维、视觉、听觉及精神状态有关。

中医藏象学说，将脑的生理和病理统归于心而分属于五脏，认为心是"君主之官，神明出焉"，为"五脏六腑之大主，精神之所舍也"。把人的精神意识和思维活动统归于心，故曰"心藏神"。同时，又按五种不同的表现分为魂、魄、意、志、神，这五种神分别归属于五脏，但都是在心的统领下而发挥作用的，如心藏神，主喜；肝藏魂，主怒；脾藏意，主思；肺藏魄，主悲；肾藏志，主恐等。其中特别与心、肝、肾的关系更为密切。因此，对于脑和精神意识思维活动异常的精神情志病，也要注意与五脏的关系。

2. 女子胞

女子胞，又称胞宫，即子宫，居于小腹，在膀胱之后，呈倒梨形。主要功能是主月经和孕育胎儿，与冲任二脉以及肾、心、肝、脾等有密切关系。

四、脏腑之间的关系

人体是一个统一的有机整体。人体各脏腑器官通过经络相互沟通。在生理上相互联系，在病理上互相影响。脏腑之间的关系主要体现在呼吸、饮食物消化吸收与排泄、血液的生成与运行、水液代谢等方面。同时，也通过阴阳、五行等方面构成内在联系。

1. 脏与脏之间的关系

心与肺　心与肺的关系主要体现为气与血的关系。心主血脉，上朝于肺，肺主宗气，贯通心脉。肺朝百脉，助心行血，是血液正常运行的必要条件。如肺气虚弱、宗气不足，则血液运行无力而导致心血瘀阻，出现心悸、气短、胸闷、口唇青紫等。如心气不足，则血脉搏动无力，也会影响肺的宣降功能导致咳喘、气促、胸闷等。

心与脾 心与脾的关系主要体现在血液的生成和运行上。脾气健运则血液生化有源，心血自能充盈；心气充沛，血液运行有力。如脾气虚弱或脾不统血等证日久，均可发展成心脾两虚证，症见眩晕、心悸、失眠、腹胀纳呆、倦怠、面色无华等。

心与肝 心与肝的关系主要体现在血液运行、精神及情志方面。心为五脏六腑之大主，精神之所舍，肝主疏泄，调畅情志，两脏共同调节人的精神、情志活动。若肝失疏泄，升发太过，气火上逆，可引起心头上炎，心神被扰；若心火偏亢，也能导致肝升发太过，肝火上炎。

心与肾 心与肾的关系主要体现在心肾相交、精血互生、精神互用等方面。心火下降于肾，使肾水不寒；肾水上济于心，使心火不亢，两脏之间这种阴阳动态平衡称为"心肾相交"，又叫"水火既济"。这种关系破坏而形成的病理变化，称为心肾不交。临床可见失眠多梦、心悸易惊、健忘、腰酸、梦遗等症。肾藏精，心主血，精血互相资生；心藏神，肾藏精，精能化气生神，为神气之本；神能驭精役气，为精气之主。人的神志活动，不仅为心所主，而且与肾也密切相关。

肺与脾 肺与脾的关系主要表现为气的生成和水液代谢两个方面。肺吸入的清气与脾摄入的水谷精微之气生成宗气并积于胸中，宗气走息道助肺呼吸，贯心脉助心以行气血。肺主宣发肃降，主行水，通调水道；脾位于中焦，主运化水液，为水液升降出入之枢纽。两脏既分工又合作，在维持水液代谢平衡方面发挥着重要作用。

肺与肝 肝和肺的关系主要体现在气机升降调节方面。在气机升降上，肺气肃降，肝气升发，升降得宜，则气机舒展。人体精气血津液运行，以肝肺为枢纽，肝升肺降，以维持人体气机的正常升降运动。

肺与肾 肺与肾的关系主要表现为呼吸运动、水液代谢及阴液互资三个方面。肾为主水之脏，其气化作用贯穿于水液代谢的始终，而肺为水之上源，主宣发肃降、通调水道。肺肾等脏相互配合，共同维持着人体水液代谢的协调平衡。肾阴为一身阴液之根本，对肺阴具有滋润作用，五行上肺属金而肾属水，金能生水，故肺阴亦对肾阴具有资生作用，称为"金水相生"。若肺阴久亏，可下损肾阴，而肾阴不足，不能滋养肺阴，亦可致肺阴虚，最终可形成肺肾阴虚，可见潮热盗汗、腰膝酸软、干咳少痰、痰中带血等症。

肝与脾 肝与脾的关系主要表现在疏泄与运化的相互为用、藏血与统血的相互协调方面。肝协调脾胃升降，并疏利胆汁，促进脾胃对饮食物的消化及对精微物质的吸收和转输；脾气健旺，气血生化有源，肝体得以濡养而使肝气冲和条达，有利于疏泄功能的发挥。肝主藏血，调节血量；脾主生血，统摄血液。脾气虚弱，则血液生化不足，或统摄无权而出血，均可导致肝血不足，肝失所养，出现"肝脾两虚"证。

脾与肾 脾肾之间的关系主要表现在先天与后天相互促进及津液代谢方面。脾主运化，脾的运化全赖于脾之阳气的作用，但脾阳须依赖于肾阳的温煦。肾藏精，但肾精必须得到脾运化的水谷精微的充养，才能充盛不衰。先后天之间的关系是"先天生后天，后天养先天"。

脾主运化水液，为水液代谢的枢纽，肾主水液，气化作用贯穿于水液代谢的始终，故曰"其本在肾，其制在脾"。如脾肾阳虚均可导致水液代谢障碍，出现水肿、泄泻、小便不利等症。

肝与肾 肝与肾的关系主要表现在阴阳互资互制、精血同源及藏泄互用方面。

肝在五行属木，肾在五行属水，水能生木，又称为水能涵木。肾阴能滋养肝阴，使肝阳不致上亢，肝阴又可资助肾阴的再生。在肝阴和肾阴之间，肾阴是主要的，只有肾阴充足，才能维持肝阴与肝阳的动态平衡。

肝藏血，肾藏精，精血相互资生。在正常生理状态下，肝血依赖肾精的滋养，肾精又依赖肝血的不断补充。肝血与肾精，相互资生，相互转化。精与血都化生于脾胃消化吸收的水谷精微，故称"精血同源"。

肝主疏泄，肾主封藏。肝肾之间存在着相互为用、相互制约、相互调节的关系，疏泄与封藏，相反相成，这种关系主要表现在女子月经生理和男子排精功能方面。

总之，因为肝肾的阴液、精血之间相互资生，其生理功能皆以精血为物质基础，而精血又同源于水谷精微，且又同具相火，所以，肝肾之间的关系，称为肝肾同源、精血同源，又称"乙癸同源"。

2. 脏与腑之间的关系

脏与腑的关系，即是阴阳表里相合的关系。五脏属阴，六腑属阳；五脏为里，六腑为表。在组织结构上，一般相互联系的脏腑位置比较接近，在经络上相互络属；在生理上脏腑之间藏泻互用。五脏主藏，可防止精气的过量耗泄；六腑主泻，可防止水谷的壅塞不通。在具体生理活动中，脏与腑之间互相促进；在病理上，脏与腑之间常互相影响传变等。

3. 腑与腑之间的关系

六腑，以"传化物"为其生理特点。在饮食物的消化、吸收和排泄的一系列生理活动中，六腑既有明确的分工，又有密切的联系和配合。六腑在不断完成其受纳、消化、吸收、传导和排泄功能时，宜通不宜滞，古人即有"六腑以通为用""腑病以通为补"的说法。

五、经络

经络是运行全身气血、联系脏腑肢节官窍、沟通人体上下内外的通路，是人体结构的重要组成部分。经络学说是研究人体经络系统的概念、循行分布、生理功能、病理变化及其与脏腑相互关系的学说，是中医理论体系的重要组成部分。经络学说是古人在长期同疾病做斗争的医疗实践中逐渐积累和发展起来的，不仅是针灸、推拿与气功的理论基础，而且对指导中医临床各科均有重要意义。

1. 经络的概念和经络系统的组成

经络是人体经脉和络脉的总称。经，有路径之意，经脉是经络系统的主干，较粗大；络，有网络之意，是经脉系统的分支，较细小。经脉有一定的循行路径，而络脉则纵横交错，网络全身，无处不至。经络系统通过其有规律地循行和错综复杂的联络交会，把人体的五脏六腑、四肢百骸、五官九窍、皮肉筋脉等组织器官联结成一个统一的有机整体，从而保证人体生命活动的正常进行。

经络系统，由经脉、络脉及其连属组织组成，包括十二经脉、奇经八脉、十二经别、十五络脉、十二经筋和十二皮部。经脉又有正经和奇经两大类，为经络的主要部分。正经有十二条，即手足三阴经和手足三阳经，合称十二经脉；奇经有八条，即督脉、任脉、冲脉、带脉、阴跷脉、阳跷脉、阴维脉、阳维脉，合称"奇经八脉"。络脉有别络、浮络、孙络之分。别络较大，共有十五条，十二经脉与任、督二脉各有一支别络，再加上脾之大络，合为"十五别络"。别络有别走领经之意，可以加强表里阴阳两经的联系与调节。络脉浮行于浅表部位的称为"浮络"。络脉最细小的分支称为"孙络"。

2. 经络的生理功能与应用

经络是人体内的一个重要系统，经络的正常功能活动，称为"经气"。

沟通联系全身各部。 人体是由五脏六腑、四肢百骸、五官九窍、皮肉筋脉等组成的，它们各自具有的不同生理功能，使机体内外、上下保持协调统一。十二经脉及其分支，纵横交错，出表入里，由里出表，通上达下，络属于脏腑之间；奇经八脉与十二经脉交叉相接，加强了十二经脉间的联系，并补充十二经脉在循行分布上的不足；十二经筋和十二皮部联络全身的筋肉皮肤，从而使全身各个脏腑组织器官有机地联系起来，构成一个表里上下彼此之间紧密联系、协调共济的统一体。

运行气血，濡养全身脏腑组织。 人体各个组织器官，均需气血的濡润滋养，才能维持其正常的生理活动。气血之所以能通达全身，发挥其营养脏腑组织器官、抗御外邪、保卫机体的作用，则又必然依赖经络的传注。

感应传导作用。 感应传导是指经络系统对于针刺或其他刺激的感觉传递和通导作用，又称为"经络感传现象"。经络感传现象是指当某种刺激作用于一定穴位时，人体会产生某些酸、麻、胀、重等感觉，并可沿经脉的循行路线而传导放散。中医将此称之为"得气"或"气至"。针刺"得气"时，局部的酸麻胀感，属经络的感应作用；其酸胀感沿经脉上下传导，即属经络的传导作用。当然经络的感应与传导作用同时具备，不能截然分开。

调节功能平衡作用。 经络能运行气血、协调阴阳，使机体的功能活动保持相对的平衡。当人体发生疾病，出现气血不和或阴阳偏盛偏衰等证候时，可运用针灸等治疗方法以激发经络的调节作用，从而达到"泻其有余，补其不足，阴阳平复"的目的。经络的调节作用可表现出一种良性的双向调节作用。

第四节 病 因

病因，就是破坏人体相对平衡状态而引起疾病的原因。人体是一个有机的整体，人体各脏腑组织之间以及人体与外界环境之间经常处于相对平衡状态，维持着人体正常活动，此即所谓"阴阳平衡"。一旦这种平衡状态因某种原因受到破坏，发生紊乱并且不能及时恢复，导致"阴阳失调"，便会发生疾病。

疾病的发生和发展是正邪斗争的过程。正（正气）是指人体的功能活动及其抗病能力；邪（邪气）泛指各种致病因素。中医非常重视人体正气，一般情况下，人体正气旺盛，邪气就不易侵入而发病。另外，人体在既病之后的发展变化和转归预后中，正气的盛衰也起着决定性的作用。如正盛邪退，疾病就会好转或痊愈；正不胜邪，疾病就会加重或恶化，甚则导致"阴阳离决"而死亡。当然在一定的条件下，邪气对疾病的发生也起着重要作用，如疫病流行、各种创伤或虫兽咬伤等。

一、外感六淫

自然界有风、寒、暑、湿、燥、热（火）六种正常气候，是自然界万物生长的基本条件，中医学称之为"六气"。正常情况下六气不使人发病。但当气候变化异常，超越了人体的适应能力，或人体正气不足，对气候变化的适应能力和抵御病邪侵袭的能力下降，六气即转化为六淫导致疾病的发生。这种情况下的六气就成为致病因素（邪气），称为"六淫"。"淫"，有太过和浸淫之意。六淫侵犯人体所引起的疾病，统称为外感病。

此外，还有一些并非外感病，但也可出现有类似六淫致病的某些证候，为了与外感六淫邪气区别，把属于脏腑功能失调而引起内生的风、寒、湿、燥、火称为内风、内寒、内湿、内燥、内火，此即"内生五邪"。其与外感六淫后的表现有某些相同之处。

1. 风

风是春季的主气，自然界因风的影响而导致的疾病，多见于春天，但因风散见于四季，故而一年四季均可发病。内风是指风气内动而言，是由于人体阴液不足、阴血亏虚而致肝血不足、筋脉失于濡养，从而发生的痉挛抽搐现象，亦称"风气内动"。

风为阳邪，其性开泄，易袭阳位。风为阳邪，具有向上、向外、发散等特点。从对人体的影响而言，风邪易致人体腠理开泄、气液外泄，故称为其性开泄。

风性善行而数变。风性善行，是指风邪致病病位常无定处，游走不定。如风寒湿三气杂至而引起的"痹证"，若关节疼痛无定处，呈游走性，则为风邪偏盛，称之为"行痹"或"风痹"。

风性主动。动，指动摇不定。临床上所见抽搐、震颤、颈项强直、角弓反张，或眩晕、突然口眼㖞斜、半身不遂、晕倒等均属风邪所致。

风为百病之长。一是指六淫中风邪为病最多；二是指风邪为外感六淫致病的先导，寒、湿、燥、热等邪多依附于风邪而侵袭人体，如外感风寒、风湿、风燥、风热等。

2. 寒

寒为冬季的主气。寒邪为病，冬季多见。寒邪伤于肌表者，称为"伤寒"；寒邪直中脏腑者，称为"中寒"。内寒是指寒从内生而言，是由于人体功能衰退，阳气虚弱而致。虽然外寒与内寒不同，但它们又相互影响。如阳虚内寒之人，容易感受外寒；外寒入侵，常损伤人的阳气而引起内寒，亦称"寒从中生"。

寒为阴邪，易伤阳气。"阴盛则寒"，寒为阴邪，易伤人体阳气而呈现寒象。如寒伤于表，卫阳受损，可出现恶寒等表寒证；寒中于里，脾阳受损，可出现脘腹冷痛、呕吐泄泻、四肢不温等里寒证。

寒性凝滞，主痛。凝滞指凝结和阻滞不通。人体之气血津液全赖阳气的温煦和推动作用才能流动不息。寒邪入侵人体，损伤阳气，使气血凝滞，经络阻滞不通，不通则痛，从而出现各种寒性疼痛。其疼痛特点为冷痛，得温则减，遇寒增剧。

寒主收引。收引即收缩牵引之意。寒邪侵袭人体，常会使皮肤、肌腠、筋脉收缩挛急。

3. 暑

暑是夏季的主气，有明显的季节性。夏季的热病多称暑病。暑邪致病，轻者为"伤暑"，重者为"中暑"。

暑为阳邪，其性炎热。暑为夏季火热之气所化，其性炎热，故为阳邪。暑邪为病，可出现壮热烦躁、汗出口渴、脉洪大等一派火热炎盛征象。

暑性升散，耗气伤津。暑为阳邪，其性升散，故暑邪侵入人体，多致腠理开泄而多汗，汗出过多则耗伤津液，导致津液亏损而出现口渴喜饮、尿赤短少等症。津能载气，汗出过多，则气随津泄，导致气虚，可见气短乏力，甚则突然昏厥、不省人事。

暑多挟湿。暑令气候炎热，常又多雨潮湿，所以暑邪伤人，每兼湿邪。常在发热烦渴的同时，兼见头身困重、胸闷脘痞、恶心呕吐、四肢倦怠、大便溏泄等症，是为暑湿。

4. 湿

湿为长夏的主气，长夏时节湿气最盛，故长夏多湿病，但湿病四季均可发生。湿邪为病，有外湿、内湿之分，外湿多由气候潮湿，或因涉水淋雨、居处潮湿或水中作业等湿邪侵袭所致；内湿多由脾之运化水湿功能障碍，水湿停聚而生，亦称"湿浊内生"。

湿为阴邪，易阻遏气机，损伤阳气。湿性类水，水属阴，故湿为阴邪。湿邪侵犯人体，留滞于脏腑经络，易阻遏气机，从而使气机升降失常。

湿性重浊。重即沉重之意，指湿邪致病的临床症状有沉重感，如头重身困或四肢酸楚沉重等。浊即秽浊垢腻之意，指湿邪为患易出现排泄物和分泌物秽浊不清等情况。

湿性黏滞。黏即黏腻，滞即停滞。所谓黏滞是指湿邪致病具有黏腻停滞的特点。主要表现在两方面：一是症状的黏滞性，即湿病症状多黏滞而不爽，如大便黏腻不爽，小便滞涩不畅，以及分泌物黏浊和舌苔黏腻等；二是病程的缠绵性，因湿性黏滞，蕴蒸不化，胶结难解，故起病缓慢隐袭，传变较慢，病程较长，往往反复发作或缠绵难愈，如湿温、湿疹、湿痹等。

湿性趋下。水性趋下，湿类于水，其质重浊，故湿邪有趋下之势，易伤人体下部，其病多见下部症状。如水肿多以下肢较为明显。淋浊、带下、泻痢等病症，亦多由湿邪下注所致。但湿邪浸淫，上下内外无处不到，也非只侵袭人体下部。

5. 燥

燥为秋季的主气。秋天气候干燥，故多发燥病。燥邪伤人，多从口鼻而入，首犯肺卫，发为外燥病证。外燥有温燥、凉燥之别：初秋尚热，故易感温燥，为燥而偏热；深秋既凉，易感凉燥，为燥而偏凉。内燥为阴津亏损所致，亦称"津伤化燥"。

燥性干涩，易伤津液。燥为水分缺乏的表现，故燥性干涩。燥邪侵袭人体，最易耗伤人体津液，造成阴津亏乏的病变，从而表现为口鼻干燥、口渴咽干、皮肤干燥皲裂、毛发不荣、小便短少、大便干结等症。

燥易伤肺。肺主气司呼吸，与外界大气相通，开窍于鼻。燥邪伤人多从口鼻而入，故最易损伤肺津，影响肺的宣发和肃降功能，从而出现干咳少痰或痰黏难咯，或痰中带血以及喘息、胸痛等症。

6. 热（火）

热为阳盛而生。热旺于夏季，但一年四季均可发生。热邪又称"温邪""火邪"。三者性质相同但程度不同，温者热之微，热为火之渐，火为热之极。热邪为病亦有内外之分，属外感者，多由感受温热邪气所致，亦可由风、寒、暑、湿、燥等邪气转化而来；属内生者，则常为脏腑阴阳气血失调而成，或由五志化热化火而致，亦称"火热内生"。

热为阳邪，其性炎上。阳性温热，故热为阳邪。热邪伤人，临床多以高热、烦渴、汗出、脉洪大为特征。火热有燔灼、向上的特性，故症状多表现于上部。

热易耗气伤津。热邪侵犯人体，最易迫津外泄，消灼津液，导致津液亏乏。故热邪为病，除有热象外，常伴有口渴喜冷饮、口干咽燥、小便短赤、大便干结等症。津液外泄，气亦随之而耗，常表现为少气懒言、肢体乏力等。

热易生风动血。火热之邪伤人，往往燔灼肝经，劫耗阴液，使筋脉失养，肝风内动，此称为"热极生风"，可见四肢抽搐、目睛上视、角弓反张或颈项强直等。

热易致肿疡。热邪结聚于局部，易使气血壅滞，腐蚀血肉而致痈肿疮疡，临床表现为红肿热痛，甚至化脓溃烂。

热易扰心神。心为火脏，主血脉而藏神。故火热之邪伤于人体，最易扰乱心神，出现心烦失眠、狂躁妄动，甚则神昏谵语等症。

二、内伤七情

七情即指喜、怒、忧、思、悲、恐、惊等七种情志变化，是人体对外界客观事物的不同情绪反应。在一般情况下，属于正常的情志活动，并不是致病因素。如果长期的精神刺激或突然受到剧烈的精神创伤，超过了人体生理所能调节的范围，引起阴阳失调、气血不和、经脉阻塞、脏腑功能紊乱，便可导致疾病的发生。因七情致病直接影响内脏，故属内伤病因，此即"内伤七情"。

直接伤及内脏，易伤及心、肝、脾。情志活动以脏腑气血为物质基础，是由脏腑功能活动产生的。因此情志异常则直接作用于内脏，导致内脏功能活动的失常，并且不同的情志异常，常作用于相应的内脏，造成不同的损伤，故《素问》说："怒伤肝""喜伤心""思伤脾""悲伤肺""恐伤肾"。

影响脏腑气机。七情内伤亦常致气的升降出入异常，此即《素问》所说"怒则气上，喜则气缓，悲则气消，恐则气下，惊则气乱，思则气结"。

影响病情变化。情志波动，可使病情改变，情志异常波动或悲观者，可使病情加重，甚或迅速恶化。

三、疫疠

疫疠，是一类具有强烈传染性的外感性致病因素，亦称"异气""戾气""杂气""毒气""乖戾之气"等。人感受疫疠后，则发生"瘟疫"。"瘟疫"主要是指温病中具有强烈传染性和流行性的一类疾病，其中也包括一些严重的急性感染性疾病在内。

1. 疫疠致病的特点

特异性疫疠种类繁多，致病不一。每种疫疠所致疾病，都有其特定的临床表现，无论男女老少，症状相似。

传染性和流行性。疫疠通过空气与接触传染，经口鼻或皮肤侵入人体。人感受疫疠后，则"皆相染易"，可在短时间内大面积流行，多人同时染病。

发病急骤，传变迅速，病情危重。人体一旦感受疫疠，多迅速发病，而且常在初期病情就转为危重，如不及时治疗，往往导致死亡。

2. 影响疫疠发生和流行的因素

气候条件。自然气候的异常变化，如久旱、酷热、水涝等，常为疫疠的发生及传播提供便利条件，从而导致疫疠侵入人体而发病。

环境和饮食因素。空气、水源或食物污染，为疫疠提供了重要的传播途径。人若生活在污浊的空气环境里，或饮用不洁之水，或食用不洁食物，则常导致疫疠致病。

个人卫生及预防隔离。重视个人卫生，注意摄生，可以增强体质，防止疫疠的侵入。发现疫疠患者后，若及时进行治疗和隔离，则可防止疫疠的蔓延。这些都是预防和及时控制疫疠的重要措施。

四、痰饮和瘀血

痰饮和瘀血，都是人体病理变化的产物，但这些病理产物一旦形成，又能直接或间接留滞于机体的某些部位，引起脏腑组织新的病理改变，故又属于致病因素。

1. 痰饮

痰饮是机体水液代谢障碍所形成的病理产物。一般稠厚的称痰，清稀的称饮，合称痰饮。痰饮一般分为有形和无形两类。有形之痰饮，是指视之可见、闻之有声或触之可及的实质性的痰浊和饮液，如咳嗽之吐痰、喘息之痰鸣等。无形的痰饮，是指由痰饮引起的特殊病症，只见其症，不见其形，即看不到实质性的痰饮，但可表现出头晕目眩、心悸气短、恶心呕吐、神昏癫狂等，多以苔腻、脉滑为重要临床特征。

痰饮多因外感六淫或饮食不节或七情所伤等，使肺、脾、肾及三焦等脏腑气化功能失常，水液代谢障碍，以致水津停滞而成。

阻碍经脉气血的运行。痰饮随气流行，若流注于经络，易使经络阻滞，气血运行不畅，出现肢体麻木、屈伸不利，甚至半身不遂。

阻滞气机升降出入。痰饮流注于脏腑组织中，可阻碍气的运行，致使升降出入运动失常而变生他病。

症状复杂，变幻多端。从发病部位言，饮多见于胸腹四肢，与脾胃关系较为密切；痰之为病，则全身各处均可出现，无处不到，与五脏均有关系，其临床表现也非常复杂。痰饮在不同的部位表现出不同的症状，变幻多端，其临床表现可归纳为咳、喘、悸、眩、呕、满、肿、痛八大症。

扰乱神明。痰浊上扰而蒙蔽清窍，则会出现头昏目眩、精神不振；痰迷心窍或痰火扰心，心神被蒙，可导致胸闷心悸、神昏谵语或引起癫、狂、痫等疾病。

2. 瘀血

瘀血是血运失常，血液停滞而形成的病理产物，既包括积存于体内的离经之血，也包括血行不畅，留滞于经脉及脏腑中的血液。

瘀血的形成主要有以下两方面的原因：一是气虚、气滞、血寒、血热等原因，使血行不畅而凝滞。气为血之帅，气虚或气滞，无力推动血液的正常运行；或寒邪客于血脉，使经脉挛缩，血液凝滞不畅；或热入营血，血热搏结等，均可形成瘀血。二是因内外伤、气虚失摄或血热妄行等原因，造成血离经脉，积存于体内而形成瘀血。

影响气机。瘀血形成之后，不但失去正常的营养濡润作用，反而阻滞于局部，影响气血运行，出现经络阻滞、气机失调、血运不畅的各种病理变化。

阻塞经脉。血瘀于经脉之中，可致血运不畅或血行停滞。经脉阻塞，血液不能正常运行，受阻部位得不到血液的濡养，局部出现疼痛，甚则坏死等病变。

易生险证。瘀血阻滞脏腑，留而不去，变生急症、险症，如瘀阻于肺、瘀阻于心、瘀阻于脑、瘀阻于肠等。

五、其他病因

1. 饮食不调

饮食是维持人体生命活动不可缺少的物质，但饮食不调，则又常成为疾病发生的原因之一。饮食靠脾胃运化，故饮食所伤主要伤及脾胃，导致脾胃升降失常，又可聚湿、生痰、化热或变生他病。饮食致病主要有下列三种情况。

一是饮食不节。饮食应以定时、定量为宜。过饥则摄食不足，气血生化之源缺乏，久之则气血衰少，正气虚弱，抵抗力下降，易继发其他病证；若暴饮暴食或过饱，则饮食摄入过量，超过脾胃的运化能力，可导致脾胃损伤，出现脘腹胀满、嗳腐吞酸、厌食吐泻等食伤脾胃证。

二是饮食不洁。饮食不洁可引起多种胃肠疾病，出现腹痛、吐泻、痢疾等，或引起寄生虫病。

三是饮食偏嗜。饮食要适当调节，品种多样，不应有所偏嗜，才能使人体获得各种需要的营养。若饮食偏嗜，可导致体内某些营养物质的缺乏而发生疾病。

2. 劳逸失常

过劳是指过度劳累，包括劳力过度、劳神过度和房劳过度三个方面。劳力过度是指较长时间的过度用力而积劳成疾，此时可出现少气无力、四肢困倦、神疲懒言、形体消瘦等。劳神过度是指思虑太过，劳伤心脾而言，此时可出现因心神失养所致的心悸健忘、失眠多梦及脾失健运的纳呆、腹胀便溏等症。房劳过度是指性生活不节，房事过度伤肾而言，此时可出现腰膝酸软、眩晕耳鸣、精神萎靡，或遗精、阳痿早泄，或月经不调、不孕不育等症。

过逸，即过度安逸，会引起人体气血运行不畅，脾胃功能减弱，可出现精神不振、食少乏力、肢体软弱，甚则形体虚胖，动则心悸气喘、汗出等，或继发他病。

《素问·宣明五气》提出五劳所伤，即久视伤血，久卧伤气，久坐伤肉，久立伤骨，久行伤筋。

久视伤血：长时间用眼睛看东西，不仅会双眼疲劳，视力下降，而且会导致血的损伤，因为"肝开窍于目"而"肝受血而能视"。

久卧伤气：长时间躺着不运动，易使肺缺乏新鲜空气的调节，损伤人体的肺气。

久坐伤肉：长时间久坐，缺乏运动，周身气血运行缓慢，可使肌肉松弛无力，甚至会影响脾胃运化功能，最后会形成脾虚。而"动则不衰"，动则气血可周流全身，使得全身肌肉尤其是四肢肌肉得养。

久立伤骨：久立伤腰肾，肾藏精，而精生髓，髓为骨之液，可养骨，故久立会损伤人体骨骼的功能。

久行伤筋：久行会使膝关节过度疲倦，而膝为筋之府，所以说久行伤筋，指的是过多的行走就会伤到筋，肝主筋，伤筋就是伤肝，故过分的劳动、过分的锻炼会伤肝。

3. 寄生虫

中医学早已认识到寄生虫能导致疾病的发生，如蛔虫、钩虫、蛲虫、绦虫（又称寸白虫）、血吸虫等。患病之人，或因进食被寄生虫虫卵污染的食物，或接触疫水、疫土而发病。

4. 外伤

外伤包括跌打损伤、枪弹伤、金刃伤、烧烫伤、冻伤等，可造成皮肤、肌肉、筋骨的瘀血肿痛、出血脱液、筋伤骨折或脱臼等。如再有外邪从创口侵入，可引起伤口化脓、破伤风等；如外伤损及内脏、大血管或头部，可引起大出血、神志昏迷，甚或死亡。

第四章
中药学基础

中药的认识和应用，是以中医学理论为基础的，具有独特的理论体系和应用形式，充分反映了我国自然资源及历史、文化等方面的若干特点。我国中药资源丰富，现有中药已达 12000 余种，其中植物药超过 11000 种。几千年来，中华民族就是利用这些资源作为防病治病的重要武器，以保障人民的健康和民族的繁衍。由于中药以植物类药材居多，所以自古以来人们习惯把中药称为"本草"。明代中、末期以后，随着西医药传入我国，"中药"一词逐渐形成，主要用于与传入的西药相区别。

第一节　中药学基本理论

中药学是研究和介绍中药的基本理论和具体中药的来源、采集、炮制、性能、功效及临床应用等知识的一门学科，古代称为"本草学"，是我国传统医药学的重要组成部分。

需要与中药相区别的名词术语主要有：中药材、饮片、中成药。中药材是指来源于天然的植物、动物和矿物的绝大多数中药，从自然界收集起来，只经过清洁、干燥等简单处理，未经过特殊加工炮制，不能直接用于配方和制剂的中药资源。饮片是指根据中药材的性质和临床应用的需要，对中药材进行必要的再次加工处理，使之成为薄片、节段、块状或颗粒等不同形状，或经过特殊炮制，可以直接用于制剂，或供药房配方使用的药材。中成药是以中药材为原料，在中医药理论指导下，按规定处方和标准制成一定剂型的现成药物。

1. 采集

中药采集的地区、季节和方法，与药物的品种和疗效，有着密切的关系。李东垣曾这样说："凡诸草木昆虫，产之有地；根叶花实，采之有时。失其地则性味少异，失其时则气味不全。"正说明了药物因生长的地区不同，足以影响到功效的变异；而不同的入药部分，如植物的根、茎、花、叶、子、实，以及某些动物类药物等，又都有一定的生长成熟的时期，若违失收采时机，则既可影响产量，又能减低药物的功能，因此掌握采集季节，也是处理中药的一个主要环节。

一般来说，植物药的根部（包括地下茎、块根及根皮）应在初春或深秋时采集，因为此时植物尚未萌芽，或已枯萎，其精华蕴蓄于根部，药力较足，如瓜蒌根、地榆、牡丹皮等；茎、叶部分，应在生长最盛时采取，如茵陈蒿、大青叶等；花类，通常应在含苞待放或初放时摘取，如菊花、金银花、辛夷花等；果实有些宜初成熟或未老熟时摘取，如豆蔻、青皮等，但有些则须充分成熟后，才可取用，如瓜蒌、香橼等；种子、核仁，则必须老熟后方能采取，如五味子、杏仁等。树脂一类的药物，应在干燥季节采集，如松香、乳香等。以上仅就其一般情况而言，当然并不完全如此。因为节气的迟早，气候的变化，地区的不同，都足以影响植物的生长，所以又必须根据实际情况而定。

某些动物药的采集，也有一定的时期，如驴皮以冬采者为良，取其皮厚脂多，称为冬板；鹿茸应在清明后45～60日采取，过迟则角化；昆虫类药物，其孵化、发育都有一定时间，如桑螵蛸（即螳螂的卵）应在3月中旬收采，过时便会孵化。

一般植物药的采集，尤应注意气候、时间和方法等问题。如根、茎一类药物，须在晴天收采，因泥土疏松，易于挖掘；花、叶、果实，一般不能在下雨或露水未干时采摘，否则容易霉烂；有些果实，又宜在早晨和傍晚采取，中午阳光太甚，每易变质。中药收采后即须进行处理，以便收藏，处理的方法一般以干燥为主。凡根、茎、子、实，大都在日光下曝晒；有些药物，因须避免变色、变味等关系，而不宜曝晒者，可阴干或烘干。如麻黄宜阴干，大黄宜火烤，菊花宜烘干等；有些则采后即用盐渍，如附子、苁蓉。此外，又有如茯苓的堆置发汗，升麻的燎去根须，半夏的除去栓皮等，这些都是采集后加工的重要方法。

2. 贮藏

药物采集后，为了便于运转和保持药物的性能，必须予以妥善的保藏，以免药物受到潮湿或高热和光线等而发生霉烂、虫蛀、褪色以致影响到药物的质量。因此，药物的保藏方法，对于药物的疗效，也有重要的关系。

药物的贮藏，最应注意潮湿和虫蛀的情况。凡贮藏或堆放药材的地方，宜选择高爽干燥、空气流通的房屋，并要做好防潮、防虫等工作。大部分药物，虽经曝晒，仍易受潮和虫蛀，就必须封存于石灰缸中，或烘干后，置标本瓶中蜡封。性味芳香辛散的药物，如麝香、冰片、肉桂等，更应密闭于瓷瓶或锡罐中，以免气味走散，减低药效。

药物不但应贮藏妥当，还应经常检查，如果发现受潮或虫蛀，便应即时处理，特别是当发现虫害时，必须立即进行扑灭，以免蔓延。除虫的方法，除了芳香药外，一般可采用火烘或硫黄烟熏，效果良好。以上是贮藏的大概情况。但也有部分药物，不宜曝晒，或不宜干燥，则应根据药物的性质，适当保藏。如茯苓既不宜曝晒，又不宜潮湿，应保存于阴暗而干燥的地方；骨碎补喜阴湿而不喜干燥，既不可曝晒，更不能封存于石灰缸内。又如鲜生地、鲜沙参等，则宜埋放于沙土中；鲜石斛、鲜菖蒲则宜用沙石栽植等。

药物的贮藏，除生药外，亦应包括成药在内。如一般丸、散，均应充分干燥后密闭贮存。但蜜丸因本身含有水分，若遇气候潮湿，最易霉烂，故应贮存于阴暗干燥的地方，并须随时注意防潮，以免变质。膏剂、膏药，宜藏于阴凉不热的器皿内，但不宜久贮，容易变质。丹剂属于内服的，因无定型，贮藏各随其性质不同而作不同处理。外用的多数为金石类药混合炼制而成，当密闭于瓷瓶内，方可久藏。

总之，贮藏的适当与否，不但与药材损耗有关，主要的是能够影响药物的性能和疗效。因此，中药贮藏也值得我们注意与研究。

第二节　中药基本规律

一、中药功效与主治

中药功效是中药治疗作用的同义语，亦称为中药的"功能"。功效术语往往被凝练为短短数个字，是对中药治疗作用的高度概括。对中药功效的认识和概括，是根据机体的用药反应，即用药前后症状、体征的变化，通过审证求因、辨证论治的方法归纳出来的。因此，中药功效的确定和功效系统的形成，与中医辨证论治体系的形成和发展过程有着密不可分的关系。

中药的主治，是指其所主治的病证，又称为"应用"或"适应证"。从认识方法而言，主治是确定功效的依据；从临床运用的角度来看，功效提示中药的适用范围。例如，鱼腥草能治疗肺痈咳吐脓血、肺热咳嗽痰稠及热毒疮疡等病证，因而具有清热解毒、排脓的功效。在古代本草著作中，功效和主治是间夹叙述的。又如《神农本草经》记载："干姜，味辛温，主胸满咳逆上气，温中，止血，出汗，逐风湿痹，肠澼下利。生者尤良。"近代本草著作都将功效列为专项，例如高等中医药院校教材《中药学》，将干姜的功效归纳为"温中，回阳，温肺化饮"。功效的归纳经历了长期的历史发展过程，而功效专项的设立则反映了后世对中药治疗作用的认识不断深入和规范化。

二、中药性能

中药的性能，是前人在长期、反复的医疗实践中，对为数众多的药物的各种性质及其医疗作用的了解与认识不断深化，逐渐形成的中医用药的一套理论。把药物治病的多种多样的性质和作用加以概括，主要有四气、五味、归经、升降浮沉及有毒、无毒等方面，又称为药性。药性理论是中药理论的核心，是以阴阳、五行、脏腑、经络、治疗法则等医学理论为基础，是中医学理论体系中的一个重要组成部分，是以药物的特殊性来纠正疾病所表现出的阴阳偏盛或偏衰，使机体能在最大程度上恢复至正常状态。

1. 四气

所谓四气，就是寒、热、温、凉四种不同的药性。这四种不同的药性，都可从药物作用于机体所发生的反应上表现出来而为人们所认识，譬如能治疗热病的药物，便知道它具有寒凉的性质；能治疗寒病的药物，便知道它具有温热的性质。《内经》上所说的"寒者热之，热者寒之"，以及《神农本草经》上"疗寒以热药，疗热以寒药"的说法，便是把药物寒、热、温、凉的作用加以归纳后，给后人提出的治病用药原则。

寒热与温凉，实际上就是阴阳两方面。寒凉为阴，温热为阳。寒和凉，温和热，只是程度上的不同，所以，历代本草书中每有寒、微寒，温、大温等叙述。所谓微寒，即相当于凉，大温即相当于热。此外，又有一种平性的药物，这些药物，偏盛之气不是很显著，性质平和，故称为平性。但实质上，仍有偏温偏凉的不同，故虽有平性之名，而一般仍总称为四气。

2. 五味

五味，就是酸、苦、甘、辛、咸，可通过味觉而加以辨别。古人在长期生活实践中，不但知道食物具有五种不同的味道，且体会到五味各有不同的作用。《内经》上所说的"辛散、酸收、甘缓、苦坚、咸软"，便是把五味的作用进行了归纳。后世医家，在《内经》的基础上又作了进一步的发展，补充为"辛能散能行，甘能补能和，苦能燥能泻，酸能收能涩，咸能软能下"。即，凡辛味多有发散和行气的作用，如生姜、紫苏、荆芥、薄荷都能发散表邪，陈皮、香附、豆蔻、砂仁都能行气宽胸；甘味有补养和缓和的作用，如人参、黄芪之补气，熟地黄、麦冬之养阴，甘草、饴糖的甘缓和中等；苦味有燥湿和泻下的作用，如黄连、黄柏燥湿而泻火，大黄泻实热而通大便，苍术燥湿健脾等；酸味有收敛固涩的作用，如诃子、石榴皮、五倍子等能治久痢脱肛，山茱萸、五味子、金樱子能止虚汗遗精等；咸味有软坚润下的作用，如海藻、海浮石能治瘰瘤和瘰疬，芒硝能通大便燥结而润肠泻下。此外，又有一种淡味，虽淡而无味，但有渗泄利窍的作用，如茯苓、通草、滑石之类，都能渗湿而利小便。由于淡味无显著的味道，故一般仍称为五味。

五味除了上述的一般作用外，又与脏腑有密切的关系。《内经》以五味归入五脏，以"酸入肝，辛入肺，苦入心，咸入肾，甘入脾"，这是根据食物对人体生理、病理所发生的影响而作出的归纳。古人在长期的生活实践中，认识到饮食必须调和五味，才能适应人体各部分营养的需要，这也就说明了五味不能偏嗜，饮食五味如有太过或不及，必然会造成脏腑阴阳的偏盛偏衰，而产生疾病。因此利用五味之偏，以调整脏腑阴阳的偏盛，是有它一定的客观依据的。例如辛味散肺气之郁，甘味补脾胃之虚，以及入肝的药用醋炒，入肾的药用盐水炒等，都是五味入五脏在临证上的具体运用。五味的一般作用，亦可归纳为阴阳两大类，即辛、甘、淡都属于阳，酸、苦、咸都属于阴。所以，《内经》说"辛甘发散为阳，酸苦涌泄为阴，咸味涌泄为阴，淡味渗泄为阳"。但药物的性能，是气和味的综合，每一种药物，都包含了气和味，因此气和味的关系，更为密切。同时，气和味之间的关系，也很复杂，如其中尚有气同而味异者，有气异而味同者，例如同一温性，有生姜、半夏之辛，远志、厚朴之苦，黄芪、熟地黄之甘，乌梅、木瓜之酸，旋覆花、蛤蚧之咸等。同一辛味，有石膏、薄荷之寒凉，干姜、附子之温热。还有很多药物，是一气而兼有数味者，如当归甘辛，芍药酸苦，郁金苦甘兼辛等。这种错综复杂的情况，也正体现了药物具有多种作用，药物的性能，在相同之中，仍有不同之点。这些都是掌握药物运用的关键。

3. 升降浮沉

升降浮沉，指药物作用的趋向而言。升和降，浮和沉，都是相对的。升是上升，降是下降；浮有发散的意义，沉有泄利的意义。凡升浮的药物，都主上行而向外，属阳，有升阳、发表、祛风、散寒、温里等作用；沉降的药物，都主下行而向内，属阴，有潜阳、降逆、收敛、渗湿、清热、泻下等作用。

升降浮沉，主要以药物的气味厚薄为依据。这里所谓气味厚薄，是包括四气五味及其气质的淳厚雄烈、轻清淡薄而言。《内经》上说："阴味出下窍，阳气出上窍；味厚者为阴，薄为阴之阳，气厚者为阳，薄为阳之阴；味厚则泄，薄则通，气薄则发泄，厚则发热。"这说明了味为阴而下行，因厚薄不同，又有能通和能泄的差异；气为阳而上升，也因厚薄不同，而有发泄和发热的分别；这便是分升降浮沉的理论根据。

4. 归经

从以上所述的性能中，可知药物各有不同的作用，如治寒以热，治热以寒，虚证用补，实证用泻等。但同一寒证，有脾寒、肺寒等不同；同一热证，有肝热、胃热等差别；同一虚实，五脏各不相同。故温脾寒者，不一定能温肺寒；清肝热者，不一定能清胃热。同样，补脾者，未必能够补肾；泻肺者，未必能够泻心。诸如此类，说明药物在人体上发挥作用，各有它主要的适用范围，需要更进一步的归纳，因此古人又创造了归经学说。

所谓归经，就是把药物的作用与五脏六腑、十二经脉的关系密切结合起来，以说明某药对某些脏腑经络的病变起着主要作用。因此，可以理解药物的归经，是以经络学说为依据的。古人既以经络来说明人体脏腑内外组织之间的联系，并通过经络，把机体在发生病变时所表现的一系列症状，加以系统地归纳，以说明五脏六腑、十二经各有主要的症候，例如《灵枢·经脉》说："肺手太阴之脉……是动则病肺胀满，膨膨而喘咳，缺盆中痛""胆足少阳之脉，是动则病口苦，善太息，心胁痛，不能转侧。"这样的归纳，不但给诊断和治疗以很大的方便，并使药物的运用也能进一步根据十二经络主病的系统，加以归类，如桔梗、杏仁，能治喘咳而归入肺经；柴胡、青蒿，能治寒热胁痛、口苦而归入胆经等，这就是中药归经的具体内容。

5. 有毒与无毒

广义的"毒性"是指药物的偏性，西汉以前以"毒药"作为一切药物的总称。张景岳说："是凡可辟邪安正者，均可称为毒药，故曰毒药攻邪也。"这句话是指毒性作为药物性能之一，是一种偏性，以偏纠偏是药物治病的基本原理。

东汉时期，《神农本草经》提出了"有毒、无毒"的区分，根据药物毒性大小和治疗原理，将药物分为上、中、下三品，对药物毒性的认识和理解更加深入。大体上是将攻病愈疾的药物称为有毒，而可以久服补虚的药物看作无毒。

狭义的毒药，是指一些具有一定毒性和副作用的药物，使用不当，就可能导致中毒。为了确保用药安全，后世许多本草书籍都在药物的性味之下标注了"大毒""小毒"等。

现代对中药有毒无毒的认识倾向于广义毒性，逐步认识到以毒性成分量化的方式理解毒性的概念，控制中药质量，防止中毒事件的发生。

三、中药配伍

配伍是指根据病情的需要和药性特点，将两味以上药物配合使用，是根据临床的症状、病因和病机，按照用药的法则，适当地选择两种以上的药物配伍，达到增强疗效、降低毒性、更好地发挥治疗作用的目的。配伍理论也是中药的基本理论之一。

药物通过配伍，一是药物效价在量上的相加；二是药物之间的合作、协同作用，使疗效增大。例如：黄连的复方比黄连的单方抗菌作用强；附子配干姜比单用附子作用好。总之，中药的配伍离不开中医的整体观念和辨证施治的理论为指导。

古人在实践中认识到各种药物的性能在经过配合后，可以发生复杂的变化，如有些药配合后，可以加强疗效；有些药物则相反地可使疗效减弱；也有的甚至会产生剧烈的有害作用。这些知识，也就是《神农本草经》上所说的"七情合和"。

所谓"七情"，就是单行、相须、相使、相畏、相恶、相杀、相反。凡不用其他药物辅助，依靠单味药发挥作用的，称为单行，如独参汤用一味人参大补元气。两种以上功用相同的药物，合用后能取得协同作用而互相促进疗效的，称为"相须"，如知母合黄柏，滋阴降火的作用更强。两种以上功用不同的药物合用后，能使疗效更好的，叫作"相使"，如黄芪合茯苓，能增强补气利水的功能；大黄合黄芩，则泄热的效力更好。两种药物合用，一种药受到另一种药的抑制，而足以减低或消除其烈性或毒性的，叫作"相畏"，如生姜制半夏毒，所以半夏畏生姜。两种药合用后，能相互牵制而使作用减弱者，叫作"相恶"，如黄芩能减低生姜的温性，故生姜恶黄芩。一种药能消除另一种药物的毒性反应的，叫作"相杀"，如防风杀砒霜毒，绿豆杀巴豆毒等。两种药合用可发生剧烈不良反应的，叫作"相反"，如甘草反甘遂等。

总之，七情中除单行无配伍关系外，相须和相使的配伍是因产生协同作用而提高疗效，属七情中的最佳配伍；相畏和相杀的配伍是通过相互作用，而减轻或消除原有药物的毒性，目的也在于提高疗效；相恶的配伍可能会因互相拮抗而抵消原有功效，故在选药时应加以注意；相反的配伍是因相互作用反而产生毒副作用，属于配伍禁忌。

四、中药用药禁忌

用药禁忌主要包括配伍禁忌、妊娠用药禁忌、服药时的饮食禁忌、证候禁忌等几个方面。

1. 配伍禁忌

在复方配伍中，有些药物应避免合用，称配伍禁忌。历代关于配伍禁忌的说法不是很一致，到金元时期，概括为"十八反"和"十九畏"。

十八反歌

本草明言十八反，半蒌贝蔹及攻乌；藻戟遂芫俱战草，诸参辛芍叛藜芦。

"半蒌贝蔹芨攻乌"：半即半夏，蒌即瓜蒌、天花粉，贝即贝母，蔹即白蔹，及即白及，此五味药性皆主降下、收敛；乌即乌头，药性主发散追风。一个是降下收敛，一个是上冲发散，正好针锋相对，如一同用药，定然相互冲突。

"藻戟遂芫俱战草"：藻即海藻，戟即巴戟，遂即甘遂，芫即芫花，此四味皆是逐水祛痰猛药，走而不守，有斩关夺门之功；草即甘草，乃补土制水之药，可缓诸药之急，使药性归于平和，但它只能对一般性近乎平和之药有效，如对藻戟遂芫等药性过猛之药，则一个要急走而不守，而另一个守而不走，性正相嫉，故不可同用。

"诸参辛芍叛藜芦"：藜芦味苦、辛，性寒，服细末少许入胃即吐，为涌吐之剧药，因其毒性刺激胃气，胃液上逆涌出而吐。诸参指人参、沙参、苦参、丹参、玄参等五参，凡药名参者，乃参于天地之间，于人皆有补性，有补气生津之效，但补气生津之药，药性较缓，而藜芦上涌之性较急，缓急之间，产生矛盾，急者嫌缓者迟钝，供水津不出，故咄而斥之。缓者嫌急者过急，亦怠惰以抗之，故同服必引激战使人难以耐受。辛即细辛，入肾走散风寒，藜芦入肝肺胃引吐风痰，细辛不引水以助之，藜芦引痰水而乏浠湿之水源，互相嫌弃；芍即芍药，敛阴使水下行，藜芦引痰水上行，亦相互嫌弃。

十九畏歌

硫黄原是火中精，朴硝一见便相争。水银莫与砒霜见，狼毒最怕密陀僧。
巴豆性烈最为上，偏与牵牛不顺情。丁香莫与郁金见，牙硝难合京三棱。
川乌草乌不顺犀，人参最怕五灵脂。官桂善能调冷气，若逢石脂便相欺。
大凡修合看顺逆，炮爁炙煿莫相依。

硫黄畏朴硝，水银畏砒霜，狼毒畏密陀僧，巴豆畏牵牛，丁香畏郁金，川乌、草乌畏犀角，牙硝畏三棱，官桂畏赤石脂，人参畏五灵脂。即硫黄和朴硝不能配伍，水银与砒霜不能配伍，狼毒与密陀僧不能配伍，巴豆与牵牛不能配伍，丁香与郁金不能配伍，川乌、草乌不能和犀角配伍，三棱与芒硝不能配伍，官桂和石脂不能配伍，人参和五灵脂不能配伍。

中药十八反、十九畏作为古代传统用药配伍禁忌由来已久，是古人在长期的实践应用中总结出来的用药禁忌。"十八反歌"最早见于金代张从正所著《儒门事亲》，"十九畏歌"最早见于明代刘纯所著《医经小学》，只传当然，未细论过所以然。《神农本草经》指出："勿用相恶、相反者。"相恶配伍可使药物的某些方面的功效减弱，而"相反为害，甚于相恶"，可能危害患者的健康，甚至危及生命。反药是否同用，历代医家众说纷纭。一些医家认为反药同用会增强毒性、损害机体，可致患者不良反应风险增加，容易引起病情恶化，因而强调反药不可同用；也有人认为相反药同用，能相反相成产生较强的功效，尚若运用得当，可愈沉疴痼疾，如仲景甘遂半夏汤中，则甘遂与甘草同用，取其相激战以成功。

对于十八反、十九畏，不能简单地否定或肯定，要在继承中发展，同时也反对谈"反、畏"色变者，不尊重客观事实的看法。《金匮要略》《千金翼方》《儒门事亲》《景岳全书》等古籍文献中有不少反药同用的方剂。无论古代和现代，既有反药同用可产生毒性反应的论点和报道，也有反药同用能治疗一些疑难病症，不仅无害，反可增强疗效的实例。有经验的医家使用对反药、畏药能收到奇效，但非医者妄用会产生严重的后果。尊古而不泥古，在日常生活和应用中我们更应注重中药的安全性。

2. 妊娠用药禁忌

有些药物具有损害胎元和堕胎副作用，为妊娠禁忌药。一般分为禁用、慎用两类。

禁用药，指毒性大、药性猛烈的药物，如剧烈泻下药巴豆。凡属禁用药应绝对不能使用。

慎用药，指烈性药或有小毒的药物，如泻下药大黄、芒硝、芦荟、番泻叶。凡属慎用药则应根据孕妇病情，酌情使用，无特殊需要，应尽量避免。

3. 饮食禁忌

饮食禁忌指服药期间对某些食物的禁忌，简称食忌或忌口。古代文献中有常山忌葱；地黄、何首乌忌葱、蒜、萝卜；薄荷忌鳖肉；茯苓忌醋；土茯苓忌茶等。

4. 证候禁忌

证候禁忌是指治疗一些病证时，药物的选用会有禁忌。辨证论治是中药不同于天然药物的重要特点之一，中医是根据患者病证组方遣药的，而选药的主要依据是药物的性味归经、升降沉浮等特性。由于药物的药性不同，其作用各有专长和一定的适用范围，因此，临床用药也就有所禁忌，称"证候禁忌"。

下 篇

食用农产品健康资源概述

第五章
真菌类食用农产品资源

真菌是生物界中很大的一个类群，世界上已被描述的真菌约有 1 万属 12 万余种。人们通常将真菌门分为鞭毛菌亚门、接合菌亚门、子囊菌亚门、担子菌亚门和半知菌亚门。其中，担子菌亚门是一群多种多样的高等真菌，多数种具有食用和药用价值，如银耳、金针菇、竹荪、牛肝菌、灵芝等，但也有豹斑毒伞、马鞍、鬼笔蕈等有毒种。

第一节　无隔担子菌亚纲真菌

无隔担子菌亚纲 98％属于伞菌目，即俗称的蘑菇；无隔担子通常着生在发育良好的子实体的子实层中。

一、侧耳科

侧耳科为木栖类真菌，有些种类是优良食用菌，有些是药用真菌，有的种类可侵染树木，是林木的病原菌。

1. 香菇 Lentinus edodes （Berk.） Sing.

侧耳科（Pleurotaceae）真菌子实体。香菇是我国著名的食用菌，被誉为"菇中皇后"，是一种食药同源的食物，在民间素有"山珍"之称。干香菇比新鲜香菇更具有营养价值。

香菇原称香蕈。《日用本草》始入药用，云："蕈生桐、柳、枳椇木上，紫色者，名香蕈。"早在宋代陈仁玉《菌谱》载："合蕈，生邑极西韦羌山，高迥秀异。寒极雪收，林木坚瘦，春气微欲动，土松芽活，此菌候也。菌质外褐色，肌理玉洁芳香，韵味发釜鬲，闻百步外。盖菌多种，例柔美，皆无香，独合蕈香与味称。"《菌谱》所言合蕈与《日用本草》之香蕈，从其所述的外褐色，肌理玉洁，气味芳香及其生长季节，皆与白蘑科真菌香菇一致，为常见食用真菌。其后《吴蕈谱》载有雷惊蕈，云："二月应惊蛰而产，故曰雷惊。时东风解冻，土松气暖，菌花如蕊，菌质外深褐色如赭，褶白如玉，莹洁可爱。"《本草求真》："（香蕈）性极滞濡，中虚服之有益，中寒与滞，食之不无滋害。"《随息居饮食谱》："痧痘后、产后、病后忌之，性能动风故也。"

【入药部位及性味功效】

香菇，又称香蕈、合蕈、台蕈、台菌、雷惊蕈、戴沙、石蕈、椎蕈、香信、冬菇、菊花菇、香纹，为真菌香菇的子实体。子实体长到六七分成熟、边缘仍向内卷曲、菌盖尚未全展开，就应该及时采收，然后用火烤、电烤或日晒干燥。野生者都于秋、冬及春季采收，晒干备用。味甘，性平。归肝、胃经。扶正补虚，健脾开胃，祛风透疹，化痰理气，解毒，抗癌。主治正气衰弱，神倦乏力，纳呆，消化不良，贫血，佝偻病，高血压，高脂血症，慢性肝炎，盗汗，小便失禁，水肿，麻疹透发不畅，荨麻疹，毒菇中毒，肿瘤。

【经方验方应用】

治头痛、头晕：香菇煮酒，食之。（刘波《中国药用真菌》）

治盗汗：香菇15g，酒酌量，炖后调白糖服。（《福建药物志》）

治麻疹不透：香菇柄15g，桂圆肉12g，水煎服。（《福建药物志》）

治荨麻疹：香菇15g，酒酌量，炖服。（《福建药物志》）

治误食毒菌中毒：香菇（干品）90g，水煮熟，食之。（刘波《中国药用真菌》）

2. 糙皮侧耳（平菇） *Pleurotus ostreatus* (Jacq. ex Fr.) Quel.

侧耳科真菌子实体。菌柄侧生，子实体成熟后形似人耳，故名侧耳。平菇含丰富的营养物质，且氨基酸成分、种类齐全。

【入药部位及性味功效】

侧耳，又称北风菌、蚝菌、平菇、桐子菌、粗皮侧耳、蠔菌、水风菌、冻菌、青蘑、灰蘑，为真菌糙皮侧耳的子实体。夏、秋季采收子实体，除去杂质，晒干。味辛、甘，性温。归肝、肾经。祛风散寒，舒筋活络，补肾壮阳。主治腰腿疼痛，手足麻木，筋络不舒，阳痿遗精，腰膝无力。

二、光柄菇科

光柄菇科菌柄中生，与菌盖易分离；有菌托或无；菌褶离生或部分离生；孢子光滑，成堆时粉红色至葡萄酒红色或红肉桂色。生地上、腐木或烂草上。

草菇 *Volvariella volvacea* (Bull. ex Fr.) Sing.

光柄菇科（Pluteaceae）真菌子实体。草菇含有丰富的蛋白质，而脂肪含量却很低，因此有"素中之荤"的美称。

《广东通志》："南华菇，南人谓菌为蕈，产于曹溪南华寺者，名南华菇，亦家蕈也，其味不下于北地蘑菇"。《宁德县志》："城北瓮窑采朽，雨后而蕈生，宛如星斗丛簇竞吐，农人集而投于市。"

【入药部位及性味功效】

草菇，又称稻草菇、兰花菇、秆菇、麻菇、家生菇、南华菇、草菌、美味苞、脚菇，为真菌草菇的子实体。当蛋状菌盖露出，将破裂前即可采收，切成两半，烘干或晒干后备用。味甘，性寒。清热解暑，补益气血，降压。主治暑热烦渴，体质虚弱，头晕乏力，高血压。

【经方验方应用】

治高血压：草菇30g，煮食。(《中国药用孢子植物》)

治各种肿瘤：草菇（鲜）、猴头（鲜）各60g，炒食。(《中国药用孢子植物》)

治齿龈出血、瘀点性皮疹：草菇（鲜）90g，炒食，经常食用。(《中国药用孢子植物》)

三、白蘑科

白蘑科又称口蘑科，包括多种美味可食的蘑菇，如口蘑、松口蘑、雷蘑、鸡枞（蚁巢伞）等。该科真菌世界性分布，有的寄生于植物根部并引起树木根腐病，如蜜环菌和假蜜环菌；有的生于蚁巢中，如白蚁伞属；有的生于草地，如硬皮伞，可形成蘑菇圈。

1. 冬菇（金针菇） *Flammulina velutipes*

白蘑科（Tricholomataceae）真菌子实体。

金针菇以其菌盖滑嫩、柄脆、营养丰富、味美适口而著称，氨基酸含量高于一般菇类，尤其是精氨酸和赖氨酸含量较高，铁含量是菠菜的20倍，高钾低钠，被称为"增智菇""智力菇"，在国际上被誉为"超级保健食品"。

冬菇又名毛柄金钱菌。刘波《中国药用真菌》："经常食用可以预防和治疗肝脏系统及肠胃道溃疡，学龄儿童可以有效地增加身高和体重。"

【入药部位及性味功效】

冬菇，又称金针菇、构菌、金钱菌、毛脚金钱菌、冻菌、朴菇、冬蘑、朗夏，为真菌冬菇的子实体。当菌柄长度达13～15cm、菌盖直径0.5～1.5cm时即可采收，采收后晒干备用。味甘、咸，性寒。补肝，益肠胃，抗癌。主治肝病，胃肠道炎症，溃疡，癌症。

2. 口蘑

白蘑科（Tricholomataceae）真菌子实体。

口蘑一般生长在有羊骨或羊粪的地方，味道鲜美。其名为口蘑，实际并非一种，乃是集散地张家口汇集起来的许多蘑菇的统称。口蘑是一种能提供维生素D的蔬菜，其补硒仅次于灵芝，既含有大量植物纤维，又属于低热量低脂肪食品，素有"蘑菇之王""天下第一蘑"美誉。郭沫若赞誉口蘑："口蘑之名满天下，不知缘何叫口蘑？原来产在张家口，口上蘑菇好且多。"

香杏口蘑又名虎杖香蕈、虎皮香蕈、虎皮香杏；蒙古口蘑又名白蘑。蒙古口蘑是我国北方草原出产的野生食用菌，肉厚质嫩、味浓鲜香、口感极佳，富含蛋白质、维生素 B_1、维生素 B_2、维生素 B_6 及钙、磷、铁等矿物质，为菇类上品，是我国著名山珍，被称为"草八珍"之首。

【入药部位及性味功效】

口蘑，为真菌香杏口蘑 [*Tricholoma gambosum* (Fr.) Gill.] 和蒙古口蘑 (*Tricholoma mongolicum* Imai) 的子实体。夏、秋季在子实体幼小时期（蘑菇钉）采摘，除去杂质，晒干。味甘、辛，性平。归肺、脾、胃经。健脾补虚，宣肺止咳，透疹。主治头晕乏力，神倦纳呆，消化不良，咳嗽气喘，麻疹欲出不出，烦躁不安。

四、猴头菌科

猴头菌科子实体呈球形，布满像头发一样的针状菌刺。

猴头菌（猴头菇）

猴头菌科（Hericiaceae）真菌子实体。

猴头菇形酷似猴头而得名，是中国八大"山珍"之一，自古就有"山珍猴头，海味燕窝"之说，素称"蘑菇之王"。

三国时期沈莹《临海水土异物志》云："民皆好啖猴头羹，虽五肉臛不能及之，其俗言：'宁负千石之粟，不愿负猴头羹。'"《农政全书》载："如天花、麻姑、鸡坋、猴头之属皆草木根腐坏而成。"所言之猴头，皆系真菌猴头属之可食菌类。

【入药部位及性味功效】

猴头菌，又称猴菇、猬菌、刺猬菌、小刺猴头、猴头菇，为真菌猴头菌 [*Hericium erinaceus* (Bull. ex Fr.) Pers.]、珊瑚状猴头菌 [*Hericium coralloides* (Scop. ex Fr.) Pers. ex Gray] 的子实体。子实体采收后及时去掉有苦味的菌蒂，晒干或烘干即可。发酵完成后将发酵液过滤，得到菌丝体及滤液，将菌丝体烘干，滤液浓缩，加入辅料制片。味甘，性平。归脾、胃经。健脾养胃，安神，抗癌。主治体虚乏力，消化不良，失眠，胃与十二指肠溃疡，慢性胃炎，消化道肿瘤。

临床上，猴菇菌片治疗胃癌、食管癌、胃溃疡、十二指肠溃疡等消化道疾病。

【经方验方应用】

治神经衰弱、身体虚弱：猴头菇（干品）150g。切片后与鸡共煮食用，每日1次（或用鸡汤煮食）。（《全国中草药汇编》）

治胃溃疡：猴头菇（干品）30g，水煮，食用，每日2次。（刘波《中国药用真菌》）

治胃癌、食管癌、肝癌：猴头菇60g，藤梨根60g，白花蛇舌草60g，煎服。（《中国药用孢子植物》）

第二节　有隔担子菌亚纲真菌

种形成有隔担子，即部分或完全分隔的担子，这些担子组成子实体的子实层，子实体可以是干燥的、肉质的、胶质的或蜡质的。

一、木耳科

木耳科子实体呈胶质、蜡质、肉质，干燥时呈革质。多数种可以食用，如黑木耳。

木耳

木耳科（Auriculariaceae）真菌子实体。

黑木耳享有"素中之肉""素食之王"的美称，其中尤以铁的含量最为丰富，故也被誉为食品中的"含铁冠军"。

《本草纲目》："木耳生于朽木之上，无枝叶，乃湿热余气所生，曰耳，曰蛾，象形也。曰檽，以软湿者佳也，曰鸡、曰㙡，因味似也。曰菌，亦象形也。或曰地生为菌，木生为蛾。北人曰蛾，南人曰蕈。"

木耳始载于《神农本草经》。《本草经集注》云："桑耳断谷方云：木檽，又呼为桑上寄生，此云五木耳，而不显言四者是何木。按老桑树生燥耳，有黄者，赤、白者，又多雨时亦生，软湿者，人采以作菹，皆无复药用。"《本草纲目》云："木耳各木皆生，其良、毒亦必随木性，不可不审。"《品汇精要》云木耳色有"黑、白、黄"之分。故古代本草这类真菌应包括木耳科木耳属和银耳科的一些可食、常食的种类。现在这类真菌中分布最广、量最大，并为人们常食的药用菌当为木耳科木耳属的毛木耳和木耳，而皱木耳形态与木耳很相近，亦常被食用、药用。因此，古本草中所记载的木耳"色黑者"应为此三个种。现代一些中药学文献中，也都认为木耳科木耳属木耳和毛木耳是传统的药用木耳之正品。而"色白者"当指银耳科银耳，"色黄者"或"金色者"当指银耳科金黄耳（黄木耳），"赤者"可能指银耳科橙耳。

【入药部位及性味功效】

木耳，又称檽、木檽、桑上寄生、蕈耳、树鸡、黑木耳、木菌、木蛾、云耳、耳子、光木耳、木茸，为真菌木耳 [*Auricularia auricula*（L. ex Hook.）Underw]、毛木耳 [*A. polytricha*（Mont.）Sacc.] 及皱木耳 [*A. delicata*（Fr.）P. Henn.] 的子实体。夏、秋季采收，采摘后放到烘房中，温度由 35℃逐渐升高到 60℃，烘干备用。味甘，性平。归肺、脾、肝、大肠经。补气养血，润肺止咳，止血，降压，抗癌。主治气虚血亏，肺虚久咳，咳血，衄血，血痢，痔疮出血，妇女崩漏，高血压，眼底出血，宫颈癌，阴道癌，跌打伤痛。

柘耳，又称柘黄、柘上木耳，柘树耳，为寄生于植物柘树（*Maclura tricuspidata* Carriere）上的木耳。夏、秋季采，洗净，晒干。味甘，性平。归肺、大肠经。清肺解毒，化痰止咳。主治肺痈咳吐脓血、肺燥干咳。

杨栌耳，又称杨庐耳，为寄生于植物半边月 [*Weigela japonica* var. *sinica*（Rehd.）Bailey] 树上的木耳。夏、秋季采，洗净，晒干。味微甘，性平。归脾、肝、大肠经。化瘀，止血。主治瘀阻血凝，癥瘕结块，痔疮出血。

【经方验方应用】

治大便干燥、痔疮出血：木耳 5g，柿饼 30g，同煮烂，随意吃。（《长白山植物药志》）

治高血压病、眼底出血：木耳 3～6g，冰糖 5g，加清水适量，慢火炖汤，于睡前 1 次顿服。每日 1 剂，10 天为 1 个疗程。（《药用寄生》）

治高血压：木耳 15g，皮蛋 1 个，水炖，代茶频服。（《福建药物志》）

治一切牙痛：木耳、荆芥各等份。煎汤漱之，痛止为度。（《海上方》）

治产后虚弱、抽筋麻木：木耳 30g，陈醋浸泡，分 5～6 次食用，日服 3 次。（《中国药用真菌》）

治误食毒蕈中毒：木耳 30g，白糖 30g，煮食。（《中国药用真菌》）

二、银耳科

银耳科子实体纸白至乳白色，胶质，半透明，柔软有弹性，由数片至 10 余片瓣片组成，形似菊花形、牡丹形或绣球形。

银耳 Tremella fuciformis Berk.

银耳科（Tremellaceae）真菌子实体。

银耳被人们誉为"菌中之冠"，既是名贵的营养滋补佳品，又是扶正强壮之补药。质量上乘者称作雪耳。

本品寄生朽木上，色白，其形卷曲若耳，故名白木耳、银耳。《神农本草经》载有"五木耳。"《名医别录》曰："生犍为山谷，六月多雨时采，即暴干。"《本草经集注》云："此云五木耳，而不显四者是何木。按老桑树生燥耳，有黄者，赤、白者，又多雨时亦生，软湿者，入采以作菹。"《新修本草》所载五木耳是指生于楮、槐、榆、柳、桑五种树上之木耳。《品汇精要》言木耳有"黄、白、黑"色。唐代《酉阳杂俎》云："郭代公常山居……见木上有白木耳，大如数斗。"宋《清异录》谓："北方桑生白耳，名桑鹅。贵有力者咸嗜之，呼为五鼎芝。"

【入药部位及性味功效】

银耳，又称白木耳、白耳、桑鹅、五鼎芝、白耳子，为真菌银耳的子实体。当耳片开齐停止生长时，应及时采收，清水漂洗 3 次后，及时晒干或烘干。味甘、淡，性平。归肺、胃、肾经。滋补生津，润肺养胃。主治虚劳咳嗽，痰中带血，津少口渴，病后体虚，气短乏力。

临床上，银耳治疗慢性气管炎、肺源性心脏病、白细胞减少等。

【经方验方应用】

治肺阴虚、咳嗽、痰少、口渴：银耳 6g（先用水浸泡），冰糖 15g。加水适量，隔水共蒸透，制成白木耳糖汤，分 2 次服，每日 1 剂。（《药用寄生》）

用于癌症放疗、化疗期：银耳 12g，绞股蓝 45g，党参、黄芪各 30g。共煎水，取银耳，去药渣，加薏苡仁、大米各 30g 煮粥吃。每日 1 剂，长期配合放疗、化疗，可防止白细胞下降。（《药用寄生》）

治原发性高血压病：银耳 10g，米醋、水各 10mL，鸡蛋 3 个（先煮熟去壳），共慢火炖汤，吃银耳和鸡蛋。每日吃蛋 1 个，并喝汤吃银耳。（《药用寄生》）

第六章
植物类食用农产品资源

21世纪人类医学模式正在发生转变，从以治疗疾病为主，向着维护健康为中心转变，即从疾病医学向健康医学模式转化。植物和人类的关系极为密切，它是人类和其他生物赖以生存的基础。本章主要介绍藻类植物和被子植物门的11个亚纲类群中与生活密切相关的常见食用农产品资源。

第一节　藻类植物

一、红毛菜科

藻体红色或紫红色，少数为单细胞，多数为多细胞体，贮藏物质为红藻淀粉和红藻糖，为营养价值很高的食用海藻，现多进行人工养殖。

紫菜 *Porphyra*

红藻门红毛菜科（Bangiaceae）紫菜属植物藻体。

紫菜含镁较高，有"镁元素的宝库"美称；维生素 B_{12} 的含量与鱼肉相近；维生素 A 的含量为牛奶中含量的60余倍；并富含碘、膳食纤维等，营养价值高，被誉为"营养宝库""海洋中的神仙菜"。

紫菜，始载于《本草经集注》。干后紫色，故名。《食疗本草》："紫菜生南海中，附石，正青色。取而干之，则紫色。"《本草纲目》谓紫菜"闽、越海边悉有之，大叶而薄，彼人拔成饼状，晒干货之，其色正紫。"

我国常见的紫菜约有10余种，用途均相似，亦可供药用。

【入药部位及性味功效】

紫菜，又称索菜、紫英、子菜、乌菜，为植物坛紫菜（*Porphyra haitanensis* T. J. Chang et B. F. Zheng）、条斑紫菜（*P. yezoensis* Ueda）、圆紫菜（*P. suborbiculata* Kjellm.）、甘紫菜（*P. tenera* Kjellm.）、长紫菜（*P. dentata* Kjellm.）等的藻体。收割

时采用剪收法和采摘法。剪收法即在紫菜生长到符合收获规格时，用剪刀把菜体上端大部剪下，只留下端靠近基部部分，一般留约 6～8cm 长，让其继续生长。采摘法应用于成熟期和衰老期。成熟期把大的紫菜摘下，小的留下继续生长。衰老期不分大小全部整株拔光。将采摘的紫菜清洗干净后，剁切成 0.5～1cm 大小，然后制成饼，干燥即可。味甘、咸，性寒。归肺、脾、膀胱经。化痰软坚，利咽，止咳，养心除烦，利水除湿。主治瘿瘤，脚气，水肿，咽喉肿痛，咳嗽，烦躁失眠，小便淋痛，泻痢。

【经方验方应用】

治水肿：甘紫菜 30g，益母草 15g，玉米须 15g，煎服。(《中国药用孢子植物》)

治高血压：甘紫菜 15g，决明子 15g，煎服。(《中国药用海洋生物》)

二、海带科

藻体黄褐色，多细胞体，无类似茎、叶的分化，贮藏物质为褐藻淀粉和甘露醇。

海带 Laminaria japonica

褐藻门海带科（Laminariaceae）植物的叶状体。

海带是一种营养丰富的食用褐藻，因其生长在海水中，柔韧似带而得名，有"长寿菜""海上之蔬""含碘冠军"等美誉，也被称为"碱性食物之冠"。

海带又名昆布、海带菜、海白菜，入药载于《吴普本草》，云："纶布一名昆布。"纶，青丝绶也。纶布以形命名。郝懿行谓："纶昆声近，故以昆布为纶。"

《医学入门·本草》："昆，大也，形长大如布，故名昆布。"名义亦通，但失语源本意。

《名医别录》云："昆布生东海。"陶弘景云："今惟出高丽，绳把索之如卷麻，作黄黑色，柔韧可食。"《医学入门》谓其"形如布"。故早在《尔雅》中就云："纶似纶，组似组，东海有之。"近人杨华亭《药物图考》对陶弘景的描述作出解释，云："按近产海参崴及日本等处，采取后即合多条卷成一捆，故陶氏云如卷麻也。"陈藏器云："陶云出新罗，黄黑色，叶柔细。陶解昆布乃是马尾海藻也。"然陶氏所云"柔韧可食"并非"叶柔细"。惟清代吴其浚《植物名实图考》则把民间食用习称的海带和昆布名称相混，故现在人们都称 L. japonica Aiesch. 为海带。但从药名来讲应称昆布。

姚可成《食物本草》云："裙带菜主女人赤白带下，男子精泄梦遗。"从主治说明，尚未作昆布药用。《中药材品种论述》中提到："日本文献称本品为'和布'，视为日本昆布之一种。两国用药，在昆布方面似有某些共同之处。"现在日本和朝鲜很重视裙带菜，尤其是朝鲜族妇女生孩子后，就有非吃裙带菜不可的习惯。

《辽宁药材》（1957 年版）于昆布鉴别项下，就有以裙带菜充昆布出售的记载。说明当时尚未正式确定可作"昆布"。至 1972 年《中药鉴别手册》昆布项下云："各地所用昆布不止一种，但均为海产藻类植物。使用较多者有海带、昆布（鹅掌菜）、裙带菜三种。"并注明所含化学成分相近，可作为昆布药用。

《本草纲目》："出闽、浙者，大叶似菜。"似指石莼。说明有以石莼属藻类充当昆布者，可能与自明代以来相沿混用的习惯有关。但其功用主治有别，是另一种药材。应恢复

"石莼"原名，不能混称"昆布"或"白昆布"等。《嘉祐本草》所称海带，应为大叶藻类植物。《本草纲目》："盖海中诸菜性味相近，主疗一致。虽稍有不同，亦无大异。"

【入药部位及性味功效】

昆布，又称纶布、海昆布，为海带科（昆布科）植物昆布（*Laminaria japonica* Aiesch.）及翅藻科植物黑昆布（*Ecklonia kurome* Okam.）、裙带菜［*Undaria pinnatifida* (Harv.) Sur.］的叶状体。6月初至7月中下旬，将苗绳自吊绳上解下，铺晒晾干即可。味咸，性寒。归肝、胃、肾经。消痰软坚，利水退肿。主治瘰疬，瘿瘤，癫疝，噎膈，脚气水肿。

海带根，为植物昆布（海带）的固着器。夏、秋两季收获海带时，剪下根蒂，晒干。味咸，性寒。归肺、肝经。清热化痰，止咳，平肝。主治痰热咳喘，肝阳偏亢之头晕、头痛、急躁易怒、少寐多梦。

临床上，昆布治疗便秘、视网膜震荡、玻璃体混浊、老年性白内障等；海带根治疗高血压病。

【经方验方应用】

治甲状腺肿：昆布、海蜇、牡蛎各30g，夏枯草15g，煎服。（《中国药用海洋生物》）

治高血压：①海带30g，决明子15g，水煎服。（《中国药用海洋生物》）②海带根研成粉，每次2～3g，每日3次。（《温州医药》）

治慢性气管炎：海带根15g，生姜6g，水煎，加红糖适量服。（《中国药用孢子植物》）

第二节　木兰亚纲植物

木兰亚纲属于木兰纲，含8目，39科，约12000种。本纲植物为木本或草本。常下位花；花被通常离生，常不分化成萼片和花瓣，或为单被；雄蕊常多数；雌蕊群心皮离生。

本章节仅介绍睡莲科植物。睡莲科植物通常为水生草本，具根状茎；叶心形、戟形或盾状，浮水或挺水。花大单生；果实浆果状，海绵质。

1. 芡实 Euryale ferox Salisb. ex DC

睡莲科（Nymphacaceae）芡属一年生水生草本。

《本草经百种录》称芡实为"脾肾之药"，素有"水中人参"和"水中桂圆"的美誉。

《方言》："葰、芡，鸡头也。北燕谓之葰，青徐淮泗之间谓之芡，南楚江湘之间谓之鸡头，或谓之雁头，或谓之乌头。"陶弘景注云："此即今芡子，形上花似鸡冠，故名鸡头。"葰与芡声近而相转。《本草纲目》："芡可济俭歉，故谓之芡。"芡，由歉字演化而来。因为在粮食歉收的荒年，其种仁可以充饥食用，故名芡实。果实宿萼呈喙状，如鸡、乌、鸿、雁之头，故有诸名。其叶似莲，花托膨大多刺，故俗呼刺莲藕、刺莲蓬实。

芡实原以鸡头实之名始载于《神农本草经》，列为上品。《蜀本草》引《新修本草图经》云："此生水中。叶大如荷，皱而有刺，花、子若拳大，形似鸡头，实若石榴，皮青黑，肉白，如菱米也。"《本草图经》曰："今处处有之，生水泽中。叶大如荷，皱而有刺，俗谓之鸡头盘。花下结实，其形类鸡头，故以名之。"《本草纲目》描述最详："芡茎三月生叶贴水，大于荷叶，皱文如毂，蹙衄如沸，面青背紫，茎、叶皆有刺。其茎长至丈余，中亦有孔有丝，嫩者剥皮可食。五六月生紫花，花开向日结苞，外有青刺，如猬刺及栗球之形。花在苞顶，亦如鸡喙及猬喙。剥开内有斑驳软肉裹子，累累如珠玑。壳内白米，状如鱼目。深秋老时，泽农广收，烂取芡子，藏至困石，以备歉荒。其根状如三棱，煮食如芋。"据以上本草所述考证，为睡莲科的芡无疑。

【入药部位及性味功效】

芡实，又称卵菱、鸡瘫、鸡头实、雁喙实、鸡头、雁头、乌头、芳子、鸿头、水流黄、水鸡头、肇实、刺莲藕、刀芡实、鸡头果、苏黄、黄实、鸡咀莲、鸡头苞、刺莲蓬实，为植物芡的种仁。在9～10月间分批采收，先用镰刀割去叶片，然后再收获果实。并用筻捞起自行散浮在水面的种子。采回果实后用棒击破带刺外皮，取出种子洗净，阴干。或用草覆盖10天左右至果壳沤烂后，淘洗出种子，搓去假种皮，放锅内微火炒，大小分开，磨去或用粉碎机打去种壳，簸净种壳杂质即成。味甘、涩，性平。归脾、肾经。固肾涩精，补脾止泻。主遗精，白浊，淋浊，带下，小便失禁，大便泄泻。

芡实根，又称莛菜，为植物芡的根。9～10月采收，洗净，晒干。味咸、甘，性平。归肝、肾、脾经。行气止痛，止带。主治疝气疼痛，白带，无名肿毒。

芡实茎，又称鸡头菜，为植物芡的花茎。味甘、咸，性平。归胃经。清虚热，生津液。主治虚热烦渴，口干咽燥。

芡实叶，又称鸡头盘、刺荷叶，为植物芡的叶。6月采集，晒干。味苦、辛，性平。归肝经。行气和血，祛瘀止血。主治吐血，便血，妇女产后胞衣不下。

临床上，芡实用于消蛋白尿，芡实30g，白果10枚，糯米30g，煮粥，治疗慢性肾小球肾炎总有效率89.1%，可将此粥作为治疗原发性肾小球肾炎蛋白尿的辅助食氧疗法，长期间歇服用。

【经方验方应用】

治难产：芡实鲜根30g，水煎，加白蜜、麻油、鸡蛋清各1匙，趁热服。（江西《草药手册》）

温胞饮：温补肾阳，养精益气。主治妇女宫寒不孕，月经后期等。（《傅青主女科》）

金锁固精丸：补肾固精。主治肾虚精关不固，遗精滑泄，腰酸耳鸣，四肢乏力，舌淡苔白，脉细弱。（《医方集解》）

易黄汤：固肾止带，清热祛湿。主治妇人任脉不足，湿热侵注，致患黄带，宛如黄茶浓汁，其气腥秽者。（《傅青主女科》）

安神固精丸：滋补强心，固精安神。主夜梦遗精，虚弱盗汗，心跳耳鸣，烦躁不宁，头目眩晕，精神衰弱，倦怠无力，睡眠不安。（《全国中药成药处方集》（沈阳方））

白凤丸：益气养血，调经止带。主治妇人身体瘦弱，经水不调，崩漏带下，腰腿酸痛。（《北京市中药成方选集》）

百补养原丸：培元养气，添精补神。主戒烟断瘾之后，本元不复，所致遗精腰酸，食少神倦。（《饲鹤亭集方》）

百合消胀汤：主治肺、脾、肾三经之虚，导致胃中积水浸淫，遍走于经络皮肤，气喘作胀，腹肿，小便不利，大便亦溏，一身俱肿。（《辨证录》卷五）

2. 莲 Nelumbo nucifera Gaertn.

睡莲科莲属多年生水生草本。

"凡物先华而后实，独此华实齐生。百节疏通，万窍玲珑，亭亭物华，出淤泥而不染，花中之君子也。"莲被誉为"君子之花""花中君子"，莲子被认为是世界上最长寿的种子。

莲有二义，《尔雅》："荷、芙蕖，其茎茄，其叶蕸，其本蔤，其华菡，其实莲，其根藕，其中菂，菂中薏。"此以荷、芙蕖为植物之总称，莲为荷之果实，是莲即莲子；《尔雅》疏："北人以莲为荷。"古乐府《江南》："江南可采莲，莲叶何田田。"此莲又为荷之别名，称莲之果实为莲子。其种子入药，名莲子；除去莲子心后，名莲子肉。李时珍："莲者连也，花实相连而出也。"李时珍云："菂者的也，子在房中，点点如的也。的乃凡物点注之名。""的"亦作"菂"，"菂，莲实也"。陆机《诗疏》："莲青皮里白，子为的，的中有青，长三分如钩，为薏，味甚苦，故俚语云'苦如薏'是也。"说明薏为莲子中的青心。另有"其花未发为菡萏，已发为芙蕖。"李时珍云："菡萏，函合未发之意。"

花丝细长如须，故名莲须。又花丝多数环生花托之下，花托形似佛座，故有佛座须之称。

物体中分隔的各个部分均称"房"。莲之果托有 20～30 个小孔，各为一房，每房一子，故称莲房。莲房质地蓬松，故又称莲蓬壳。

藕，由偶字演化而来；莲，由连字而来。李时珍释其名曰："花叶常偶生，不偶不生，故根曰藕。或云藕善耕泥，故字从耦，耦者耕也。"《赵辟公杂记》："（根）节生一叶一华，华叶相偶"，故称其根曰藕。《拾遗记》："莲之根曰藕，偶生，善耕泥引长，故从偶。"诸说皆属附会，名义未详。

莲子，原名藕实，始载于《神农本草经》，列为上品，曰："藕实、茎，所在池泽皆有，生豫章、汝南郡者良。苗高五六尺。叶团青，大如扇。其花赤，名莲荷。子黑，状如羊矢。"《本草图经》曰："藕实、茎，生汝南池泽。今处处有之，生水中，其叶名荷。"李时珍曰："莲藕，荆、扬、豫、益诸处湖泽陂池皆有之。以莲子种者生迟，藕芽种者最易发……节生二茎：一为藕荷，其叶贴水，其下旁行生藕也；一为芰荷，其叶出水，其旁茎生花也。其叶清明后生。六七月开花，花有红、白、粉红三色，花心有黄须，蕊长寸余，须内即莲也。花褪连房成药，药在房如蜂子在窠之状。六七月采嫩者，生食脆美。至秋房枯子黑，其坚如石，谓之石莲子。八九月收之，斫去黑壳，货之四方，谓之莲肉。冬月至春掘藕食之，藕白有孔有丝，大者如肱臂，长六七尺，凡五六节。大抵野生及红花者，莲多藕劣；种植及白花者，莲少藕佳也。其花白者香，红者艳，千叶者不结实。"据以上本草所述考证，其原植物与现今睡莲科植物莲的特征一致。

【入药部位及性味功效】

莲子，又称的、薂、藕实、水芝丹、莲实、泽芝、莲蓬子、莲肉，为植物莲的成熟种子。9～10月间果实成熟时，剪下莲蓬，剥出果实，趁鲜用快刀划开，剥去壳皮，晒干。味甘、涩，性平。归脾、肾、心经。补脾止泻，益肾固精，养心安神。主治脾虚久泻，久痢，肾虚遗精滑泄，小便失禁，妇人崩漏带下，心神不宁，惊悸，不眠。

石莲子，又称甜石莲、壳莲子、带皮莲子，为植物莲老熟的果实。10月间当莲子成熟时，割下莲蓬，取出果实晒干，或修整池塘时拾取落于淤泥中之莲实，洗净晒干即得。味甘、涩，微苦，性寒。归脾、胃、心经。清湿热，开胃进食，清心宁神，涩精止泄。主治噤口痢，呕吐不食，心烦失眠，遗精，尿浊，带下。

莲衣，又称莲皮，为植物莲的种皮。味涩、微苦，性平。归心、脾经。收涩止血。主治吐血、衄血、下血。

莲子心，又称薏、苦薏、莲薏、莲心，为植物莲的成熟种子中的幼叶及胚根。将莲子剥开，取出绿色胚（莲心），晒干。味苦，性寒。归心、肾经。清心火，平肝火，止血，固精。主治神昏谵语，烦躁不眠，眩晕目赤，吐血，遗精。

莲花，又称菡萏、荷花、水花、芙蓉，为植物莲的花蕾。6～7月间采收含苞未放的大花蕾或开放的花，阴干。味苦、甘，性平。归肝、胃经。散瘀止血，祛湿消风。主治跌伤呕血，血淋，崩漏下血，天疱湿疹，疥疮瘙痒。

莲须，又称金樱草、莲花须、莲花蕊、莲蕊须、佛座须，为植物莲的雄蕊。夏季花开时选晴天采收，盖纸晒干或阴干。味甘、涩，性平。归肾、肝经。清心益肾，涩精止血。主治遗精，尿频，遗尿，带下，吐血，崩漏。

莲房，又称莲蓬壳、莲壳、莲蓬，为植物莲的花托。秋季果实成熟时采收，割下莲蓬，除去果实（莲子）及梗，晒干。味苦、涩，性平。归肝经。化瘀止血。主治崩漏，月经过多，便血，尿血，产后瘀阻，恶露不尽。

荷梗，又称藕秆、莲蓬秆、荷叶梗，为植物莲的叶柄或花柄。夏、秋季采收，去叶及莲蓬，晒干或鲜用。味苦，性平。归脾、胃经。解暑清热，理气化湿。主治暑湿胸闷不舒，泄泻，痢疾，淋病，带下。

荷叶，又称蕸，为植物莲的叶。6～7月花未开放时采收，除去叶柄，晒至七八成干，对折成半圆，晒干。夏季，亦用鲜叶，或初生嫩叶（荷钱）。味苦、涩，性平。归心、肝、脾经。清热解暑，升发清阳，散瘀止血。主治暑热烦渴，头痛眩晕，脾虚腹胀，大便泄泻，吐血下血，产后恶露不净。

荷叶蒂，又称荷鼻、荷蒂、莲蒂，为植物莲的叶基部。7～9月采取荷叶，将叶基部连同叶柄周围的部分叶片剪下，晒干或鲜用。味苦、涩，性平。归脾、肝、胃经。解暑去湿，祛瘀止血，安胎。主治暑湿泄泻，血痢，崩漏下血，妊娠胎动不安。

藕，又称光旁，为植物莲的肥大根茎。秋、冬及春初采挖，多鲜用。味甘，性寒。归心、脾、胃、肝经。清热生津，凉血，散瘀，止血。主治热病烦渴，吐衄，下血。

藕节，又称光藕节、藕节巴，为植物莲根茎的节部。秋、冬或春季采挖根茎（藕），洗净泥土，切下节部，除去须根，味晒干。味甘、涩，性平，归肝、肺、胃经。止血化瘀。主治吐血，咯血，尿血，便血，血痢，血崩。

【经方验方应用】

治乳裂：莲房炒研为末，外敷。（《岭南采药录》）

止渴、止痢、固精：慈山参、荷鼻，煎汤烧饭和药煮粥。（《老老恒言》荷鼻粥）

治乳癌已破：莲蒂7个，煅存性，为末，黄酒服下。（《岭南采药录》）

治吐血、咯血、衄血：用藕节捣汁服之。（《卫生易简方》）

清宫汤：清心解毒，养阴生津。主治温病液伤，邪陷心包证。症见发热，神昏谵语。（《温病条辨》）

清心莲子饮：清心利湿，益气养阴。治心火妄动，气阴两虚，湿热下注，遗精白浊，妇人带下赤白；肺肾亏虚，心火刑金，口舌干燥，渐成消渴，睡卧不安，四肢倦怠，病后气不收敛，阳浮于外，五心烦热。（《太平惠民和剂局方》卷五）

正骨紫金丹：止痛化瘀。主治跌打扑坠闪挫损伤，并一切疼痛，瘀血凝聚。（《医宗金鉴》）

茯菟丸：养心补肾，固精止遗。治心肾俱虚，真阳不固，溺有余沥，小便白浊，梦寐频泄。（《太平惠民和剂局方》卷五）

回生救急散：清热散风，镇惊化痰。主治小儿发热咳嗽，痰涎壅盛，烦躁口渴，惊悸抽搐。（《北京市中药成方选集》）

金锁补真丹：升降阴阳，壮理元气，益气，补丹田，振奋精神，大能秘精。主治梦遗白浊。（《普济方》卷二一八引《德生堂方》）

金锁固精丸：补肾固精。主治肾虚精关不固，遗精滑泄，腰酸耳鸣，四肢乏力，舌淡苔白，脉细弱。（《医方集解》）

补筋丸：补肾壮筋，益气养血，活络止痛。主治跌仆伤筋，血脉壅滞，青紫肿痛者。（《医宗金鉴》）

莲花饮：主治痘后疮瘢。（《痧痘集解》卷六）

莲花蕊散：主治痔漏20～30年不愈者。（《医学纲目》卷二十七引丹溪方）

补肾壮阳丹：添挖补髓，保固其精不泄，善助元阳，滋润皮肤，壮筋骨，理腰膝。主治阳痿。（《良朋汇集》卷二）

封髓丹：滋阴降火，固精封髓。主治肾气虚弱，相火妄动，梦遗滑精，阳关不守。（《北京市中药成方选集》）

莲房汤：主治痔疮。（《疡科选粹》卷五）

清暑益气汤：清暑益气，养阴生津。主治暑热耗气伤津，身热汗多，心烦口渴，小便短赤，体倦少气，精神不振，脉虚数者。（《温热经纬》）

柴胡达原饮：宣湿化痰，透达膜原。主治痰疟，痰湿阻于膜原，胸膈痞满，心烦懊恼，头眩口腻，咳痰不爽，间日疟发，舌苔粗如积粉，扪之糙涩者。（《重订通俗伤寒论》）

十灰散：凉血止血。主治血热妄行之上部出血证。（《十药神书》）

四生丸：凉血止血。主治血热妄行，吐血、衄血，血色鲜红，口干咽燥，舌红或绛，脉弦数。（《妇人良方》）

君臣洗药方：主治发背乳痈，人面腀疮，及诸恶疮疔肿痛。（《外科百效》卷一）

小蓟饮子：凉血止血，利水通淋。主治热结下焦之血淋、尿血。（《济生方》）

安血饮：凉血活血止血。主血热壅盛，迫血妄行。（《上海中医药杂志》）

百花煎：主治肺壅热，吐血后咳嗽、虚劳少力。（《圣惠》卷六）

3. 莼菜 *Brasenia schreberi* J. F. Gmel.

睡莲科莼菜属多年生水生草本。

《齐民要术》称"诸菜之中，莼为第一"，医用价值高；锌常被誉为"生命之花"和"智力之源"，莼菜富含锌元素，为植物中的"锌王"，是小儿最佳的益智健体食品之一。

《名医别录》载有"蓴"。本草均作"蓴"，字亦作莼，从纯。《说文解字》："纯，丝也。"其茎似之，故名，亦称丝莼。《齐民要术》云："莼性纯而易生，种以浅深为候，水深则茎肥而叶少，水浅则茎瘦而叶多。其性逐水而滑，故谓之莼菜，并得葵名。"陆玑《诗疏》："茆，江东人谓之莼菜。"《颜氏家训》云："梁世有蔡郎，父讳纯，改莼为露葵。"马蹄草、缺盆草均以形象名之。

《蜀本草》载："生水中，叶似凫葵，浮水上。采茎堪啖。花黄白，子紫色……"《本草纲目》云："莼生南方湖泽中，惟吴越人善食之。叶如荇菜而差圆，形似马蹄。其茎紫色，大如箸，柔滑可羹。夏月开黄花。结实青紫色，大如棠梨，中有细子。春夏嫩茎未叶者名稚莼，稚者小也。叶稍舒长者名丝莼，其茎如丝也。至秋老则名葵莼，或作猪莼，言可饲猪也。又讹为瑰莼，龟莼焉。"袁宏道《湘湖记》："莼采自西湖……半日而味变，一日而味尽，比之荔枝，尤觉娇脆矣。"

【入药部位及性味功效】

莼，又称茆、屏风、水葵、水芹、露葵、丝莼、瑰莼、马蹄草、缺盆草、锦带、马粟草，为植物莼菜的茎叶。5～7月采，洗净或晾干。味甘，性寒。归肝、脾经。利水消肿，清热解毒。主治湿热痢疾，黄疸，水肿，小便不利，热毒痈肿。

【经方验方应用】

治一切痈疽：春夏用茎，冬月用子，就于根侧寻取，捣烂敷之。用菜亦可。（《保生余录》）

第三节　金缕梅亚纲和石竹亚纲植物

金缕梅亚纲和石竹亚纲均属于木兰纲。

金缕梅亚纲共11目，24科，约3400种。本亚纲植物为木本或草本，花整齐单叶，稀为羽状或掌状复叶，花常单生，整齐或不整齐，常下位；花被通常离生，常不分成萼片和花瓣。石竹亚纲共有3目，14科，约11000种。本亚纲多数为草本，常为肉质或盐生植物，叶常为单叶。花常两性，整齐。

一、胡桃科

落叶乔木，稀灌木；羽状复叶，互生，无托叶。花单性，雌雄同株。多数种类富含鞣质，是提取单宁的原料，种子普遍含油。该科植物具有抑制醛糖还原酶、抗肿瘤、镇痛消炎、抑菌及生物毒性等作用。

胡桃（核桃） Juglans regia L.

胡桃科（Juglandaceae）胡桃属落叶乔木。

核桃树"全身是宝"。核桃仁含有丰富的营养素，与扁桃、腰果、榛子并称为世界著名的"四大干果"。

胡桃又名羌桃、核桃、播罗斯、播师罗。《本草纲目》："此果外有青皮肉包之，其形如桃，胡桃乃其核也。羌音呼核为胡，名或以此。"按：胡为中国古代对北方和西方各民族的泛称。本品来自西域，其形似桃，故名胡桃。

胡桃为张骞出使西域带回的植物之一，其入药约始于唐代，如《食疗本草》《千金·食治》均有记载。宋《本草图经》："胡桃生北土，今陕、洛间多有之。大株厚叶多阴。实亦有房，秋冬熟时采之。"《本草纲目》："胡桃树高丈许。春初生叶，长四五寸，微似大青叶，两两相对，颇作恶气。三月开花如栗花，穗苍黄色。结实至秋如青桃状，熟时沤烂皮肉，取核为果。"

【入药部位及性味功效】

胡桃仁，又称虾蟆、胡桃穰、胡桃肉、核桃仁，为植物胡桃的种仁。9～10月中旬，待外果皮变黄、大部分果实顶部已开裂或少数已脱落时，打落果实。青果可用乙烯利200～300倍液浸0.5分钟，捞起，放通风水泥地上2～3天，或收获前三星期用乙烯利200～500倍液喷于果面催熟。核果用水洗净，倒入漂白粉中，待变黄白色时捞起，冲洗，晾晒，用40～50℃烘干。将核桃的合缝线与地面平行放置，击开核壳，取出核仁，晒干。味甘、涩，性温。归肾、肝、肺经。补肾固精，温肺定喘，润肠通便。主治腰痛脚弱，尿频，遗尿，阳痿，遗精，久咳喘促，肠燥便秘，石淋及疮疡瘰疬。

胡桃花，为植物胡桃的花。5～6月花盛开时采收，除去杂质，鲜用或晒干。味甘，微苦，性温。软坚散结，除疣。主治赘疣。

胡桃青皮，又称青胡桃皮、青龙衣，为植物胡桃的未成熟果实的外果皮。夏、秋季摘下未熟果实，削取绿色的外果皮，鲜用或晒干。味苦、涩，性平。止痛，止咳，止泻，解毒，杀虫。主治脘腹疼痛，痛经，久咳，泄泻久痢，痈肿疮毒，顽癣，秃疮，白癜风。

青胡桃果，为植物胡桃未成熟的果实。夏季采收未成熟的果实，洗净，鲜用或晒干。味苦、涩，性平。止痛，乌须发。主治胃脘疼痛，须发早白。

分心木，又称胡桃衣、胡桃夹、胡桃隔、核桃隔，为植物胡桃果核内的木质隔膜。秋、冬季采收成熟核果，击开核壳，采取核仁时，收果核内的木质隔膜，晒干。味苦、涩，性平。归脾、肾经。涩精缩尿，止血止带，止泻痢。主治遗精滑泄，尿频遗尿，崩漏，带下，泄泻，痢疾。

胡桃壳，为植物胡桃成熟果实的内果皮。采收胡桃仁时，收集核壳（木质内果皮），除去杂质，晒干。味苦、涩，性平。止血，止痢，散结消痈，杀虫止痒。主治妇女崩漏，痛经，久痢，疟母，乳痈，疥癣，鹅掌风。

胡桃叶，为植物胡桃的叶。春、夏、秋季均可采收，鲜用或晒干。味苦、涩，性平。收敛止带，杀虫，消肿。主治妇女白带，疥癣，象皮腿。

胡桃枝，为植物胡桃的嫩枝。春、夏季采摘嫩枝叶，洗净，鲜用。味苦、涩，性平。杀虫止痒，解毒散结。主治疥疮，瘰疬，肿块。

胡桃根，为植物胡桃的根或根皮。全年均可采收，挖取根，洗净，切片，或剥取根皮，切片，鲜用。味苦、涩，性平。止泻，止痛，乌须发。主治腹泻，牙痛，须发早白。

胡桃油，为植物胡桃种仁的脂肪油。将净胡桃种仁压榨，收集榨出的脂肪油。味辛、甘，性温。温补肾阳，润肠，驱虫，止痒，敛疮。主治肾虚腰酸，肠燥便秘，虫积腹痛，聤耳出脓，疥癣，冻疮，狐臭。

胡桃树皮，为植物胡桃的树皮。全年均可采收，或结合栽培砍伐整枝采剥茎皮和枝皮，鲜用或晒干。味苦、涩，性凉。涩肠止泻，解毒，止痒。主治泄泻，痢疾，麻风结节，肾囊风，皮肤瘙痒。

油胡桃，为植物胡桃的种仁返油而变成黑色者。味辛，性热，有毒。消痈肿，去疬风，解毒，杀虫。主治痈肿，疬风，霉疮，疥癣，白秃疮，须发早白。

临床上，青胡桃果治疗胃痛；核桃青皮治疗银屑病、白细胞减少症、自动脱垂等。

【经方验方应用】

治肾虚耳鸣、遗精：核桃仁 3 个，五味子 7 粒，蜂蜜适量，于睡前嚼服。（《贵州草药》）

治银屑病、鱼鳞癣：白露节前摘取绿核桃，用小刀刮去外面薄皮，趁湿在癣疮上用力擦，每日 3～5 次。一般用 5～10 个青皮核桃，约 10～20 天治愈。亦可剥下绿皮晒干，煎水洗患部。[《中医杂志》1958，(4)：267]

治嵌甲：胡桃皮，烧灰，贴。（《本草纲目》）

治白癜风：青胡桃皮一个，硫黄一皂子大。研匀。日日掺之，取效。（《本草纲目》）

治慢性气管炎：青龙衣 9g，龙葵 15g。水煎 2 次，将药液混合，每日分 2～3 次服，10 天为 1 个疗程。（《全国中草药汇编》）

治肺气肿：青龙衣、麻黄、杏仁、石膏、甘草、苏子各 9g，水煎服。（《河北中草药》）

治肾炎：分心木 30g，黄酒 2500g。浸泡 10 分钟后，煮沸，去渣。每服 5～10mL，每日 3 次。（《全国中草药新医疗法展览会资料汇编》）

治遗精：分心木 9g，水煎。（《陕甘宁青中草药选》）

治疥癣：胡桃壳，煎，洗。（苏医《中草药手册》）

治象皮腿：胡桃树叶 60g，石打穿 30g，鸡蛋 3 个。同煎至蛋熟，去壳，入汤继续煎至蛋色发黑为度。每日吃蛋 3 个，14 天为 1 个疗程。另用白果树叶适量，煎水熏洗患足。（《全国中草药新医疗法展览会资料汇编》）

治白带过多：胡桃树叶 10 片，加鸡蛋 2 个，煎服。（苏医《中草药手册》）

治宫颈癌：鲜核桃树枝 33cm，鸡蛋 4 个。加水同煮，蛋熟后去壳，入汤再煮 4

小时。每次吃蛋 2 个，每日 2 次，连续吃。此方可试用于各种癌症治疗。（《新编中医入门》）

治疥疮：鲜核桃枝叶、化楠树枝叶各等量，煨水洗患处。（《贵州草药》）

治伤耳或疮出汁者：胡桃，杵取油，纳入。（《普济方》）

治全身发痒：胡桃树皮，煎水洗。（《湖南药物志》）

二、壳斗科

常绿或落叶乔木或灌木，单叶互生。花单性同株，无花瓣。坚果，外有总苞发育而成的壳斗，部分或全部包围坚果。其种子含淀粉较多，还是木本粮食。壳斗科植物的各部大多含鞣质，以树皮和壳斗的含量较高。

栗 Castanea mollissima Blume

壳斗科（Fagaceae）栗属落叶乔木。

板栗是我国最早食用的坚果之一，素来有"干果之王"的称号，营养价值高，也被称作"人参果"，与枣、柿子并称为"木本粮食"和"铁杆庄稼"。

栗，《名医别录》列为上品，并载曰："生山阴，九月采。"《本草纲目》云："栗但可种成，不可移栽。"栗之壳斗，有猬毛状针刺，甲骨文之"栗"字，即像木实有芒之形，以其形如草木果实下垂貌，后作栗。

罗田板栗，湖北省罗田县特产，以其果大（特级板栗每千克 40 粒以内）、质优（所产板栗颜色鲜艳，营养丰富，极耐贮藏）、价廉（每千克价格 5～10 元，分级销售，依质论价）著称，具有糖分含量高，淀粉含量较低的特点，因而糯性强，口感好，是营养极其丰富的绿色食品。2007 年 9 月 3 日，国家质量监督检验检疫总局批准对"罗田板栗"实施地理标志产品保护，保护范围为湖北省罗田县胜利镇、河铺镇、九资河镇、白庙河乡、大崎乡、平湖乡、三里畈镇、匡河乡、凤山镇、大河岸镇、白莲河乡、骆驼坳镇等 12 个乡镇现辖行政区域。

【入药部位及性味功效】

栗子，又称板栗、栗实、栗果、大栗，为植物栗的种仁。总苞由青色转黄色，微裂时采收，放冷凉处散热，反搭棚遮荫，棚四周夹墙，地面铺河砂，堆栗高 30cm，覆盖混砂，经常洒水保湿。10 月下旬至 11 月入窖贮藏，或剥出种子，晒干。味甘、微咸，性平。归脾、肾经。益气健脾，补肾强筋，活血消肿，止血。主治脾虚泄泻，反胃呕吐，脚膝酸软，筋骨折伤肿痛，瘰疬，吐血，衄血，便血。

板栗花，为植物栗的穗状花序。4～5 月花开时采收，干燥。味微苦、涩，味平。归大肠、肝经。清热燥湿，止血，散结。用于泄泻，痢疾，带下，便血，瘰疬，瘿瘤。

栗叶，为植物栗的叶。夏、秋季采集，多鲜用。味微甘，性平。清肺止咳，解毒消肿。主治百日咳，肺结核，咽喉肿病，肿毒，漆疮。

栗荴，又称栗子内薄皮、栗蓬内隔断薄衣，为植物栗的内果皮。剥取栗仁时收集，阴干。味甘、涩，性平。散结下气，养颜。主治骨鲠，瘰疬，反胃，面有皱纹。

【经方验方应用】

治脾肾虚寒暴注：栗子煨熟食之。（《本经逢原》）

治幼儿腹泻：栗子磨粉，煮如糊，加白糖适量喂服。（《食物中药与便方》）

治小儿脚弱无力，三四岁尚不能行步：日以生栗与食。（《食物本草》）

治骨鲠在咽：栗子内薄皮，烧存性，研末，吹入咽中。（《本草纲目》）

治漆疮：鲜栗叶适量，煎水外洗。（《广西中草药》）

栗树叶洗剂：主治漆性皮炎。（《中医皮肤病学简编》）

芫荽汤：透发痘疹。适用于小儿水痘。（《岭南草药志》）

防饥救生四果丹：补肾水，健脾土，润肺金，清肝木，而心火自平也。（《惠直堂方》）

三、藜科

草本，稀灌木。单叶互生，无托叶。花小，单被，两性或单性。胞果。

菠菜 *Spinacia oleracea* L.

藜科（Chenopodiacea）菠菜属一年生草本。

菠菜富含类胡萝卜素、维生素 C、维生素 K、矿物质、辅酶 Q10 等多种营养素，有"营养模范生"之称。

《本草纲目》："方士隐名为波斯草云。"本品唐时由波棱国（今之尼泊尔）传入，故称波棱菜，又作菠薐，简称菠菜。本品幼根色红，故有红根菜、赤根菜等名。

菠菜入药始载于《食疗本草》。宋代《嘉祐本草》记载："按刘禹锡《嘉话录》云：菠薐生西国中，有自彼将其子来，如苜蓿、葡萄因张骞而至也。本是颇陵国将来语讹尔，时多不知也。"《本草纲目》："波棱茎柔脆中空。其叶绿腻柔厚，直出一尖，旁出两尖，似鼓子花叶之状而长大。其根长数寸，大如桔梗而色赤，味更甘美。四月起苔尺许，有雄雌，就茎开碎红花，丛簇不显。雌者结实，有刺，状如蒺藜子。"

【入药部位及性味功效】

菠菜，又称菠薐、波棱菜、红根菜、赤根菜、波斯草、鹦鹉菜、鼠根菜、角菜、甜茶、拉筋菜、敏菜、飞薐菜、飞龙菜，为植物菠菜的全草。冬、春季采收，除去泥土、杂质，洗净鲜用。味甘，性平。归肝、胃、大肠、小肠经。养血，止血，平肝，润燥。主治衄血，便血，头痛，目眩，目赤，夜盲症，消渴引饮，便闭，痔疮。

菠菜子，又称菠薐菜子，为植物菠菜的种子。6～7月种子成熟时，割取地上部分，打下果实，除去杂质，晒干或鲜用。清肝明目，止咳平喘。主治风火目赤肿痛，咳喘。

【经方验方应用】

治夜盲、脾虚腹胀：每日用菠菜 500g，按家常用生油炒菜，或捣烂绞汁分多次服。（《福建药物志》）

治高血压头痛目眩、慢性便秘：鲜菠菜适量，置沸水中烫约 3 分钟，以麻油拌食，每日 2 次。（《浙江药用植物志》）

治风火赤眼：菠菜子、野菊花各适量，水煎服。（《浙江药用植物志》）

治咳喘：菠菜子以文火炒黄，研粉。每次 4.5g，温开水送服，每日 2 次。（《浙江药用植物志》）

四、马齿苋科

一年生或多年生草本，稀半灌木。单叶，互生或对生，全缘，常肉质；托叶干膜质或刚毛状，稀不存在。本科马齿苋属中的马齿苋及土人参属中的土人参以营养价值高、保健功能强、风味独特和良好的观赏价值而被誉为高档保健蔬菜。

马齿苋 Portulaca oleracea L.

马齿苋科（Portulacaceae）马齿苋属一年生草本。

马齿苋嫩茎叶可作蔬菜，味酸，它的 ω-3 脂肪酸含量高于任何植物，生食、烹食均可。

李时珍云："其叶比并如马齿，而性滑利似苋，故名。其性耐久难燥，故有长命之称。"苏颂曰："一名五行草，以其叶青、梗赤、花黄、根白、子黑也。"又名五方草，五方亦五行之义。

马齿苋始载于《本草经集注》，陶弘景于"苋实"项下云："今马苋别一种，布地生，实至微细，俗呼马齿苋。亦可食，小酸。"

《本草图经》："马齿苋旧不著所出州土，今处处有之。虽名苋类而苗叶与人苋辈都不相似。又名五行草，以其叶青、梗赤、花黄、根白、子黑也。"《本草纲目》："马齿苋处处园野生之。柔茎布地，细叶对生。六七月开细花，结小尖实，实中细子如葶苈子状。人多采苗煮晒为蔬。"据以上本草所述考证，与现今药用马齿苋相符。马齿苋子出自《开宝本草》。

【入药部位及性味功效】

马齿苋，又称马齿草、马苋、马齿菜、马齿龙芽、五方草、长命菜、九头狮子草、灰苋、马踏菜、酱瓣草、安乐菜、酸苋、豆板菜、瓜子菜、长命苋、酱瓣豆草、蛇草、酸味菜、猪母菜、狮子草、地马菜、马蛇子菜、蚂蚁菜、长寿菜、耐旱菜，为植物马齿苋的全草。8～9 月割取全草，洗净泥土，拣去杂质，再用开水稍烫（煮）一下或蒸，上气后，取出晒或炕干，亦可鲜用。味酸，性寒。归大肠、肝经。清热解毒，凉血止痢，除湿通淋。主治热毒泻痢，热淋，尿闭，赤白带下，崩漏，痔血，疮疡痈疖，丹毒，瘰疬，湿癣，白秃。

马齿苋子，又称马齿苋实，为植物马齿苋的种子。夏、秋季果实成熟时，割取地上部分，收集种子，除去泥沙杂质，干燥。味甘，性寒。归肝、大肠经。清肝，化湿明目。主治青盲白翳，泪囊炎。

临床上，马齿苋用于治疗急、慢性细菌性痢疾；治疗慢性结肠炎，总有效率96.7%；治疗带状疱疹；治疗白癜风，总有效率 91.2%，治愈率 45.6%；治疗荨麻疹；治疗百日咳，总有效率 96%。

【经方验方应用】

治急性扁桃体炎：马齿苋干根烧灰存性，每3g加冰片3g，共研末。吹喉，每日3次。（《福建药物志》）

治黄疸：鲜马齿苋绞汁。每次约30g，开水冲服，每日2次。（《食物中药与便方》）

治肺结核：鲜马齿苋45g，鬼针草、葫芦茶各15g，水煎服。（《福建药物志》）

马齿苋合剂：清热解毒。主治热毒蕴结证。（《中医外科学》）

白蜜马齿苋汁：清热解毒，杀菌止痢。对急性细菌性痢疾、便下脓血，有肯定疗效。（《经验方》）

治小儿白秃：马齿苋煎膏涂之，或烧灰猪脂和涂。（《圣惠方》）

地榆防风散：主治破伤风，邪在半表半里之间，头微汗，身无汗者。（《素问·病机气宜保命集》卷中）

复方马齿苋洗方：清热解毒，除湿止痒。主治多发性疖肿，脓疱疮。（《赵炳南临床经验集》）

红糖马齿苋：马齿苋（干品）120～150g（鲜品300g），红糖90g。若鲜品则洗净切碎和红糖一起，煎煮半小时后，去渣取汁约400mL，趁热服下，服完药睡觉，盖被出汗。干品则加水浸泡2小时后再煎，每日3次，每次1剂。据报道，用本方治疗急性尿路感染53例，临床症状消失时间，短者4小时，长者3～5天，全部治愈。（《食疗方》）

五、蓼科

草本，稀亚灌木或木质藤本。节膨大。单叶互生，有托叶鞘。花两性，稀单性，辐射对称。萼片呈花瓣状，无花瓣。本科有多种经济植物，大黄是中国传统的中药材，何首乌是沿用已久的中药，拳参、草血竭、赤胫散、金荞麦是民间常用的中草药，荞麦、苦荞麦是粮食作物，蓼蓝可作染料，有些种类是蜜源、观赏植物。

荞麦 Fagopyrum esculentum Moench

蓼科（Polygonaceae）荞麦属一年生草本。

荞麦起源于中国，膳食纤维含量是一般精制大米的10倍；荞麦含有的铁、锰、锌等微量元素也比一般谷物丰富。

荞麦又名净肠草、流注草，始载于《千金·食治》。《本草纲目》："荞麦之茎弱而翘然，易长易收，磨面如麦，故曰荞曰荍，而与麦同名也。俗亦呼甜荞，以别苦荞。"或谓果实三棱如荞（具有三胞果实之大戟属植物），为食粮之一种，故名之为"荞麦"。《植物名实图考》："性能消积，俗呼净肠草。"因种子黄褐色，故亦呼乌麦。

【入药部位及性味功效】

荞麦，又称花麦、乌麦、荍麦、花荞、甜荞、荞子、三角麦，为植物荞麦的种子。霜降前后种子成熟收割，打下种子，除去杂质，晒干。味甘、微酸，性寒。归脾、胃、大肠经。健脾消积，下气宽肠，解毒敛疮。主治肠胃积滞，泄泻，痢疾，绞肠痧，白浊，带下，自汗，盗汗，疱疹，丹毒，痈疽，瘰疬，烫火伤。

荞麦秸，为植物荞麦的茎叶。夏、秋季采收，洗净，鲜用或晒干。味酸，性寒。下气消积，清热解毒，止血，降压。主治噎食，消化不良，痢疾，白带，痈肿，烫伤，咯血，紫癜，高血压，糖尿病并发视网膜炎。

荞麦叶，为植物荞麦的叶。夏、秋季采收，洗净，鲜用或晒干。味酸，性寒。利耳目，下气，止血，降压。主治眼目昏糊，耳鸣重听，嗳气，紫癜，高血压。

【经方验方应用例证】

治脚鸡眼：以荸荠汁同荞麦调敷脚鸡眼。三日，鸡眼疔即拔出。（《本草撮要》）

治疮疹病重，肌体溃腐，脓血秽腥：荞麦粉厚布席上，令病人辗转卧之，不数日间，疮痂自脱，亦无瘢痕。（《宝庆本草折衷》）

治盗汗：荞麦粉早晨作汤圆，空心服，不用油盐。（《方症汇要》）

治绞肠痧痛：荞麦面一撮，炒黄，水烹服。（《简便单方》）

治烫火伤：荞麦全草炒黄，研末，开水调敷患处。（《福建药物志》）

治高血压病、眼底出血、毛细血管脆性出血、紫癜：鲜荞麦叶 30～60g，藕节 3～4 个，水煎服。（《全国中草药汇编》）

第四节　五桠果亚纲植物

五桠果亚纲为木兰纲植物，共有 13 目，78 科，约 2500 种。常木本。单叶，偶为掌状或多回羽状复叶。花离瓣，稀合瓣；雄蕊多数到少数；雌蕊多为合生心皮，子房上位。植物体通常含鞣酸。

一、山茶科

常绿木本。单叶互生，叶革质。花两性或单性，整齐，五基数，单生叶腋；雄蕊多数，子房上位；蒴果。该科植物具有很高的经济价值和观赏价值，茶叶原产中国，现世界各热带亚热带地区广泛栽种；山茶的种子含油，榨出的茶油供食用及工业用油。

茶 *Camellia sinensis* (L.) O. Ktze.

山茶科（Theaceae）山茶属小乔木或灌木状。

《神农本草经》："神农尝百草，日遇七十二毒，得茶而解之。"第一个嗅到茶香的应该是神农氏，"茶圣"陆羽在《茶经》中说："茶之为饮，发乎神农氏，闻于鲁周公"。自神农始，茶由药用逐渐演变成日常生活饮品。

茶叶之名见于《宝庆本草折衷》。《尔雅·释木》云："槚，苦荼。"郭璞注："树小如栀子，冬生叶，可煮作羹饮，今呼早采者为荼，晚取者为茗，一名荈，蜀人谓之苦荼。"《方言》："蜀西南人谓茶曰蔎。"《茶经》云："茶者，南方佳木，自一尺、二尺乃至数十尺。其巴山峡川有两人合抱者，伐而掇之，木如瓜芦，叶如栀子，花如白蔷薇，实如栟榈，蒂如丁香，根如胡桃，其名一曰茶，二曰槚，三曰蔎，四曰茗，五曰荈。"《本草图经》云："今通谓之茶，茶荼声近，故呼尔。春中始生嫩芽，蒸焙去苦水，末之乃可饮，与古所食殊不同也。"

【入药部位及性味功效】

茶叶，又称苦茶、槚、荼、茗、荈、蔎、腊茶、茶芽、芽茶、细茶、酪奴，为植物茶的嫩叶或嫩芽。培育 3 年即可采叶。4～6 月采春茶及夏茶。采收标本，各种茶类对鲜叶原料要求不同，一般红、绿茶采摘标本是 1 芽 1～2 叶；粗老茶可以 1 芽 4～5 叶。加工方法因茶叶种类的不同而有差异，可分全发酵、半发酵、不发酵三大类。"绿茶"，鲜叶采摘后，经杀青、揉捻、干燥而成。绿茶加工后用香花熏制成花茶。"红茶"，鲜叶经凋萎、揉捻、发酵、干燥而成。还可以加工成茶砖。味苦、甘，性凉。归心、肺、胃、肾经。清头目，除烦渴，消食，化痰，利尿，解毒。主治头痛，目昏，目赤，多睡善寐，感冒，心烦口渴，食积，口臭，痰喘，癫痫，小便不利，泻痢，喉肿，疮疡疖肿，水火烫伤。

茶树根，为植物茶的根。全年均可采挖，鲜用或晒干。味苦，性凉。归心、肝、肺经。强心利尿，活血调经，清热解毒。主治心脏病，水肿，肝炎，痛经，疮疡肿毒，口疮，汤火灼伤，带状疱疹，银屑病。

茶膏，为植物茶的干燥嫩叶浸泡后，加甘草、贝母、橘皮、丁香、桂子等和煎制成的膏。味苦、甘，性凉。归心、胃、肺经。清热生津，宽胸开胃，醒酒怡神。主治烦热口渴，舌糜，口臭，喉痹。

茶花，为植物茶的花。夏、秋季开花时采摘，鲜用或晒干。味微苦，性凉。归肺、肝经。清肺平肝。主治鼻疳，高血压。

茶子，又称茶实，为植物茶的果实。秋果成熟时采收。味苦，性寒，有毒。归肺经。降火，消痰，平喘。主治痰热喘嗽，头脑鸣响。

临床上，茶叶治疗细菌性痢疾、急性结膜炎、牙本质过敏症、阿米巴痢疾、急性胃肠炎、小儿中毒性消化不良、伤寒、急性传染性肝炎、羊水过多症、稻田皮炎等；茶树根治疗冠心病、心律失常，并用于风湿性、高血压性及肺源性心脏病，对改善症状有一定效果。

【经方验方应用】

治感冒：干嫩茶叶和生姜切片，泡开水炖服。（《福建中草药》）

治脚趾缝烂疮，及因暑手抓两脚烂疮：细茶研末调烂敷之。（《摄生众妙方》）

治肿毒：鲜茶叶捣烂敷患处。（《湖南药物志》）

治哮喘：香橼 1 个，挖空去瓤，内填满细茶叶，2 天后放入火灰中煨，再取茶水冲服。（《湖北中草药志》）

治痰喘：茶种子适量，研末，喘时服 1g。（《草木便方今释》）

治头脑鸣响，状如虫蛀：茶子为末，吹入鼻内，取效。（《医方摘要》）

治小儿鼻疳：茶花 6～9g，水煎服。（《湖南药物志》）

治心脏病：茶树根（10 年以上者为好）30～60g，加糯米酒适量，水煎，临睡前服。如为风湿性心脏病，加树参 30g，万年青 6g；高血压性心脏病加锦鸡儿根 30g；同煎服。（《浙江药用植物志》）

治口烂：茶树根煎汤代茶，不时饮。（《救生苦海》）

治肿毒：茶树根皮，煎水洗。（《湖南药物志》）

治带状疱疹：茶树鲜根适量，磨酸醋涂患处。（《福建药物志》）

治银屑病：①茶树根 30～60g，水煎，分 2～3 次，空腹服。（《浙江药用植物志》）②以老茶树根磨米泔水涂。（江西《草药手册》）

治外痔：茶树根 250g，煎汤坐浴熏洗患处。（《浙江药用植物志》）

二、猕猴桃科

多为藤本，也有灌木及小乔木。单叶互生。花序腋生；花两性或雌雄异株，整齐花，5 基数，雄蕊多数，子房上位，浆果。大多数果实可以食用，比如猕猴桃，以含维生素丰富及其甜酸适口和特异的风味见著。

中华猕猴桃 Actinidia chinensis Planch.

猕猴桃科（Actinidiaceae）猕猴桃属落叶藤本。

中华猕猴桃甜酸可口，是高级滋补营养品。每 100g 中华猕猴桃鲜果维生素 C 的含量是柑橘的 3～14 倍，甜橙的 2～8 倍，西红柿的 15～32 倍，桃的 17～70 倍，苹果的 20～84 倍，梨的 30～140 倍，其所含维生素 C 在人体内的利用率高达 94％，被誉为"维生素 C 之王"；含有大量的矿物质，是食物疗法中最有效的天然电解质源。

猕猴桃始载于《开宝本草》，云："生山谷，藤生著树，叶圆有毛，其形似鸡卵大，其皮褐色，经霜始甘美可食。"《本草衍义》："猕猴桃……食之解实热，过多则令人脏寒泄，十月烂熟，色淡绿，生则极酸，子繁细，其色如芥子，枝条柔弱，高二三丈，多附木而生，浅山傍道则有存者，深山则多为猴所食。"《植物名实图考》："李时珍解羊桃云，叶大如掌，上绿下白，有毛，似苎麻而团。""枝条有液，亦极粘。"

【入药部位及性味功效】

猕猴桃，又称藤梨、木子、猕猴梨、羊桃、阳桃、大零核、猴仔梨、大红袍、杨桃、绳梨、金梨、野梨、山洋桃、狐狸桃、洋桃果、甜梨、毛桃子、毛梨子、野洋桃、公洋桃、鬼桃，为植物中华猕猴桃的果实。9 月中、下旬至 10 月上旬采摘成熟果实，鲜用或晒干用。味酸、甘，性寒。归肾、胃、肝经。解热，止渴，健胃，通淋。主治烦热，消渴，肺热干咳，消化不良，湿热黄疸，石淋，痔疮。

猕猴桃根，又称洋桃根，为植物中华猕猴桃的根。全年均可采，洗净，切段，晒干或鲜用。宜在栽种 10 年后轮流适当采挖。味微甘、涩，性凉，小毒。清热解毒，祛风利湿，活血消肿。主治肝炎，痢疾，消化不良，淋浊，带下，风湿关节痛，水肿，跌打损伤，疮疖，瘰疬结核，胃肠道肿瘤及乳腺癌。

猕猴桃藤，为植物中华猕猴桃的藤或藤中的汁液。全年均可采，洗净，鲜用或晒干，或鲜品捣汁。味甘，性寒。和中开胃，清热利湿。主治消化不良，反胃呕吐，黄疸，石淋。

猕猴桃枝叶，为植物中华猕猴桃的枝叶。夏季采收，鲜用或晒干。味微苦、涩，性凉。清热解毒，散瘀，止血。主治痈肿疮疡，烫伤，风湿关节痛，外伤出血。

临床上，猕猴桃治疗慢性气管炎合并肺气肿。

【经方验方应用】

治食欲不振，消化不良：猕猴桃干果 60g。水煎服。（《湖南药物志》）

治偏坠：猕猴桃 30g，金柑根 9g。水煎去渣，冲入烧酒 60g，分 2 次内服。（《闽东本草》）

治尿路结石：猕猴桃果实 15g，水煎服。（《广西本草选编》）

治急性肝炎：猕猴桃根 120g，红枣 12 枚。水煎当茶饮。（《江西草药》）

治消化不良，呕吐：猕猴桃根 15～30g。水煎服。（《浙江民间常用草药》）

治跌打损伤：猕猴桃鲜根白皮，加酒糟或白酒捣烂烘热，外敷伤处。同时用根 60～90g，水煎服。（《浙江民间常用草药》）

治淋浊，带下：猕猴桃根 30～60g，苎麻根等量，酌加水煎，日服 2 次。（《福建民间草药》）

治产妇乳少：猕猴桃根二至三两，水煎服。（《浙江民间常用草药》）

治疖肿：猕猴桃鲜根皮捣烂外敷，同时用根 60～90g，水煎服。（《浙江民间常用草药》）

治胃肠系统肿瘤，乳腺癌：猕猴桃根 75g，水 1000mL，煎 3 小时以上，每天 1 剂，10～15 天为 1 个疗程。休息几天再服，共 4 个疗程。（《陕西中草药》）

治肝癌与食管癌：鲜猕猴桃根 60～120g，鸡肉或瘦肉 30g，水煎，服汤与肉。每日 1 剂。（江西《草药手册》）

催乳：洋桃根 30g，猪蹄 1 个，水炖至肉烂，食肉喝汤。（《安徽中草药》）

治妇人乳痈：鲜猕猴桃叶一握，和适当的酒糟、红糖捣烂，加热外敷，每天早晚各换 1 次。（《福建民间草药》）

治烫伤：猕猴桃叶，捣烂，加石灰少许，敷患处。（《湖南药物志》）

三、葫芦科

草质藤本，常具卷须，叶掌状分裂。花单性，雌雄异株或同株；瓠果。五环三萜齐墩果烷型皂苷、黄酮及其苷类在本科植物中存在较普遍。

1. 冬瓜 Benincasa hispida (Thunb.) Cogn.

葫芦科（Cucurbitaceae）冬瓜属一年生蔓生草本。

冬瓜维生素中以抗坏血酸、硫胺素、核黄素及尼克酸含量较高；含钾量显著高于含钠量，属典型的高钾低钠型蔬菜；不含脂肪，膳食纤维高达 0.8%，为有益健康的优质食物。

《本草纲目》云："冬瓜，以其冬熟也。又贾思勰曰：冬瓜正二、三月种之。若十月种者，结瓜肥好，乃胜春种。则冬瓜之名或又以此也。"冬瓜音转为东瓜。又《开宝本草》云："此物经霜后，皮上白如粉涂，故云白冬瓜也。"水芝者，《广雅疏证》云："盖以其瓤中多水，故得此名。"枕瓜者，谓其形如枕。孙穆《鸡林类事》："高丽方言谓鼓曰濮。"濮瓜似由此义引申，谓其瓜大如鼓也。冬瓜，《神农本草经》原名白瓜。《本草图经》云："今处处有之，皆园圃所莳。其实生苗蔓下，大者如斗而更长，皮厚而有毛，初生正青绿，经霜则白如涂粉。其中肉及子亦白，故谓之白瓜。"《本草纲目》曰："冬瓜三月生苗引蔓，大叶团而有尖，茎叶皆有刺毛。六、七月开黄花，结实大者径尺余，长三四尺，嫩时绿色有毛，老则苍色有粉，其皮坚厚，其肉肥白。其瓤谓之瓜练，白虚如絮，可以浣练衣服。

其子谓之瓜犀，在瓢中成列。"

【入药部位及性味功效】

冬瓜，又称白瓜、水芝、白冬瓜、地芝、濮瓜、东瓜、枕瓜，为植物冬瓜的果实。夏末、秋初，果实成熟时采摘。味甘、淡，性微寒。归肺、大小肠、膀胱经。利尿，清热，化痰，生津，解毒。主治水肿胀满，淋证，脚气，痰喘，暑热烦闷，消渴，痈肿，痔漏；并解丹石毒、鱼毒、酒毒。

冬瓜子，又称白瓜子、瓜子、瓜瓣、冬瓜仁、瓜犀，为植物冬瓜的种子。食用冬瓜时，收集成熟种子，洗净，晒干。味甘，性微寒。归肺、大肠经。清肺化痰，消痈排脓，利湿。主治痰热咳嗽，肺痈，肠痈，白浊，带下，脚气，水肿，淋证。

冬瓜瓢，又称冬瓜练，为植物冬瓜的果瓢。食用冬瓜时，收集瓜瓢鲜用。味甘，性平。归肺、膀胱经。清热止渴，利水消肿。主治热病烦渴，消渴，淋证，水肿，痈肿。

冬瓜叶，为植物冬瓜的叶。夏季采取，阴干或鲜用。味苦，性凉。归肺、大肠经。清热，利湿，解毒。主治消渴，暑湿泻痢，疟疾，疮毒，蜂螫。

冬瓜皮，又称白瓜皮、白东瓜皮，为植物冬瓜的外层果皮。食用冬瓜时，收集削下的外果皮，晒干。味甘，性微寒。归肺、脾、小肠经。清热利水，消肿。主治水肿，小便不利，泄泻，疮肿。

冬瓜藤，为植物冬瓜的藤茎。夏、秋季采收，鲜用或晒干。味苦，性寒。归肺、肝经。清肺化痰，通经活络。主治肺热咳痰，关节不利，脱肛，疮疥。

冬瓜皮临床上治疗糖尿病。

【经方验方应用】

治水肿：鲤鱼一条重一斤以上，煮熟取汁，和冬瓜、葱白作羹食之。（《本草述》）

治痔疮肿痛：冬瓜煎汤洗之。（《袖珍方》）

治哮喘：未脱花蒂的小冬瓜一个，剖开填入适量冰糖，入蒸笼内蒸取水，饮服三四个即效。（《中医秘验方汇编》）

治食鱼中毒：饮冬瓜汁。（《小品方》）

治遗精白浊：冬瓜仁炒为末，空心米饮调下五钱许。（《普济方》）

治白带：冬瓜子 100g，金银花 80g，土茯苓 80g，碎成细粉，过筛，混匀，备用。每日 2～3 次，每次 3～5g，水煎服。（《实用蒙药学》）

治水肿烦渴，小便赤涩：冬瓜白瓢，不限多少。上以水煮令熟，和汁淡食之。（《圣惠方》）

治消渴热，或心神烦乱：冬瓜瓢一两。曝干捣碎，以水一中盏，煎至六分，去滓温服。（《圣惠方》）

治肾炎，小便不利，全身浮肿：冬瓜皮 20g，西瓜皮 20g，白茅根 20g，玉蜀黍蕊 15g，赤豆 100g，水煎，每日 3 次分服。（《现代使用中药》）

治体虚浮肿：冬瓜皮 30g，杜赤豆 60g，红糖适量。煮烂，食豆服汤。（《浙江药用植物志》）

治咳嗽：冬瓜皮（经霜者）五钱，蜂蜜少许，水煎服。（《滇南本草》）

治妇人乳痈毒气不散：冬瓜皮研取汁，当归半两研细。上以冬瓜汁调涂之，以愈为

度。(《普济方》)

治手足冻疮：冬瓜皮、干茄根二味煎汤热洗，不过三次即效。(《医便》)

催乳：冬瓜皮 30g，加鲜鲫鱼（洗净，去肠杂），同炖服。(《安徽中草药》)

治消渴不止：冬瓜苗嫩叶水煎代茶饮。(《泉州本草》)

治多年恶疮：用冬瓜叶阴干，瓦上焙，研细，掺疮湿处。(《急救良方》)

冬瓜赤豆粥：利小便，消水肿，解热毒，止消渴。适用于急性肾炎浮肿尿少者。(《新中医》)

冬瓜洗面药：冬瓜 1 个（以竹刀子刮去青皮，切作片子），酒 1 升半，水 1 升，同煮烂，用竹绵擦去滓，再以布滤过，熬成膏，入蜜 1 斤，再熬稀稠得所，以新绵再滤过，于瓷器内盛。主治颜面不洁，苍黑无色。(《御药院方》卷十)

冬瓜粥：新鲜连皮冬瓜 80~100g（或冬瓜子干的 10~15g，新鲜的 30g），粳米适量。先将冬瓜洗净，切成小块，同粳米适量一并煮为稀粥，随意服食。或用冬瓜子煎水，去渣，同米煮粥。利小便，消水肿，消热毒，止烦渴。主治水肿胀满，小便不利，包括急慢性肾炎，水肿，肝硬化腹水，脚气浮肿，肥胖症，暑热烦闷，口干作渴，肺热咳嗽，痰喘。(《药粥疗法》引《粥谱》)

鲫鱼冬瓜汤：鲫鱼 250g，冬瓜 500g。将鲫鱼洗净，去肠杂及鳃与冬瓜（去皮）同煎汤。清肺利尿，消肿。适用于小儿肾炎急性期。(《民间方》)

鲤鱼头煮冬瓜：鲤鱼头 1 个，冬瓜 90g。将鱼头洗净去鳃，冬瓜去皮切成块，把炒锅放在文火上，倒入鲤鱼头、冬瓜加水 1000g 煮沸，待鲤鱼头熟透即可。利水消肿，下气通乳。适用于脾虚型妊娠水肿。(《民间方》)

鲜冬瓜叶：鲜竹叶，鲜冬瓜叶各 50g，鲜荷叶 1 张，冰糖适量。水煎代茶，给患儿频频喂饮。治小儿夏季热。(《食疗方》)

2. 西瓜 Citrullus lanatus (Thunb.) Matsum. et Nakai

葫芦科西瓜属一年生蔓生藤本。

西瓜是最自然的天然水果，性寒解热，有"天生白虎汤"之称。民间谚语云："夏日吃西瓜，药物不用抓。"西瓜堪称"盛夏之王"，不含脂肪和胆固醇，含有大量葡萄糖、苹果酸、果糖、番茄素及丰富的维生素 C 等物质，是一种营养、纯净、食用安全的食品。

西瓜之名始见于《日用本草》，云："契丹破回纥，始得此种。"《本草纲目》："按峤征回纥，得此种归，名曰西瓜，则西瓜自五代时始入中国，今则南北皆有……二月下种，蔓生……七八月实熟，有围及径尺者，长至二尺者……其色或青或绿，其瓤或白或红……其子或黄或红，或黑或白。"

【入药部位及性味功效】

西瓜，又称寒瓜、天生白虎汤，为植物西瓜的果瓤。夏季采收成熟果实，一般鲜用。味甘，性寒。归心、胃、膀胱经。清热除烦，解暑生津，利尿。主治暑热烦渴，热盛津伤，小便不利，喉痹，口疮。

西瓜皮，又称西瓜青、西瓜翠衣、西瓜翠，为植物西瓜的外层果皮。夏季收集西瓜皮，削去内层柔软部分，洗净，晒干。也有将外面青皮削去，仅取其中间部分者。味甘，性凉，无毒。归心、胃、膀胱经。清热，解渴，利尿。主治暑热烦渴，小便短少，水肿，口舌生疮。

西瓜霜，又称西瓜硝，为植物西瓜的果皮和皮硝混合制成的白色结晶性粉本。味咸，性寒。归脾、肺经。清热解毒，利咽消肿。主治喉风，喉痹，白喉，口疮，牙疳，久嗽咽痛，目赤肿痛。

西瓜子仁，为植物西瓜的种仁。夏季食用西瓜时，收集瓜子，洗净晒干，去壳取仁用。味甘，性平。归肺、大肠经。清肺化痰，和中润肠。主治久嗽，咯血，便秘。

西瓜子壳，为植物西瓜的种皮。剥取种仁时收集，晒干。味淡，性平。归胃、大肠经。止血。主治吐血，便血。

西瓜根叶，为植物西瓜的根、叶或藤茎。夏季采收，鲜用或晒干。味淡，微苦，性凉。归大肠经。清热利湿。主治水泻，痢疾，烫伤，萎缩性鼻炎。

临床上，西瓜皮（须用连髓之厚皮，晒干者入药为佳，习用之西瓜翠衣无效）治疗肾炎。

【经方验方应用】

治痔突出，坐立不便：用西瓜煮汤熏洗。（《卫生易简方》）

治兽咬肿痛：西瓜瓤、南瓜瓤，调水敷患处。（《湖南药物志》）

治高血压：西瓜翠衣10～12g，草决明10g，煎汤代茶。（《食物中药与便方》）

治糖尿病、口渴、尿混浊：西瓜皮、冬瓜皮各15g，天花粉12g，水煎服。（《食物中药与便方》）

治脱肛：西瓜皮50g，冰糖适量，水煎服。（《福建药物志》）

治牙痛：经霜西瓜皮，烧灰，敷患牙缝内。（《本草汇言》）

治烧伤：西瓜皮研细末，香油调搽伤处。（《青岛中草药手册》）

使面容光彩：西瓜子仁五两，桃花四两，白杨柳皮（或橘皮）二两。为末，食后米汤调服一匙，一日三服。一月面白，五十日手足俱白。（《验方新编》）

3. 黄瓜 *Cucumis sativus* L.

葫芦科黄瓜属一年生攀援草本。

世界上热量最低的蔬菜：黄瓜的热量仅16kcal/100g，是热量最低的蔬菜。

黄瓜始载于《本草拾遗》。《本草纲目》："张骞使西域得种，故名胡瓜，按《杜宝拾遗录》云，隋大业肆年避讳，改胡瓜为黄瓜。""胡瓜处处有之。正二月下种，三月生苗引蔓，叶如冬瓜叶，亦有毛。四、五月开黄花，结瓜围二三寸，长者至尺许，青色，皮上有瘩瘟如疣子，至老则黄赤色。"《植物名实图考》云："有刺者曰刺瓜。"

【入药部位及性味功效】

黄瓜，又称胡瓜、王瓜、刺瓜，为植物黄瓜的果实。夏季采收果实，鲜用。味甘，性凉。归肺、脾、胃经。清热，利水，解毒。主治热病口渴，小便短赤，水肿尿少，水火烫伤，汗斑，痱疮。

黄瓜霜，为植物黄瓜的果皮和朱砂、芒硝混合制成的白色结晶性粉末。将成熟的果实剀去瓜瓤，用朱砂、芒硝各9g，两药和匀，灌入瓜内，倒吊阴干，待瓜外出霜，刮下晒干备用。味甘、咸，性凉。清热明目，消肿止痛。主治火眼赤痛，咽喉肿痛，口舌生疮，牙龈肿痛，跌打瘀肿。

黄瓜皮，又称金衣，为植物黄瓜的果皮。夏、秋季采收，刨下果皮，晒干或鲜用。味甘、淡，性凉。清热，利水，通淋。主治水肿尿少，热结膀胱，小便淋痛。

黄瓜子，又称哈力苏，为植物黄瓜的种子。夏、秋季采收成熟的果实，剖开，取出种子，洗净，晒干。续筋接骨，祛风，消痰。主治骨折筋伤，风湿痹痛，老年痰喘。

黄瓜叶，为植物黄瓜的叶片。夏、秋季采收，晒干或鲜用。味苦，性寒。清湿热，消毒肿。主治湿热泻痢，无名肿毒，湿脚气。

黄瓜藤，为植物黄瓜的藤茎。夏、秋季采收，晒干或鲜用。味苦，性凉。归心、肺经。清热，化痰，利湿，解毒。主治痰热咳嗽，癫痫，湿热泻痢，湿痰流注，疮痈肿毒，高血压病。

黄瓜根，为植物黄瓜的根。夏、秋采挖，洗净，切段，晒干或鲜用。味苦，微甘，性凉。归胃、大肠经。清热，利湿，解毒。主治胃热消渴，湿热泻痢，黄疸，疮疡肿毒，聤耳流脓。

黄瓜治疗汤火烫伤、皮肤汗斑；黄瓜霜治疗口腔炎；黄瓜藤治疗高血压病。

【经方验方应用】

治小儿热痢：嫩黄瓜同蜜食十余枚，良。（《海上名方》）

治水病肚胀至四肢肿：胡瓜一个，破作两片不出子，以醋煮一半，水煮一半，俱烂，空心顿服，须臾下水。（《千金髓方》）

治烫火伤：①五月掐黄瓜入瓶内，封，挂檐下，取水刷之，良。（《医方摘要》）②老黄瓜不拘多少，如瓷瓶内收藏，自烂为水。涂伤处。立时止痛，即不起泡。（《伤科汇纂》）

治汗斑：①黄瓜蘸硼砂拭之，汗出为度。（《王氏医存》）②黄瓜一段（去瓤），硼砂适量，研末，纳黄瓜内，取汁擦。（《湖南药物志》）

治痤痱：黄瓜一枚，切作段子，擦痱子上。（《杨氏家藏方》）

治水肿：①黄瓜皮15～30g，水煎服。（《内蒙古中草药》）②金衣15g，醋煎，空腹服，每日服2次。（《吉林中草药》）

治老年哮喘：黄瓜子（炒黄研末）、核桃仁、杏仁、蜂蜜各15g，混合捣碎，睡前服9g。（《吉林中草药》）

治小儿风热腹泻、湿热痢疾：黄瓜叶一大把，搓汁，兑开水加白糖服。（《重庆草药》）

治湿热下痢：黄瓜叶30g，水煎，加白糖适量服。（《青岛中草药手册》）

治脚湿气：黄瓜叶捣烂，取汁，用酒煮沸服；或用叶焙干，研末，以酒泡服。（《湖南药物志》）

治黄水疮：黄瓜藤（阴干，火焙存性）、枯矾。共为细末，搽疮上。（《滇南本草》）

治癫痫：黄瓜藤6～15g，煎水200mL，早晚2次服，可长期连服。［《北京中医学院学报》1959，（1）：218］

治腹泻：黄瓜藤120g，萹蓄60g，水煎服。（《湖南药物志》）

治高血压：①黄瓜茎藤250g，水煎服；或研细末，每次3g，吞服，每日3次。（《浙江药用植物志》）②黄瓜嫩叶30g，丹参15g，水煎服；或制成片剂，每口3次分服。

（《福建药物志》）

治黄疸肝炎：黄瓜根，捣烂，取汁，每日早晨温服 1 盅（约 10mL）。（《内蒙古中草药》）

治噤口痢：黄瓜根，捣烂贴肚脐上。（《贵州省中医验方秘方》）

治化脓性耳聋，耳炎：黄瓜根一味，削如枣核。塞耳，数日干，盯聍脓血自出尽，即瘥。（《圣济总录》黄瓜根方）

4. 南瓜 Cucurbita moschata （Duch. ex Lam.） Duch. ex Poiret

葫芦科南瓜属一年生蔓生草本。

"南瓜是个宝，夏收冬来藏，有粮好当菜，无粮充饥肠。"南瓜在各类蔬菜中含钴量居首位。

《本草纲目》："南瓜种出南番，转入闽、浙，今燕京诸处亦有之矣。"南瓜、番瓜、倭瓜并因此而名。倭瓜音转为窝瓜。麦熟时下种，而称麦瓜。结实于盛夏，乃称伏瓜。可收藏经冬，又称冬瓜。其果肉黄，果皮亦有金赤色者，乃称金瓜、金冬瓜。可为饮食，而称饭瓜，或为番瓜之音转。

南瓜以麦瓜之名载于《滇南本草》，但无形态描述。《本草纲目》云："二月下种，宜沙沃地。四月生苗，引蔓甚繁，一蔓可延十余丈，节节有根，近地即着。其茎中空。其叶状如蜀葵而大如荷叶。八九月开黄花，如西瓜花。结瓜正圆，大如西瓜，皮上有棱如甜瓜。一本可结数十颗，其色或绿或黄或红。经霜收置暖处，可留至春。其子如冬瓜子。其肉厚色黄，不可生吃，惟去皮瓤瀹食，味如山药。同猪肉煮食更良，亦可蜜煎。"

【入药部位及性味功效】

南瓜，又称麦瓜、癞瓜、番南瓜、番瓜、倭瓜、阴瓜、北瓜、金冬瓜、冬瓜、伏瓜、金瓜、老缅瓜、窝瓜、饭瓜、番蒲，为植物南瓜的果实。夏、秋两季，采收成熟果实，一般鲜用。味甘，性平。归肺、脾、胃经。解毒消肿。主治肺痈，哮证，痈肿，烫伤，毒蜂螫伤。

南瓜瓤，为植物南瓜的果瓤。秋季将成熟的南瓜剖开，取出瓜瓤，除去种子，鲜用。味甘，性凉。解毒，敛疮。主治痈肿疮毒，烫伤，创伤。

南瓜蒂，为植物南瓜的瓜蒂。秋季采收成熟的果实，切取瓜蒂，晒干。味苦、微甘，性平。解毒，利水，安胎。主治痈疽肿毒，疔疮，烫伤，疮溃不敛，水肿腹水，胎动不安。

南瓜子，又称南瓜仁、白瓜子、金瓜米、窝瓜子、倭瓜子，为植物南瓜的种子。夏、秋季食用南瓜时，收集成熟种子，除去瓤膜，洗净，晒干。味甘，性平。归大肠经。杀虫，下乳，利水消肿。主治绦虫，蛔虫，血吸虫，钩虫，蛲虫病，产后缺乳，产后手足浮肿，百日咳，痔疮。

盘肠草，为植物南瓜成熟果实内种子所萌发的幼苗。秋后收集，晒干或鲜用。味甘、淡，性温。归肝、胃经。祛风，止痛。主小儿盘肠气痛，惊风，感冒，风湿热。

南瓜花，为植物南瓜的花。6～7 月开花时采收，鲜用或晒干。味甘，性凉。清湿热，消肿毒。主治黄疸，痢疾，咳嗽，痈疽肿毒。

南瓜须，为植物南瓜的卷须。夏、秋季采收，鲜用。主治妇人乳缩（即乳头缩入体内）疼痛。

南瓜叶，为植物南瓜的叶。夏、秋采收，晒干或鲜用。味甘、微苦，性凉。清热，解暑，止血。主治暑热口渴，热痢，外伤出血。

南瓜藤，为植物南瓜的茎。夏、秋季采收，鲜用或晒干备用。味甘、苦，性凉。归肝、胃、肺经。清肺，平肝，和胃，通络。主治肺痨低热，肝胃气痛，月经不调，火眼赤痛，水火烫伤。

南瓜根，为植物南瓜的根。夏、秋季采挖，洗净，晒干或鲜用。味甘、淡，性平。归肝、膀胱经。利湿热，通乳汁。主治湿热淋证，黄疸，痢疾，乳汁不通。

临床上，南瓜蒂治疗晚期血吸虫病程度较轻的腹水；南瓜子治疗绦虫病、血吸虫病、蛔虫病（南瓜子煎服或炒熟吃，儿童一般每次用30～60g，于早晨空腹时服）；南瓜藤预防麻疹。

【经方验方应用】

治胸膜炎、肋间神经痛：南瓜肉煮熟，摊于布上，敷贴患部。（《食物中药与便方》）

治糖尿病：南瓜250g（煮熟），每晚服食。5天后，每日早晚各吃250g。[《大众医学》1983，（3）：2]

解鸦片毒：生南瓜捣汁频灌。（《随息居饮食谱》）

治外伤出血：南瓜适量，捣烂敷伤口。（《壮族民间用药选编》）

治乳癌（已溃、未溃均可）：南瓜蒂烧灰存性，研末，每服2个，黄酒60g，调和送下。每天早晚各服1次。能饮酒者，可加大酒量；已溃烂者，亦可用香油调南瓜蒂灰外敷。（《常见抗癌中草药》）

治急性乳腺炎：南瓜蒂磨洗采水涂患处。（《广西民族药简编》）

治鼻息肉：南瓜蒂1个，煅存性，合枯矾3g，研极细末，每用少许点息肉处，数次自消失。（《泉州本草》）

治浮肿，腹水，小便不利：南瓜蒂烧存性，研末。每日1～2g，每日3次，温水送服。（《食物中药与便方》）

治产后缺奶：南瓜子60g，研末，加红糖适量，开水冲服。（《青岛中草药手册》）

治产后手脚浮肿，糖尿病：南瓜子30g，炒熟，水煎服。（《食物中药与便方》）

治内痔：南瓜子1000g，煎水熏之，每日2次，连熏数日。（《岭南草药志》）

治打伤眼球：南瓜瓤捣敷伤眼，连敷12小时左右，其痛则止，轻者痊愈。（《岭南草药志》）

治误吞农药（乐果）中毒：生南瓜瓤、生萝卜片等量，捣烂绞汁灌服，可立刻催吐，且能解毒。（《食物中药与便方》）

治妇人乳缩，剧烈疼痛：南瓜须一握，加食盐少许杵烂，用开水泡服。[《江西中医药》1954，（12）：49]

治夏季热：南瓜叶、苦瓜叶、丝瓜叶、梨子皮各9g，煎水服。（《万县中草药》）

治汗斑：南瓜叶适量，揉出水后，蘸硫黄粉搽患处。（《壮族民间用药选编》）

治胃痛：南瓜藤汁，冲红酒服。（《闽东本草》）

治肺癌：南瓜藤1500～2500g，水煎，在2～3天内服完。（《常见抗癌中草药》）

预防麻疹：南瓜根180～240g，水煎服。每日1次，共服4次。（《湖南药物志》）

治头风疼痛：南瓜根榨汁搽头部。（《泉州本草》）

治便秘：南瓜根 45g，浓煎灌肠。（《闽东本草》）

治乳汁不下：南瓜根 30～60g，炖肉服。（《民间常用草药汇编》）

治湿热发黄：南瓜根炖黄牛肉服。（《重庆草药》）

5. 葫芦 Lagenaria siceraria (Molina) Standl.

葫芦科葫芦属一年生攀援草本。

葫芦是世界上最古老的作物之一。不论葫芦还是它的叶子，都要在嫩时食用，否则成熟后便失去了食用价值。

《广雅》："匏，瓠也。"王念孙《疏证》云："《说文解字》云匏从夸包声，取其可包藏物也""瓠通作壶""匏之声转为瓢……或作壶卢"。按皆圆之谓也，字或作葫芦。《鲁语》："苦匏不材，于人共济而已。"韦注："共济而已，佩匏可以渡水也。"腰舟者，佩于腰以渡水也。壶卢瓢入药以陈败者为佳，故冠以陈、败、旧、破为名。

《本草纲目》："窃谓壶匏之属，既可烹晒，又可为器。大者可为瓮盎，小者可为瓢樽，为舟可以浮水，为笙可以奏乐……"《群芳谱》："葫芦，匏也，一名蒲姑……有甘、苦二种，甘者性冷无毒，利水道，止消渴；苦者有毒，不可食，惟可佩以渡水。"

《诗经》中已有"匏""瓠"记载，《神农本草经》载有"苦瓠"。《本草纲目》指出："古人壶、瓠、匏三名皆可通称，初无分别……而后世以长如越瓜首尾如一者为瓠，瓠之一头有腹长柄者为悬瓠，无柄而圆大形扁者为匏，匏之有短柄者大腹者为壶，壶之细腰者为蒲芦，各分名色，迥异于古。以今参详，其形状虽不同，而苗、叶、皮、子性味则一。"李时珍所载的"匏"为今之瓠瓜，其所称的"壶""蒲芦"为今之葫芦。

【入药部位及性味功效】

壶卢，又称匏、瓠、匏瓜、甜瓠、腰舟、瓠匏、蒲姑、葫芦瓜、葫芦，为植物葫芦、瓠瓜（葫芦变种，下同）的果实。秋季采摘已成熟但外皮尚未木质化的果实，去皮用。味甘、淡，性平。归肺、脾、肾经。利水，消肿，通淋，散结。主治水肿，腹水，黄疸，消渴，淋病，痈肿。

壶卢子，又称葫芦子，为植物葫芦和瓠瓜的种子。秋季采收成熟的果实，切开取出种子，洗净，晒干。味甘，性平。清热解毒，消肿止痛。主治肺炎，肠痈，牙痛。

陈壶卢瓢，又称旧壶卢瓢、破瓢、败瓢、败瓠、葫芦壳、葫芦瓢、陈瓠壳，为植物葫芦、瓠瓜和小葫芦（葫芦变种，下同）的老熟果实或果壳。葫芦和瓠瓜：秋末冬初采取老熟果实，切开，除去瓤心种子，打碎，晒干。小葫芦：秋季采取外壳呈黄色的老熟果实，用瓷片刮去外层薄皮后晒干。味甘、苦，性平。利水，消肿。主治水肿，膨胀。

壶卢秧，为植物葫芦和瓠瓜的茎、叶、花、须。夏、秋季采收，晒干。味甘，性平。解毒，散结。主治食物、药物中毒，龋齿痛，鼠瘘，痢疾。

【经方验方应用】

治高血压、烦热口渴、肝炎黄疸、尿路结石：鲜葫芦捣烂绞汁，以蜂蜜调服，每服半杯至 1 杯，每日 2 次。或煮水服亦可。（《食物中药与便方》）

治脚气浮肿：葫芦瓜 30g，鲫鱼 60～120g，煮食。（《湖南药物志》）

治肺炎：葫芦子（捣碎）、鱼腥草各 15g，煎服。（《安徽中草药》）

治龋齿疼痛：葫芦子半升。以水五升，煮取三升，去滓。含漱，口吐之。（《圣惠方》）

治水肿：陈瓠壳60g，红糖30g，水煎，饭前服。（《福建药物志》）

治胎动不安：葫芦瓜壳10g，益母草10g，水煎服。（《湖南药物志》）

6. 丝瓜 Luffa aegyptiaca Miller

葫芦科丝瓜属一年生攀援藤本。

丝瓜中含防止皮肤老化的B族维生素，故丝瓜汁有"美人水"之称。

《本草纲目》："此瓜老则筋丝罗织，故有丝、罗之名；昔人谓之鱼鰦，或云虞刺。始自南方来，故曰蛮瓜。"又云："经霜乃枯，惟可籍靴履，涤釜器，故村人呼为洗锅罗瓜。"线、络、絮、布、缣等名亦因其老筋如织而得之。其瓜可为菜，水分多，故称菜瓜、水瓜。

本品在南宋许叔微《本事方》、杨士瀛《直指方》中均有记载，《救荒本草》始有较详的形态描述，云："丝瓜，人家园篱种之，延蔓而生，叶似栝楼叶，而花又大，每叶间出一丝藤，缠附草木上，茎叶间开五瓣大黄花。结瓜形如黄瓜而大，色青，嫩时可食，老则去皮，内有丝缕……"所述乃本种。

【入药部位及性味功效】

丝瓜，又称天丝瓜、天罗、蛮瓜、绵瓜、布瓜、天罗瓜、鱼鰦、天吊瓜、纯阳瓜、天络丝、天罗布瓜、虞刺、洗锅罗瓜、天罗絮、纺线、天骷髅、菜瓜、水瓜、缣瓜、絮瓜、砌瓜、坭瓜，为植物丝瓜或粤丝瓜的鲜嫩果实，或霜后干枯的老熟果实（天骷髅）。嫩丝瓜于夏、秋间采摘，鲜用。老丝瓜（天骷髅）于秋后采收，晒干。味甘，性凉。归肺、肝、胃、大肠经。清热化痰，凉血解毒。主治热病身热烦渴，痰喘咳嗽，肠风下血，痔疮出血，血淋，崩漏，痈疽疮疡，乳汁不通，无名肿毒，水肿。

丝瓜络，又称天萝筋、丝瓜网、丝瓜壳、瓜络、絮瓜瓢、天罗线、丝瓜筋、丝瓜瓢、千层楼、丝瓜布，为植物丝瓜或粤丝瓜成熟果实的维管束。秋季果实成熟，果皮变黄，内部干枯时采摘，搓去外皮及果肉，或用水浸泡至果皮和果肉腐烂，取出洗净，除去种子，晒干。味甘，性凉。归肺、肝、胃经。通经活络，解毒消肿。主治胸胁疼痛，风湿痹痛，经脉拘挛，乳汁不通，肺热咳嗽，痈肿疮毒，乳痈。

丝瓜子，又称乌牛子，为植物丝瓜和粤丝瓜的种子。秋季果实老熟后，在采制丝瓜络时，收集种子，晒干。味苦，性寒。清热，利水，通便，驱虫。主治水肿，石淋，肺热咳嗽，肠风下血，痔漏，便秘，蛔虫病。

丝瓜皮，为植物丝瓜或粤丝瓜的果皮。夏、秋间食用丝瓜时，收集刨下的果皮，鲜用或晒干。味甘，性凉。清热解毒。主治金疮，痈肿，疔疮，坐板疮。

丝瓜蒂，又称甜丝瓜蒂，为植物丝瓜或粤丝瓜的瓜蒂。夏、秋间食用丝瓜时，收集瓜蒂，鲜用或晒干。味苦，性微寒。清热解毒，化痰定惊。主治痘疮不起，咽喉肿痛，癫狂，痫证。

丝瓜花，为植物丝瓜或粤丝瓜的花。夏季开花时采收，晒干或鲜用。味甘、微苦，性寒。清热解毒，化痰止咳。主治肺热咳嗽，咽痛，鼻窦炎，疔疮肿毒，痔疮。

丝瓜叶，又称虞刺叶，为植物丝瓜或粤丝瓜的叶片。夏、秋两季采收，晒干或鲜用。

味苦，性微寒。清热解毒，止血，祛暑。主治痈疽，疔肿，疮癣，蛇咬，汤火伤，咽喉肿痛，创伤出血，暑热烦渴。

丝瓜藤，为植物丝瓜或粤丝瓜的茎。夏、秋两季采收，洗净，鲜用或晒干。味苦，性微寒。归心、脾、肾经。舒筋活血，止咳化痰，解毒杀虫。主治腰膝酸痛，肢体麻木，月经不调，咳嗽痰多，鼻渊，牙宣，龋齿。

天罗水，又称丝瓜水，为植物丝瓜或粤丝瓜茎中的液汁。夏、秋两季，取地上茎切断，将切品插入瓶中放置一昼夜，即得。味甘，微苦，性微寒。清热解毒，止咳化痰。主治肺痈，肺痿，咳喘，肺痨，夏令皮肤疮疹，痤疮，烫伤。

丝瓜根，为植物丝瓜或粤丝瓜的根。夏、秋季采挖，洗净，鲜用或晒干。味甘、微苦，性寒。活血通络，清热解毒。主治偏头痛，腰痛，痹证，乳腺炎，鼻炎，鼻窦炎，喉风肿痛，肠风下血，痔漏。

临床上，丝瓜藤治疗慢性气管炎，总有效率 60%～63%；丝瓜络治疗急性乳腺炎，病后 48 小时以内效果显著，总有效率 90%。

【经方验方应用】

治乳汁不通：丝瓜连子烧存性，研末。酒服一二钱，被覆取汗即通。（《本草纲目》引《简便单方》）

治手足冻疮：老丝瓜烧存性，和腊猪脂涂之。（《本草纲目》引《海上方》）

治玉茎疮溃：丝瓜连子捣汁，和五倍子末，频搽之。（《本草纲目》引朱丹溪方）

治疮毒脓疱：嫩丝瓜捣烂，敷患处。（《湖南药物志》）

治中风后半身不遂：丝瓜络、怀牛膝各 10g，桑枝、黄芪各 30g，水煎服。（《四川中药志》1979 年）

治湿疹：丝瓜络 60g，水煎，熏洗患处。（《山东中草药手册》）

治水肿、腹水：丝瓜络 60g，水煎服。（《山东中草药手册》）

治绣球风及女阴瘙痒：丝瓜络 30g，蒜瓣 60g，煎水 10L。坐浴，每日 2～3 次，每次 20～30 分钟。（《疮疡外用本草》）

治羊痫风：甜丝瓜蒂 7 个为末，白矾一钱。无根水（即缸内、池内水）调送吐痰，过五日再一服愈。（《疑难急症简方》）

治痘疮不起：丝瓜蒂 3 个，煎汤，调砂糖服。（《泉州本草》）

治坐板疮痒者：丝瓜皮阴干为末，烧酒调搽。（《摄生众妙方》）

治红肿热毒疮、痔疮：丝瓜花、铧头草各 15g，生捣涂敷。（《重庆草药》）

治肺热咳嗽、喘急气促：丝瓜花、蜂蜜，煎服。（《滇南本草》）

治流行性腮腺炎：鲜丝瓜叶、鲜鸭跖草（竹叶菜）各 30～60g，洗净，捣烂外敷，每日 2 次。（《食物中药与便方》）

治创伤出血：丝瓜叶干粉外敷伤口，用消毒纱布包扎。（《上海常用中草药》）

治阳旺：用丝瓜小藤捣烂，敷玉茎，阳即倒矣。（《寿世保元》）

治牙宣露痛：丝瓜藤阴干，临时火煅存性，研搽。（《本草纲目》引《海上妙方》）

治肾虚腰痛：丝瓜藤连根，焙燥研细末。黄酒送服，每次 3g，每日 2 次。（《食物中药与便方》）

治面疱，肺风粉刺，皮脂腺分泌过多，毛囊炎等：丝瓜水擦洗。（《食物中药与便

方》）

治肺结核：天罗水 20～30mL，炖冰糖服。（《福建药物志》）

治慢性支气管炎、咳喘、咯血、肺痈、吐脓痰：丝瓜水每次服 50～60mL，每日 2～3次。（《食物中药与便方》）

治诸疮久溃：丝瓜老根，熬水扫之，大凉即愈。（《本草纲目》引《包会应验方》）

治乳少：丝瓜根 60g，煮猪脚食。（《湖南药物志》）

治鼻窦炎：丝瓜根 30g，水煎服。（《湖南药物志》）

治偏头痛：鲜丝瓜根 90g，鸭蛋 2 个，水煮服。（江西《草药手册》）

治风湿性关节炎：丝瓜根四两，豆腐半斤，水炖服。（福州军区后勤部卫生部《中草药手册》）

7. 苦瓜 Momordica charantia L.

葫芦科苦瓜属一年生攀援状柔弱草本。

苦瓜形如瘤状突起，又称癞瓜；瓜面起皱纹，似荔枝，遂又称锦荔枝。苦瓜有一种"不传己苦与他物"的品质，就是与任何菜或肉等同炒同煮，绝不会把苦味传给对方，所以有人说苦瓜"有君子之德，有君子之功"，誉之为"君子菜"。其中的苦味素被誉为"脂肪杀手"。

苦瓜以锦荔枝之名始载于《救荒本草》，云："人家园篱边多种，苗引藤蔓延，附草木生。茎长七八尺，茎有毛涩，叶似野葡萄叶，而花叉多，叶间生细丝蔓，开五瓣黄碗子花，结实如鸡子大，尖䜌纹皱，状似荔枝而大，生青熟黄，内有红瓤，味甜。"《本草纲目》亦云："苦瓜原出南番，今闽广皆种之。五月下子，出苗引蔓，茎叶卷须并如葡萄而小，七、八月开小黄花，五瓣如碗形，结瓜长者四五寸，短者二三寸，青色，皮上痱癗如癞及荔枝壳状，熟则黄色自裂，内在红瓤裹子。瓤味甜甘可食，其子形扁如瓜子，亦有痱癗。"古今苦瓜药用品种一致。

苦瓜之色有生青熟赤之分，其性有生寒熟温之别。

【入药部位及性味功效】

苦瓜，又称锦荔枝、癞葡萄、红姑娘、凉瓜、癞瓜、红羊，为植物苦瓜的果实。秋季采收果实，切片晒干或鲜用。味苦，性寒。归心、脾、肺经。祛暑涤热，明目，解毒。主治暑热烦渴，消渴，赤眼疼痛，痢疾，疮痈肿毒。

苦瓜子，为植物苦瓜的种子。秋后采收成熟果实，剖开，收取种子，洗净，晒干。味苦、甘，性温。温补肾阳。主治肾阳不足，小便频数，遗尿，遗精，阳痿。

苦瓜花，为植物苦瓜的花。夏季开花时采收，鲜用或烘干。味苦，性寒。清热解毒，和胃。主治痢疾，胃气痛。

苦瓜叶，为植物苦瓜的叶。夏、秋季采收，洗净，鲜用或晒干。味苦，性凉。清热解毒。主治疮痈肿毒，梅毒，痢疾。

苦瓜藤，又称苦瓜茎，为植物苦瓜的茎。夏、秋季采取，洗净，切段，鲜用或晒干。味苦，性寒。清热解毒。主治痢疾，疮痈肿毒，胎毒，牙痛。

苦瓜根，为植物苦瓜的根。夏、秋季采挖根部，洗净，切段，鲜用或晒干。味苦，性寒。清湿热，解毒。主治湿热泻痢，便血，疔疮肿毒，风火牙痛。

临床上，苦瓜治疗糖尿病，有效率79.3%，有腹痛、腹泻等消化道反应。

【经方验方应用】

治烦热消渴饮：苦瓜绞汁调蜜冷服。（《泉州本草》）

治中暑暑热：鲜苦瓜截断去瓤，纳好茶叶再合起，悬挂阴干。用时取6～9g煎汤，或切片泡开水代茶服。（《泉州本草》）

治鹅掌风：先用苦瓜叶煎汤洗，后以米糠油涂之。（《福州台江验方汇集》）

治杨梅疮：苦瓜叶，晒干为末，每服三钱，无灰酒下。（《滇南本草》）

治小儿胎毒：苦瓜茎适量煎水洗。（《陆川本草》）

治疮毒：苦瓜藤适量捣敷疮毒或煎水洗。（《梧州草药及常见病多发病处方选》）

治红白痢疾：苦瓜藤一握。红痢煎水服，白痢煎酒服。（江西《草药手册》）

治风火牙痛：苦瓜根捣烂敷下关穴。（江西《草药手册》）

治肠炎，阿米巴痢疾，结肠炎，消化不良：苦瓜根30g，白糖适量，水煎服。（《浙江药用植物志》）

苦瓜膏：苦瓜（即癞葡萄）不拘多少，捣烂，以盐卤浸收，不可太稀，愈久愈好。主治蛇头毒。（《疡医大全》卷十九引陈伯迪方）

四、十字花科

草本，常具有一种含黑芥子硫苷酸（myrosin）的细胞而产生一种特殊的辛辣气味，单叶互生，基生叶呈莲座状。花两性，十字花冠，四强雄蕊；角果。

十字花科是一个经济价值较大的科，很多种已为人类大量改变及引种归化。该科主产蔬菜和油料作物，如芸薹属、萝卜属等；药用植物如菘蓝属、辣菜属、糖芥属等；观赏植物如桂竹香属、紫罗兰属、诸葛菜属等；其他有经济用途的属还有荠属、独行菜属、蔊菜属（遏蓝菜属）等；本科植物中也有很多是蜜源植物。

1. 甘蓝（包菜、西蓝花） *Brassica oleracea* var. *capitata* Linnaeus

十字花科（Brassicaceae）芸薹属二年生草本。

甘蓝含有较多的植物生化素、维生素，以及丰富的色氨酸、镁元素和硫元素；其中的西蓝花是公认的长寿保健菜，在西方被称为"穷人的医生"；其变种花椰菜（即花菜）中的胡萝卜素含量是大白菜的8倍，维生素B_2的含量是大白菜的2倍，钙含量较高，可与牛奶中的钙含量媲美。

甘蓝又名卷心菜、葵花白菜、包心菜、洋白菜、莲花白、包菜。甘蓝始载于胡洽《百病方》，云："甘蓝，河东、陇西多种食之，汉地甚少有。其叶长大厚，煮食甘美。经冬不死，春亦有英，其花黄，生角结子。子甚治人多睡。"

【入药部位及性味功效】

甘蓝，又称蓝菜、西土蓝，为植物甘蓝的叶。多于夏、秋季采收，鲜用。味甘，性平。归胃、肝经。清利湿热，散结止痛，益肾补虚。主治湿热黄疸，消化道溃疡疼痛，关节不利，虚损。

【经方验方应用】

治上腹胀气隐痛：卷心菜 500g，加盐少许，清水煮熟，每日分 2 次服用。（《家庭食疗药膳手册》）

治胃及十二指肠溃疡：甘蓝鲜叶捣烂取汁 200～300mL，略加温。饭前饮服，每日 2 次，连服 10 天为 1 个疗程。（《福建药物志》）

治甲状腺肿大，甲亢：生卷心菜拌食，不拘数量，长期服用。（《家庭食疗药膳手册》）

2. 青菜（小白菜） Brassica rapa var. chinensis (Linnaeus) Kitamura

十字花科芸薹属一年生或二年生草本。

小白菜是含矿物质和维生素最丰富的蔬菜之一。与大白菜相比，小白菜的含钙量是其 2 倍，维生素 C 含量约为其 3 倍，胡萝卜素含量高达其 74 倍。

菘，《名医别录》列为上品，是我国主要蔬菜之一。李时珍云："按陆佃《埤雅》云：菘性凌冬晚凋，四时常见，有松之操，故曰菘。今俗谓之白菜，其色青白也。"

青菜又名江门白菜、小白菜、油白菜、小油菜。

【入药部位及性味功效】

菘菜，又称白菜、夏菘、青菜，为植物青菜的叶。味甘，性凉。归肺、胃、大肠经。解热除烦，生津止渴，清肺消痰，通利肠胃。主治肺热咳嗽，便秘，消渴，食积，丹毒，漆疮。

菘菜子，又称青菜子，为植物青菜的种子。6～7 月种子成熟时，于晴天早晨刈取。刈取后置席上干燥 2 天，充分干燥后，打出种子，再清理干燥 1～2 天，贮存备用。味甘，性平。归肺、胃经。清肺化痰，消食醒酒。主治痰热咳嗽，食积，醉酒。

【经方验方应用】

治飞丝入目：白菜揉烂帕包，滴汁三二点入目，即出。（《普济方》）

治漆毒生疮：白菘菜捣烂涂之。（《本草纲目》）

治酒醉不醒：菘菜子二合，细研，以井华水一大盏调之，分为三服。（《圣惠方》）

3. 白菜 Brassica rapa var. glabra Regel

十字花科芸薹属二年生草本。

白菜，俗称"百姓之菜"，一年四季都能吃到，但唯有经过霜打后的白菜，味道才特别鲜美。白菜富含维生素、膳食纤维，其维生素含量高于苹果和梨，堪比柑橘，而热量更低，被国画大师齐白石称为"蔬之王"。

白菜又名大白菜、卷心白。黄芽白菜始见于《滇南本草》。《本草纲目》描述其"苗叶皆嫩黄色，脆美无滓，谓之黄芽菜"。

【入药部位及性味功效】

黄芽白菜，又称黄芽菜、黄矮菜、花交菜、黄芽菜，为植物白菜的叶和根。秋冬季采收，鲜用。味甘，性平。归胃经。通利肠胃，养胃和中，利小便。

4. 芸苔（油菜） Brassica rapa var. oleifera de Candolle

十字花科芸薹属二年生草本。

芸苔为主要油料植物之一，种子含油量40%左右，油供食用；嫩茎叶和总花梗作蔬菜。

李时珍："此菜易起薹，须采其薹食，则分枝必多，故名芸薹。而淮人谓之薹芥，即今油菜，为其子可榨油也。羌、陇、氐、胡，其地苦寒，冬月多种此菜，能历霜雪，种自胡来，故服虔《通俗文》谓之胡菜，而胡洽居士《百病方》谓之寒菜，皆取此义也。或云塞外有地名云台戌，始种此菜，故名，亦通。"

芸薹原是《新修本草》新增的药，但《证类本草》"芸薹"条下有唐本注引《名医别录》的资料，当始载于《名医别录》。其后《食疗本草》《本草拾遗》《本草衍义》《农政全书》等均有记载。《本草纲目》云："芸薹方药多用，诸家注亦不明，今人不识为何菜？珍访考之，乃今油菜也。九月、十月下种，生叶形色微似白菜。冬、春采薹心为茹，三月老不可食。开小黄花，四瓣，如芥花。结荚收子，亦如芥子，灰赤色。炒过，榨油黄色，燃灯甚明，食之不及麻油。"所述特征及《植物名实图考》附图形态与今白菜型油菜一致。可见白菜型油菜在我国有悠久的使用历史。《植物名实图考》"芸薹菜"条所提到的油辣菜，是白菜型油菜的变种，名紫菜薹，目前仅作蔬菜，不作药用。

【入药部位及性味功效】

芸薹，又称胡菜、寒菜、薹菜、芸薹菜、薹芥、青菜、红油菜，为植物油菜（芸苔）的根、茎和叶。2~3月采收，多鲜用。味辛、甘，性平。归肺、肝、脾经。凉血散血，解毒消肿。主治血痢，丹毒，热毒疮肿，乳痈，风疹，吐血。

芸薹子，又称油菜籽，为植物油菜的种子。4~6月间，种子成熟时，将地上部分割下，晒干，打落种子，除去杂质，晒干。味辛、甘，性平。归肝、大肠经。活血化瘀，消肿散结，润肠通便。主治产后恶露不尽，瘀血腹痛，痛经，肠风下血，血痢，风湿关节肿痛，痈肿丹毒，乳痈，便秘，粘连性肠梗阻。

芸薹子油，又称菜子油，为植物油菜种子榨取的油。味辛、甘，性平。归肺、胃经。解毒消肿，润肠。主治风疮，痈肿，汤火灼伤，便秘。

【经方验方应用】

治女子吹乳：芸薹菜，捣烂敷之。（《日用本草》）

治毒热肿：蔓菁根三两，芸薹苗叶根三两。上二味，捣，以鸡子清和，贴之，干即易之。（《近效方》）

治夹脑风及偏头痛：芸薹子一分，川大黄三分。捣细罗为散。每取少许吹鼻中，后有黄水出。如有顽麻，以酽醋调涂之。（《圣惠方》）

治小儿天钓：川乌头末一钱，芸薹子三钱。新汲水调涂顶上。（《圣惠方》备急涂顶膏）

治伤损，接骨：芸薹子一两，小黄米（炒）二合，龙骨少许。为末，醋调成膏，摊纸上贴之。（《本草纲目》引《乾坤生意秘韫》）

治热疮肿毒：芸薹子、狗子骨等份。为末，醋和敷之。（《千金要方》）

治大便秘结：芸薹子 9～12g（小儿 6g），厚朴 9g，当归 6g，枳壳 6g，水煎服。（《湖南药物志》）

治粘连性肠梗阻：芸薹子 150g，小茴香 60g，水煎，分数次服。（《青岛中草药手册》）

避孕：油菜子 12g，生地、白芍、当归各 9g，川芎 3g。以水煎之，于月经净后，每日服 1 剂，连服 3 天，可避孕 1 个月。连服 3 个月（丸剂），可长期避孕。（《食物中药与便方》）

桂芸膏：接骨。主治打扑筋骨伤折，疼痛不可忍。（《圣济总录》卷一四四）

芥子膏：主治风湿脚气，肿疼无力。（《圣济总录》卷八十四）

黄金散：油菜子 50 粒，上研细。主治难产。（《普济方》卷三五六）

5. 萝卜 Raphanus sativus L.

十字花科萝卜属二年生或一年生草本。

萝卜味甜、脆嫩、汁多，"熟食甘似芋，生荐脆如梨"，其效用不亚于人参，故有"十月萝卜赛人参"之说。

《尔雅·释草》："葖，芦萉。"郭璞注云："萉，宜作菔。芦萉，芜菁属，紫花，大根，俗呼苞葵。"菜与芦，同声通转。萉，蒲北切，与菔通，后世乃直称莱菔。《广韵》："鲁人名菈薘（拉答），秦人名萝蔔。"蔔通菔，均字形不同。一说莱菔善消面食积热，《埤雅》称"芦菔，一名来服，言来麰之所服也。"此依音取义耳。

莱菔入药始见于《名医别录》，与芜菁合为一条。地骷髅出自《本草纲目拾遗》，莱菔叶出自《新修本草》，莱菔子出自《本草衍义补遗》。陶弘景云："芦菔是今温菘，其根可食，叶不中啖。"《新修本草》将本品分立。《本草纲目》云："莱菔，今天下通有之。昔人以芜菁、莱菔二物混注，已见蔓菁条下。圃人种莱菔，六月下中，秋采苗，冬掘根。春末抽高苔，开小花，紫碧色，夏初结角。其子如大麻子，圆长不等，黄赤色，五月亦可再种。其叶有大者如芜菁，细者如花芥，皆有细柔毛。其根有红、白二色，其状有长、圆二类。大抵生沙壤者脆而甘，生瘠地者坚而辣。根、叶皆可生可熟，可菹可酱，可豉可醋，可糖可腊，可饭，乃蔬中之最有利益者，而古人不深详之，岂因其贱而忽之耶？抑未谙其利耶？"《植物名实图考》引《滇海虞衡志》云："滇产红萝蔔，颇奇，通体玲珑如胭脂，最可爱玩，至其内外通红，片开如红玉板，以水浸之，水即深红。"可见古代本品的栽培品种甚多，形态颜色各异，与当前栽培品种情况相似。

黄州萝卜为湖北省黄冈市黄州区特产，2008 年 9 月 19 日，国家质量监督检验检疫总局批准对"黄州萝卜"实施地理标志产品保护，保护范围为黄州区陶店乡、路口镇、堵城镇、禹王街道办事处、东湖街道办事处、南湖街道办事处等 6 个乡镇街道办事处现辖行政区域。

【入药部位及性味功效】

莱菔，又称葵、芦萉、芦菔、荠根、紫花菘、温菘、苞葵、紫菘、萝卜、萝蔔、楚菘、秦菘、菜头、地灯笼、寿星头，为植物萝卜的鲜根。秋、冬季采挖鲜根，除去茎叶，洗净。味辛、甘，性凉；熟者味甘，性平。归脾、胃、肺、大肠经。消食，下气，化痰，止血，解渴，利尿。主治消化不良，食积胀满，吞酸，吐食，腹泻，痢疾，痰热咳嗽，咽喉不利，咳血，吐血，衄血，便血，消渴，淋浊。外治疮疡，损伤瘀肿，烫伤及冻疮。

莱菔叶，又称萝卜叶、萝卜秆叶、莱菔菜、萝卜缨、莱菔甲、莱菔英、萝卜英，为植物萝卜的基生叶。冬季或早春采收，洗净，风干或晒干。味辛、苦，性平。归脾、胃、肺经。消食理气，清肺利咽，散瘀消肿。主治食积气滞，脘腹痞满，呃逆，吐酸，泄泻，痢疾，咳痰，音哑，咽喉肿痛，妇女乳房肿痛，乳汁不通。外治损伤瘀肿。

莱菔子，又称萝卜子、芦菔子，为植物萝卜的成熟种子。翌年5～8月，角果充分成熟采收晒干，打下种子，除去杂质，放干燥处贮藏。味辛、甘，性平。归脾、胃、肺、大肠经。消食导滞，降气化痰。主治食积气滞，脘腹胀满，腹泻，下痢后重，咳嗽多痰，气逆喘满。

地骷髅，又称仙人骨、出子萝卜、老萝卜头、老人头、地枯萝、气萝卜、枯萝卜、空莱服、老萝卜，为植物萝卜开花结实后的老根。待种子成熟后，连根拔起，剪除地上部分，将根洗净晒干，贮干燥处。味甘、辛，性平。归经脾、胃、肺经。行气消积，化痰，解渴，利水消肿。主治咳嗽痰多，食积气滞，腹胀痞满，痢疾，消渴，脚气，水肿。

莱菔临床上治疗过敏性结肠炎、慢性溃疡性结肠炎等肠道疾病，治愈率77％；治疗急性扭挫伤，一般在8小时内止痛；治疗滴虫性阴道炎。

莱菔子临床上治疗便秘；治疗慢性气管炎；治疗高血压病，总有效率90％，对预防或减少高血压性心脏病、脑出血、冠心病及肾脏损害，起到一定的保护作用。

【经方验方应用】

治结核性、粘连性、机械性肠梗阻：白萝卜500g，切片，加水1000mL，煎至500mL。每日1剂，1次服完。（内蒙古《中草药新医疗法资料选编》）

治急慢性支气管炎咳嗽：萝卜（红皮辣萝卜更好，洗净，不去皮）切成薄片，放于碗中，上面放饴糖2～3匙，搁置一夜，即有溶成的萝卜糖水，频频饮服。（《食物中药与便方》）

治硅肺：每日吃大量鲜萝卜、鲜荸荠，经过一段时间后，黑色痰减少，胸闷咳嗽渐轻，坚持连服半年至一年，症状可渐渐消失。（《食物中药与便方》）

治疗疮肿疡：鲜萝卜捣烂取汁，生桐油适量，调匀，敷患处。（《福建药物志》）

治臁疮：萝卜捣烂，去汁取渣，加豆腐渣适量，混合敷患处，包扎固定，每日换1次。（《安徽中草药》）

治冻疮：白萝卜打碎或切块，内拣大者切二三寸一段，用水煮一二十滚，不可太烂，亦不可太生，以所煮汤熏洗浸，并将所煮萝卜在疮上摩擦，每日洗三次，连洗三日即愈。（《种福堂公选良方》）

治满口烂疮：萝卜自然汁频漱去涎。（《濒湖集简方》）

治脚生鸡眼：生白萝卜，口嚼如泥，敷之，止痛如神。（《验方新编》）

解煤熏毒：萝卜捣汁灌口鼻，移向风吹便能醒。（《沈氏经验方》）

治脚气、浮肿、腹水、喘满：地枯萝10g，大腹皮8g，橘皮5g，茯苓10g，枳壳6g，莱菔英10g，水600mL，煎至200mL，每日3次分服。（《现代实用中药》）

治水肿：老萝卜、大蒜子、紫苏根、苍耳草，煎水洗全身。（《湖南药物志》）

治中暑发痧，肚痛腹泻（包括急性肠胃炎）：鲜莱菔英捣汁服，或干莱菔英100～

125g，煎浓汤服。（《食物中药与便方》）

治咽痛音哑：萝卜缨 15g，玄参 9g，桔梗、生甘草各 6g，煎服。（《安徽中草药》）

治妇人奶结，红肿疼痛，乳汁不通：红萝卜秆叶不拘多少，捣汁一杯，新鲜更好，煨热，点水酒或烧酒服。（《滇南本草》）

消臌万应丹：化积消臌。治黄疸变臌，气喘胸闷，脘痛翻胃，痞胀结热，伤力黄肿，噤口痢。（《重订通俗伤寒论》）

莱菔膏：消肿止痛。主烫火伤未溃，红肿热痛者。（《外科大成》卷四）

莱菔粥：莱菔生捣汁，煮粥食。宽中下气，消食去痰，止嗽止痢，制面毒。主治消渴。（《老老恒言》卷五）

三子养亲汤：温肺化痰，降气消食。主治痰壅气逆食滞证。（《金匮要略》）

五、柿科

乔木或灌木，常绿或落叶。本科各种植物的叶、茎和木材中，有一种黑色物质，如用 1% 氢氧化钾溶液处理，可变成带红紫罗兰色。

中国仅有柿属 1 属，约 60 种。柿的果实含糖量高，润肺、涩肠、生津、宁嗽，治咽喉痛、咳嗽咽干；柿蒂治呃逆；柿根亦作草药，清热凉血；但柿属植物未成熟的果实及叶含有鞣酸。柿科亦有有毒植物。

柿 *Diospyros kaki* Thunb.

柿科（Ebenaceae）柿属落叶大乔木。

柿子与枣、板栗并称为"木本粮食"和"铁杆庄稼"，果实常经脱涩后作水果，一年中都可随时取食，含有大量的糖类及多种维生素，有"果中圣果"的美誉。

植物柿在《礼记》中已有记载。柿蒂入药始见于《本草拾遗》，形状似钉，平展后类方形，又似古钱，故称柿钱、柿丁。为宿存之花萼，故亦称柿蒂。

罗田甜柿，湖北省罗田县特产，是自然脱涩的甜柿品种。秋天成熟后，不需加工，可直接食用。其特点是个大色艳，身圆底方，皮薄肉厚，甜脆可口。2008 年 9 月 19 日，国家质量监督检验检疫总局批准对"罗田甜柿"实施地理标志产品保护，保护范围为湖北省罗田县所辖行政区域。

【入药部位及性味功效】

柿蒂，又称柿钱、柿丁、柿子把、柿蒂，为植物柿的宿存花萼。秋、冬季收集成熟柿子的果蒂（带宿存花萼），去柄，洗净，晒干。味苦、涩，性平。归胃经。降逆止呃。用于呃逆，噫气，反胃。

柿子，为植物柿的果实。霜降至立冬间采摘，经脱涩红熟后，食用。味甘、涩，性凉。归心、肺、大肠经。清热，润肺，生津，解毒。主咳嗽，吐血，热渴，口疮，热痢，便血。

柿漆，又称柿涩，为植物柿及同属植物的未成熟果实，经加工制成的胶状液。采摘未成熟的果实，捣烂，置于缸中，加入清水，搅动，放置若干时，将渣滓除去，剩下胶状液，即为柿漆。味苦、涩。平肝。主治高血压。

柿皮，为植物柿的外果皮。将未成熟的果实摘下，削取外果皮，鲜用。味甘、涩，性寒。清热解毒。主治疔疮，无名肿毒。

柿叶，为植物柿的干燥叶。霜降后采收，除去杂质，晒干。味苦，性寒。归肺经。清肺止咳，活血止血，生津止渴。主治肺热咳喘，肺气胀，各种内出血，高血压，津伤口渴。（可适量泡茶）

柿花，为植物柿的花。4～5月花落时采收，除去杂质，晒干或研成粉。味甘，性平。归脾、肺经。降逆和胃，解毒收敛。主治呕吐，吞酸，痘疮。

柿木皮，为植物柿的树皮。全年均可采收，剥取树皮，晒干。味涩，性平。清热解毒，止血。主治下血，汤火疮。

柿根，为植物柿的根或根皮。9～10月采挖，洗净，鲜用或晒干。味涩，性平。清热解毒，凉血止血。主治血崩，血痢，痔疮，蜘蛛背。

柿饼，又称火柿、乌柿、干柿、白柿、柿花、柿干，为植物柿的果实经加工后制成。秋季将未成熟的果实摘下，剥除外果皮，日晒夜露，经过1个月后，放置席圈内，再经1个月左右，即成柿饼。味甘，性平，微温。润肺，止血，健脾，涩肠。主治咯血，吐血，便血，尿血，脾虚消化不良，泄泻，痢疾，喉干音哑，颜面黑斑。

柿霜，为植物柿的果实制成柿饼时外表所生的白色粉霜，刷下，即为柿霜。将柿霜放入锅内加热溶化后，呈饴状时，倒入模具中，冷后，取出干燥，即为柿霜饼。味甘，性凉。归心、肺、胃经。清热生津，润肺止咳，止血。主治肺热燥咳，咽干喉痛，口舌生疮，吐血，咯血，消渴。

柿霜饼，为植物柿的果实，在加工"柿饼"时析出的白色粉霜的饼状复制品。味甘，性凉。清热，润燥宁咳。用于咽干喉痛，口舌生疮。

【经方验方应用】

治高血压：柿漆1～2匙，用牛乳或米饮汤和服，每日2～3回。（《现代实用中药》）

治紫癜风：柿叶研末，每次服3g，每日服3次。（《湖南药物志》）

治高血压：柿叶研末，每次服6g。（《湖南药物志》）

治疔疮、无名肿毒：鲜皮，贴敷。（《滇南本草》）

治痘疮破烂：柿花晒干为末，搽之。（《滇南本草》）

治汤火疮：柿木皮，烧灰，油调敷。（《本草纲目》）

治反胃：柿饼同干饭日日食之，绝不用水饮。（《经验方》）

治慢性气管炎、干咳喉痛：柿霜12～18g，温水化服，每日2次分服。（《全国中草药汇编》）

第五节　蔷薇亚纲植物

蔷薇亚纲属于木兰纲，本亚纲占木兰纲总数的1/3，共有18目，118科，约58000种。本纲植物为木本或草本。单叶或常羽状复叶。花被明显分化，异被，分离或偶结合；雄蕊多数或少数，雌蕊心皮分离或结合，子房上位或下位。植物体常含单宁。

一、蔷薇科

草本、灌木或小乔木，常有刺及皮孔；叶互生，单叶或复叶，常有托叶；花两性，辐射对称，五基数，花托隆起到凹陷；核果、梨果、聚合果或蓇葖果。本科许多种类富有经济价值，温带的果品以属于本科者为多，如苹果、梨、桃、李、杏、樱桃、枇杷、山楂、草莓和树莓等，都是著名的水果，扁桃仁和杏仁等都是著名的干果，各有很多优良品种，在世界各地普遍栽培；作观赏用的更多，如各种绣线菊、珍珠梅、蔷薇、月季、海棠、梅花、樱花、碧桃等，或具美丽可爱的枝叶和花朵，或具鲜艳多彩的果实，在全世界各地庭园中均占重要位置。

1. 山楂 Crataegus pinnatifida Bge.

蔷薇科（Rosaceae）山楂属落叶乔木。

山楂是中国特有的药果兼用树种，其抗衰老作用位居群果之首。

山楂，生山野，味酢似楂子，故名。"楂"与"楂"通，俗误作"查"。鼠查、茅楂、猴楂者，《本草纲目》云："此物生于山原茅林中，猴、鼠喜食之，故又有诸名也。"《新修本草》称"赤爪实"，《桂海虞衡志》作"赤枣子"，盖枣、爪音近而讹，亦或楂状似枣故尔。映山红果、山里红果等，皆以色红生山中得名。因味极酸，故有酸梅子、酸查诸名。

山楂之名始见于《本草衍义补遗》。《新修本草》云："小树生高五六尺，叶似香薷，子似虎掌爪，木如小林檎，赤色。"《本草纲目》云："赤爪、棠梂、山楂，一物也。古方罕用，故《唐本草》虽有赤爪，后人不知即此也。自丹溪朱氏始着山楂之功，而后遂为要药。其类有二种，皆生山中：一种小者，山人呼为棠杭子、茅楂、猴楂，可入药用。树高数尺，叶有五尖，桠间有刺，三月开五出小白花，实有赤、黄二色，肥者如小林檎，小者如指头，九月乃熟。其核状如牵牛子，黑色，甚坚；一种大者，山人呼为羊杭子，树高丈余，花叶皆同，但实稍大而黄绿，皮涩肉虚为异尔。初甚酸涩，经霜乃可食，功应相同而采药者不收。按《物类相感志》言，煮老鸡硬肉，入山楂数颗即易烂，则其消肉积之功，盖可推矣。"

《中华人民共和国药典》1995 年版规定山里红、山楂为药用山楂之正品。

【入药部位及性味功效】

山楂，又称杭、檕梅、杭子、鼠查、羊梂、赤爪实、棠梂子、赤枣子、山里红果、酸枣、鼻涕团、柿楂子、山里果子、茅楂、猴楂、映山红果、海红、酸梅子、山梨、酸查，为植物山楂、山里红（Crataegus pinnatifida var. major N. E. Br.）的成熟果实。9～10 月果实成熟后采收。采下后趁鲜横切或纵切成两瓣，晒干，或采用切片机切成薄片，在 60～65℃下烘干。味酸、甘，性微温。归脾、胃、肝经。消食积，化滞瘀。主治饮食积滞，脘腹胀痛，泄泻痢疾，血瘀痛经，闭经，产后腹痛，恶露不尽，疝气或睾丸肿痛，高脂血症。

山楂糕，为植物山楂、山里红等的果实经过加工后的糕点成品。以成熟果实，加工后制成糕。味酸、甘，性微温。归脾、胃经。消食，导滞，化积。主治食积停滞，肉积不消，脘腹胀满，大便秘结。

山楂核，为植物山楂、山里红等的种子。加工山楂或山楂糕时，收集种子，晒干。味苦，性平。归胃、肝经。消食，散结，催生。主治食积不化，疝气，睾丸偏坠，难产。

山楂花，为植物山楂、山里红的花。5～6月将花摘下，晒干。味苦，性平。归肝经。降血压。主治高血压病。

山楂叶，为植物山里红等的叶。夏秋季采收，晒干。味酸，性平。归肝经。止痒，敛疮，降血压。主治漆疮，溃疡不敛，高血压病。

山楂木，又称赤爪木，为植物山里红等的木材。修剪时留较粗茎枝，去皮，切片晒干。味苦，性寒。祛风燥湿，止痒。主治痢疾，头风，身痒。

山楂根，为植物山里红等的根。春、秋季采收，洗净，切段，晒干。味甘，性平。归胃、肝经。消积和胃，止血，祛风，消肿。主治食积，痢疾，反胃，风湿痹痛，咯血，痔漏，水肿。

临床上，山楂叶治疗冠心病、心绞痛；山楂核治疗软组织疼痛；山楂治疗高脂血症、冠心病、高血压病、克山病、急性细菌性痢疾、肠炎、婴幼儿腹泻、呃逆、肾盂肾炎、乳糜尿、冻疮等。

【经方验方应用】

治食肉不消：山楂肉四两，水煮食之，并饮其汁。(《简便单方》)

治癫痫病：山楂一钱五分，橄榄八分。水煎服，每日一贴，数月之后奏其效。(《药笼本草》)

治高血压：山楂叶，水煎代茶饮。(《陕西中草药》)

治多年痔漏：韭菜根、山楂根煎汤，熏洗为妙。(《外科启玄》二根汤)

治血脂过高症：山楂根、茶树根、荠菜花、玉米须各30g，水煎服，每日1剂。(《全国中草药汇编》)

2. 枇杷 Eriobotrya japonica (Thunb.) Lindl.

蔷薇科枇杷属常绿小乔木。

枇杷与樱桃、李子并称"三友"，富含粗纤维和矿物质元素，胡萝卜素的含量在所有水果中较高，是止咳化痰的高手，被称为"水果之冠"。

枇杷叶始载于《名医别录》，列为中品。《本草衍义》："枇杷叶……以其形如枇杷，故名之。"乐器琵琶，古亦写作"枇杷"，由于字形分化，属琴瑟类者固定作"琵琶"，而"枇杷"则专用于指果类。枇杷果初生时青卢色，形似橘，故方言亦称为卢橘。"芦桔"者，"芦"与"卢"同音通假，"桔"为"橘"字俗写。

【入药部位及性味功效】

枇杷，为植物枇杷的果实。因成熟不一致，宜分次采收。味甘、酸，性凉，无毒。归脾、肺、肝经。润肺下气，止渴。主肺热咳喘，吐逆，烦渴。

枇杷根，为植物枇杷的根。全年均可采挖，洗净泥土，切片，晒干。味苦，性平，无毒。归肺经。清肺止咳，下乳，祛内湿。主治虚劳咳嗽，乳汁不通，风湿痹痛。

枇杷核，为植物枇杷的种子。春、夏季果实成熟时采收，鲜用或晒干。味苦，性平，无毒。归肾经。化痰止咳，疏肝行气，利水消肿。主治咳嗽痰多，疝气，水肿，瘰疬。

枇杷花，又称土冬花，为植物枇杷的花。冬、春季采花，晒干。味淡，性平。归肺经。疏风止咳，通鼻窍。主治感冒咳嗽，鼻塞流涕，虚劳久嗽，痰中带血。

枇杷木白皮，又称枇杷树二层皮，为植物枇杷树干的韧皮部。全年均可采，剥取树皮，去除外层粗皮，晒干或鲜用。味苦，性平。归胃经。降逆和胃，止咳，止泻，解毒。主治呕吐，呃逆，久咳，久泻，痈疡肿痛。

枇杷叶露，又称枇杷露，为植物枇杷叶的蒸馏液。味淡，性平，无毒。归肺、胃经。清肺止咳，和胃下气。主肺热咳嗽，痰多，呕逆，口渴。

枇杷叶，又称巴叶、芦橘叶，为植物枇杷的叶。全年均可采收，晒至七、八成干时，扎成小把，再晒干。味苦，微寒。归肺、胃经。清肺止咳，降逆止呕。用于肺热咳嗽，气逆喘急，胃热呕逆，烦热口渴。

【经方验方应用】

回乳：枇杷叶去毛 5 片，牛膝根 9g，水煎服。（《浙江民间常用草药》）

甘露饮：清热养阴，行气利湿。主治积热及痘后咽喉肿痛、口舌生疮、齿龈宣肿。（《阎氏小儿方论》）

枇杷清肺汤：清养肺胃，解毒化痰。（《医宗金鉴》）

半夏木通汤：伤寒后，胃间余热，干呕不止。（《圣济总录》）

除瘟化毒汤：清肺解毒。主治白喉初起，症状轻而白膜未见者。（《白喉治法抉微》）

川贝枇杷露：清热宣肺，止咳化痰。主治伤风咳嗽、肺热咳嗽及支气管炎。（《中药制剂手册》）

3. 草莓 Fragaria ananassa Duch.

蔷薇科草莓属多年生草本。

草莓营养价值高，含有多种营养物质，且有保健功效，被誉为"水果皇后"。

【入药部位及性味功效】

草莓，为植物草莓的果实。草莓开花后约 30 天即可成熟，在果面着色 75％～80％时即可采收，每隔 1～2 天采收 1 次，可延续采摘 2～3 周，采摘时不要伤及花萼，必须带有果柄，轻采轻放，保证果品质量。味甘、酸，性凉。清凉止咳，健胃消食。主治口渴，食欲不振，消化不良。

4. 苹果 Malus pumila Mill.

蔷薇科苹果属乔木。

苹果富含矿物质和维生素，为人们最常食用的水果之一，被称为"智慧果""记忆果"。

以柰之名始载于《名医别录》，列为下品。《本草纲目》："柰与林檎，一类二种也。树、实皆似林檎而大，西土最多，可栽可压。有白、赤、青三色，白者为素柰，赤者为丹柰，亦曰朱柰，青者为绿柰，皆夏熟。凉州有冬柰，冬熟，子带碧色。"今之苹果，即为古代本草所称之柰。

【入药部位及性味功效】

苹果，又称柰、频婆、柰子、平波、超凡子、天然子、频果、西洋苹果，为植物苹果的果实。早熟品种 7～8 月采收，晚熟品种 9～10 月采收。保鲜，包装贮藏，及时调运。味甘、酸，性凉。益胃，生津，除烦，醒酒。主治津少口渴，脾虚泄泻，食后腹胀，饮酒过度。

苹果叶，为植物苹果的叶。凉血解毒。主治产后血晕，月经不调，发热，热毒疮疡，烫伤。

苹果皮，为植物苹果的果皮。降逆和胃。主治反胃。

5. 杏 Prunus armeniaca L.

蔷薇科杏属落叶小乔木。

杏子的果肉鲜甜绵软，有"甜梅"的美誉，民间则有"立夏吃个杏，到老没有病"的说法。

杏仁始载于《神农本草经》，列为下品。《说文解字》："杏，果也。从木，可省声。"为象形字。《本草纲目》云："杏字篆文象子在木枝之形。"杏子入药今以东来者为胜，仍用家园种者，山杏不堪入药。古代药用杏仁来源于杏属多种植物的种仁，并以家种杏仁为主，与今一致。

【入药部位及性味功效】

杏花，为植物杏、山杏的花。3～4 月采花，阴干备用。味苦，性温，无毒。归脾、肾经。活血补虚。主治不孕，肢体痹痛，手足逆冷。

杏仁，又称杏核仁、杏子、木落子、苦杏仁、杏梅仁、杏、甜梅，为植物杏、野杏、山杏、东北杏的种子。味苦，性温，有毒。归肺、脾、大肠经。祛痰止咳，平喘，润肠，下气开痹。主治外感咳嗽，喘满，伤燥咳嗽，寒气奔豚，惊痫，胸痹，食滞脘痛，血崩，耳聋，疮肿胀，湿热淋证，疥疮，喉痹，肠燥便秘。

杏子，又称杏实，为植物杏、山杏的果实。果熟时采收。味酸、甘，性温，有毒。归肺、心经。润肺定喘，生津止渴。主治肺燥咳嗽，津伤口渴。

杏叶，又称杏树叶，为植物杏、野杏或山杏的叶。夏、秋季叶长茂盛时采收，鲜用或晒干。味辛、苦，微凉。归肝、脾经。祛风利湿，明目。主治水肿，皮肤瘙痒，目疾多泪，痈疮瘰疬。

杏树根，为植物杏、山杏的根。四季均可采收，挖根，洗净，切碎晒干。味苦，性温。归肝、肾经。解毒。主杏仁中毒。

杏树皮，为植物杏、山杏的树皮。春秋采收，剥取树皮，削去外面栓皮，切碎晒干。味甘，性寒。归心、肺经。解毒。主治食杏仁中毒。

杏枝，为植物杏、山杏的树枝。味辛，性平。归肝经。活血散瘀。主跌打损伤，瘀血阻络。

【经方验方应用】

麻黄汤：发汗解表，宣肺平喘。常用于感冒、流行性感冒、急性支气管炎、支气管哮喘等属风寒表实证者。（《伤寒论》）

华盖散：宣肺解表，祛痰止咳。（《博济方》）

桑菊饮：疏风清热，宣肺止咳。（《伤寒论》）

巴膏：化腐生肌。一切痈疽，发背，恶疮。（《医宗金鉴》）

麻黄杏子汤：外感胁痛。风寒壅肺，恶寒发热，喘急嗽痰，胁下作痛。（《症因肺治》）

6. 桃 *Prunus persica* L.

蔷薇科李属落叶小乔木。

桃子素有"寿桃"和"仙桃"的美称，因其肉质鲜美，又被称为"天下第一果"。

桃，本意作"毛果"解，见《玉篇》。高树藩以"兆"即预兆，古人有视桃花盛衰以预卜丰歉之说，故桃从兆声。李时珍云："桃性早花，易植而子繁，故字从木、兆。十亿曰兆，言其多也。"李时珍云："（桃枭）桃子干悬如枭首樃木之状，故名。奴者，言其不能成实也。《家宝方》谓之神桃，言其辟恶也。千叶桃花结子在树不落者，名鬼髑髅。"碧桃干者言其果色绿黄；瘪桃干者言其外表干瘪。气桃当为"弃桃"之谐音。

桃仁始载于《神农本草经》，作桃核仁，列为下品。古代桃仁来源于桃属多种植物的种子，但以非嫁接的桃和山桃的种子为好，与今一致。

【入药部位及性味功效】

桃仁，又称桃核仁，为植物桃、山桃的种子。夏秋间采摘成熟果实，取出果核，或在食用果肉时收集果核，除净果肉及核壳，取出种子，晒干。味苦、甘，小毒。归心、肝、大肠经。活血祛瘀，润肠通便。主治经闭痛经，癥瘕痞块，肺痈，肠痈，跌扑损伤，肠燥便秘，咳嗽气喘，产后瘀滞腹痛。

碧桃干，又称桃枭、鬼髑髅、桃奴、枭景、干桃、气桃、阴桃子、桃干、瘪桃干，为植物桃、山桃的未成熟果实。4～6月取其未成熟而落于地上的果实，翻晒4～6天，由青色变为青黄色即得。味酸、苦，性平。归肺、肝经。敛汗涩精，活血止血，止痛。主治盗汗，遗精，心腹痛，吐血，妊娠下血。

桃子，又称桃实，为植物桃、山桃的果实，成熟时采摘，鲜用或作脯。味甘、酸，性温。归肺、大肠经。生津，润肠，活血，消积。主治津少口渴，肠燥便秘，闭经，积聚。

桃花，为植物桃、山桃的花。3～4月间桃花将开放时采收，阴干，放干燥处。味苦，性平。归心、肝、大肠经。利水通便，活血化瘀。主治小便不利，水肿，脚气，痰饮，砂石淋，便秘，闭经，癫狂，疮疹。

桃毛，为植物桃、山桃的果实上的毛。将未成熟果实之毛刮下，晒干。味辛，性平。活血，行气。主治血瘕，崩漏，带下。

桃叶，为植物桃、山桃的叶。夏季采叶，鲜用或晒干。味苦、辛，性平。归脾、肾经。祛风清热，燥湿解毒，杀虫。主治外感风邪，头风头痛，风痹，湿疹，痈肿疮疡，癣疮，疟疾，阴道滴虫。

桃枝，为植物桃、山桃的幼枝。夏季采收，切段，晒干，或随剪随用。味苦，性平。活血通络，解毒，杀虫。主治心腹疼痛，风湿关节痛，腰痛，跌打损伤，疮癣。

桃茎白皮，又称桃皮、桃树皮、桃白皮，为植物桃、山桃去掉栓皮的树皮，夏秋剥皮，除去栓皮，切碎，晒干或鲜用。味苦、辛，性平。清热利湿，解毒，杀虫。主治水肿，痧气腹痛，肺热喘闷，痈疽，瘰疬，湿疮，风湿关节痛，牙痛，疮痈肿毒，湿癣。

桃根，又称桃树根，为植物桃、山桃的根或根皮。全年可采，挖取树根，洗净，切片，晒干。或剥取根皮，切碎，晒干。味苦，性平。归肝经。清热利湿，活血止痛，消痈肿。主治黄疸，吐血，衄血，闭经，痈肿，痔疮，风湿痹痛，跌打劳伤疼痛，腰痛，痧气腹痛。

桃胶，为植物桃、山桃树皮中分泌出来的树脂。夏季用刀切割树皮，待树脂溢出后收集，水浸，洗去杂质，晒干。味苦，性平。和血，通淋，止痢。主治石淋，血瘕，痢疾，腹痛，糖尿病，乳糜尿。

临床上，桃仁治疗血吸虫病性肝硬化、冠心病等；碧桃干治疗盗汗；桃树枝治疗疟疾；桃叶治疗慢性荨麻疹、真菌性肠炎、小儿慢性腹泻、阴道滴虫病等。

【经方验方应用】

治冬月唇干血出：桃仁捣烂，猪油调涂唇上，即效。（《寿世保元》）

治糖尿病：桃胶 15～24g，玉米须 30～48g，枸杞根 30～48g，煎服。（《上海常用中草药》）

治风火牙痛：桃树根 60g，鸭蛋 1 个。同煮，服汤食蛋。（《江西草药》）

治肋间神经痛：桃树根二重皮 30g，猪瘦肉少许。水炖加酒服。（《福建药物志》）

治食管癌：鲜桃树皮 90～120g，捣烂加水少许，取汁服。（《内蒙古中草药》）

治眼肿：桃树青皮为末，醋和敷之。（《岭南采药录》）

治黄疸：鲜桃枝 90g，切碎煎汁服。（《陕甘宁青中草药选》）

治阴道滴虫：鲜桃叶适量，煎水，于睡前熏洗阴部。另取鲜桃叶适量，洗净揉碎，纱布包扎，于睡前塞入阴道，次晨取出。（《湖北中草药志》）

治脚癣：桃树鲜嫩叶捣敷。（《广西本草选编》）

治头面癣疮：桃叶捣汁敷之。（《千金要方》）

治水火烫伤：鲜桃叶捣烂，麻油调敷患处。（《安徽中草药》）

治妇女阴中生疮，如虫咬疼痛：生捣桃叶绵裹内阴中，日三四易。（《食疗本草》）

治女人阴户内生疮，作痛如虫咬，或作痒难禁者：桃仁、桃叶相等，捣烂，丝绵裹纳其中，日易三四次。（《日用本草》）

治风湿性关节炎：桃树叶适量，加水煮，过滤取药再浓缩成胶状。取适量摊在纸上或纱布上贴患处。（《广西本草选编》）

治妇人无子：桃花、杏花，阴干为末。和井华水，服方寸匕。（《卫生易简方》）

治音哑：碧桃干 7 个（煅炭存性），研末，大枣 30g，煎水冲服。（《安徽中草药》）

治卒然半身不遂：碧桃干 60～90g，桔梗 15～18g，丹参 30g，水煎，冲黄酒，早晚饭前各服 1 次。（《天目山药用植物志》）

7. 樱桃 Prunus pseudocerasus (Lindl.) G. Don

蔷薇科李属落叶灌木或乔木。

樱桃在落叶果树中属于成熟最早的水果，其素有"早春第一果""百果之先""春果第一枝"的美誉。

《说文新附》："樱，果也。从木，婴声。"声符兼表意。郑珍《新附考》云："婴者，小之称。如小儿名'婴儿'。'樱桃'，桃之小者也。"而时珍云："其颗如璎珠，故谓之樱。"莺桃、英桃、含桃者，《本草纲目》又云："许慎作莺桃，云莺所含食，故又曰含桃。"也有人认为"莺""英"俱为"樱"之音同假借字。"荆"与"樱"故音双声，故亦称荆桃。称"朱""紫"者，均以色命名。

樱桃始载于《吴普本草》，其后诸家本草均有收录。《本草图经》云："樱桃，旧不著所出州土，今处处有之，而洛中、南都者最胜，其实熟时深红色者谓之朱樱，正黄明者谓之蜡樱，极大者有若弹丸，核细而肉浓，尤难得也。食之，调中益气，美颜色。虽多无损，但发虚热耳。惟有暗风人不可啖，啖之立发……其木多阴，最先百果而熟，故古多贵之。"《本草纲目》载："樱树不甚高，春初开白花，繁英如霜。叶团有尖及细齿。结子一枝数十颗，三月熟时须守护，否则鸟食无遗也。"

【入药部位及性味功效】

樱桃，又称含桃、荆桃、山朱樱、朱果、楔、楔桃、朱樱、朱桃、麦英、朱茱、麦甘醋、牛桃、英桃、朱樱桃、樱、李桃、奈桃、紫樱、樱珠、蜡樱、紫桃、莺桃，为植物樱桃的果实。早熟品种，一般 5 月中旬采收，中晚熟品种也随后可陆续采收。味甘、酸，性温。归脾、肾经。补血益肾。主治脾虚泄泻，肾虚遗精，腰腿疼痛，四肢不仁，瘫痪。

樱桃水，为植物樱桃的新鲜果实，经加工取得的浓汁。采摘成熟果实，去核压榨取得的液汁，装入瓷坛封固备用。味甘，性平。透疹，敛疮。主治疹发不出，冻疮，烧烫伤。

樱桃核，又称樱桃米，为植物樱桃的果核。夏季取成熟果实置于缸中，用器具揉搓，使果肉与果核分离，然后洗去果肉，取出核，晒干。味辛，性温。归肺经。发表透疹，消瘤去瘢，行气止痛。主治痘疹初期透发不畅，皮肤瘢痕，瘿瘤，疝气疼痛。

樱桃叶，为植物樱桃的叶。夏秋季采叶，鲜用或晒干。味甘、苦，性温。归肝、脾经。温中健脾，止咳止血，解毒杀虫。主治胃寒食积，腹泻，咳嗽，吐血，疮疡肿痛，蛇虫咬伤，阴道滴虫。

樱桃枝，又称樱桃梗，为植物樱桃的枝条。全年均可采收，切段晒干。味辛、甘，性温。温中行气，止咳，去斑。主治胃寒脘痛，咳嗽，雀斑。

樱桃根，为植物樱桃的根。全年均可采挖，洗净，切段晒干或鲜用。味甘，性平。杀虫，调经，益气阴。主治绦虫、蛔虫、蛲虫病，经闭，劳倦内伤。

樱桃花，为植物樱桃的花。花盛开时采摘，晒干。养颜去斑。主治面部粉刺。

临床上，樱桃水治疗冻疮。

【经方验方应用】

治烧烫伤：樱桃水蘸棉花上，频涂患处，当时止痛，还能制止起疱化脓。(《河北中医药集锦》)

治冻疮：①将樱桃水搽疮上。若预搽面，则不生冻疮。(《梁候瀛集验方》) ②鲜樱桃放瓶内埋于地下，入冬时取出外涂患处。(南药《中草药学》)

治疹发不出，名曰闷疹：樱桃水一杯，略温灌下。(《不药良方》)

治麻疹透发不畅：樱桃核 12～15g，水煎，早晚饭前各服 1 次。忌食糖、葱、大蒜及饮酒。(《天目山药用植物志》)

治疮痘瘢：用樱桃仁研细敷之。(《普济方》)

治眼皮生瘤：樱桃核磨水搽之，其瘤渐渐自消。(《医学指南》)

治阴道滴虫：樱桃树叶 500g，煎水坐浴，同时用棉球沾樱桃叶水塞阴道内，半日换 1

次，半月即愈。（《全国中草药新医疗法展览会资料汇编》）

治慢性支气管炎：鲜樱桃叶 18～30g，加糖适量，水煎服。（《浙江药用植物志》）

治雀卵斑黯：樱桃枝同紫萍、牙皂、白梅肉研和，日用洗面。（《本草纲目》）

治劳倦内伤：鲜樱桃根 90～120g，水煎，早晚饭前各服 1 次。忌食酸辣、芥菜、萝卜等。（《天目山药用植物志》）

治肝经火旺，手心潮烧：樱桃根 60g，水煎服。（《重庆草药》）

8. 李 *Prunus salicina* Lindl.

蔷薇科李属乔木。

李子低热量、低脂肪，"一个李子中的抗氧化剂含量与一大把蓝莓的抗氧化剂含量相当"，也堪称抗衰老、防疾病的"超级水果"。

李又名鸡血李、麦李、脆李、金沙李、玉皇李，《本草纲目》引罗愿《尔雅翼》云："李乃木之多子者，故字从木、子。""李"为形声字，声符兼表意。李时珍质疑云："窃谓木之多子者多矣，何独李称木子耶？按《素问》言李味酸属肝，东方之果也。则李于五果属木，故得专称尔。"然先有李树之名而后有五行学说，时珍之说不可取。麦李者，因其于"麦秀时熟"而得名。嘉庆子者，唐代韦述《两京记》："东都嘉庆坊有李树，其实甘鲜，为京都之美，故称嘉庆李。今人但言嘉庆子。"

以李实之名始载于《名医别录》。《本草纲目》云："绿叶白花，树能耐久，其种近百，李子大者如卵，小者如弹如樱，其味有甘、酸、苦、涩数种，其色有青、绿、紫、朱、黄，赤色缥绮、胭脂、青皮、紫灰之殊，其形有牛心、马肝、奈李、杏李、水李、离核、合核、无核、扁缝之异。"

【入药部位及性味功效】

李子，又称李实、嘉庆子、山李子、嘉应子，为植物李的果实。7～8 月果实成熟时采摘，鲜用。味甘、酸，性平。归肝、脾、肾经。清热，生津，消积。主治虚劳骨蒸，消渴，食积。

李核仁，又称李仁、李子仁、小李仁，为植物李的种子。7～8 月果实成熟时采摘，除去果肉收果核，洗净，破核取仁，晒干。味苦，性平。归肝、肺、肠经。祛瘀，利水，润肠。主治血瘀疼痛，跌打损伤，水肿膨胀，脚气，肠燥便秘。

李树叶，又称李叶，为植物李的叶。夏、秋季间采叶，鲜用或晒干。味甘、酸，性平。清热解毒。主治壮热惊痫，肿毒溃烂。

李子花，为植物李的花。4～5 月间花盛开时采摘一部分，晒干。味苦，性平。泽面。主治粉滓黯黵，斑点。

李根，又称山李子根、李子树根，为植物李的根。全年均可采收，刮去粗皮，洗净，切断，晒干或鲜用。味苦，性寒。清热解毒，利湿。主治疮疡肿毒，热淋，痢疾，白带。

李根皮，又称甘李根白皮、李根白皮，为植物李的根皮。全年均可采挖，剥取根皮，晒干。味苦、咸，性寒。归肝、肾、心经。降逆，燥湿，清热解毒。主治气逆奔豚，湿热痢疾，赤白带下，消渴，脚气，丹毒疮痈。

李树胶，为植物李的树脂。在李树生长繁茂的季节，收采树干上分泌的胶质，晒干。

味苦，性寒。清热，透疹，退翳。主治麻疹透发不畅，目生翳障。

【经方验方应用】

治肝肿硬腹水：李子鲜食。（《泉州本草》）

治骨蒸劳热，或消渴引饮：鲜李子捣绞汁冷服。（《泉州本草》）

治肿毒溃烂：李叶捣烂敷。（《湖南药物志》）

治小儿壮热，惊痫：李根白皮煎汤浴之。（《本草药性大全》）

治牙齿痛：鲜李根取白皮细切，水煎浓汁半碗，漱口，含之良久吐出，又含。（《古今医统》）

治小儿痘疹不起发：用李树上的津胶，每用些许熬水，饮之即起。（《万病回春》）

9. 白梨 Pyrus bretschneideri Rehd.

蔷薇科梨属乔木。

梨被誉为百果之宗，梨不仅鲜甜可口、香脆多汁，而且营养丰富，含有多种维生素和纤维素，不同种类的梨味道和口感完全不同。梨既可生食，也可蒸煮后食用。民间把梨去核，放入冰糖，蒸煮过后食用可止咳。

陶弘景云："梨种复殊多，并皆冷利，俗人以为快果。"《本草纲目》："震亨曰：梨者，利也。其性下行流利也。"梨为形声字，声符兼表意。果宗、玉乳、蜜父，都是对梨的甘甜美味之褒誉。

梨始载于《名医别录》。《本草图经》云："梨……医家相承用乳梨、鹅梨。乳梨出宣城，皮厚而肉实，其味极长。鹅梨出近京州郡及北部，皮薄而浆多，味差短于乳梨，其香则过之。咳嗽热风痰实药多用之。其余水梨、消梨、紫煤梨、赤梨、甘棠御儿梨之类甚多，俱不闻入药也。"《救荒本草》云："梨树出郑州及宣城，今处处有。其树叶似棠叶而大，色青，开花白色，结实形样甚多。"《本草纲目》："梨树高二三丈，尖叶光腻有细齿，二月开白花如雪六出……梨有青、黄、红、紫四色，乳梨即雪梨，鹅梨即绵梨，消梨即香水梨也。俱为上品，可以治病……盖好梨多产于北土，南方惟宣城者为胜。"梨品种较多，古代本草主要入药品种鹅梨是今白梨的一种，乳梨是今沙梨的一种，消梨、醋梨则属于秋子梨品种。

【入药部位及性味功效】

梨，又称快果、果宗、玉乳、蜜父，为植物白梨、沙梨 [*Pyrus pyrifolia* (Burm. F.) Nakai]、秋子梨（*Pyrus ussuriensis* Maxim.）等的果实。8～9 月当果皮呈现该品种固有的颜色，有光泽和香味，种子变为褐色，果柄易脱落时，即可适时采摘。不要碰伤梨果核或折断果枝。味甘，微酸，性凉。归肺、胃、心经。清肺化痰，生津止渴。主治肺燥咳嗽，热病烦躁，津少口干，消渴，目赤，疮疡，烫火伤。

梨皮，为植物白梨、沙梨或秋子梨等的果皮。9～10 月果实成熟时采摘，削取果皮，鲜用或晒干。味甘、涩，性凉。清心润肺，降火生津，解疮毒。主治暑热烦渴，肺燥咳嗽，吐血，痢疾，疥癣，发背，疔疮。

梨花，为植物白梨、沙梨或秋子梨等的花。花盛开时采摘，晾干。味淡，性平。泽面去斑。主治面生黑斑粉滓。

梨叶，为植物白梨、沙梨或秋子梨等的叶。夏、秋季采叶，鲜用或晒干。味辛、涩、微苦，性平。舒肝和胃，利水解毒。主治霍乱吐泻腹痛，水肿，小便不利，小儿疝气，菌菇中毒。

梨枝，为植物白梨、沙梨或秋子梨等的树枝。全年均可采，剪取枝条，切成小段，晒干。味辛、涩、微苦，性平。行气和中，止痛。主治霍乱吐泻，腹痛。

梨木皮，为植物白梨、沙梨或秋子梨等的树皮。春、秋季节均可剥皮。春季由于树液流动，皮层容易剥落，但质量较差；秋季8～9月采剥，则品质较优。在成龄树上剥皮可采用环状剥皮或一定面积条状剥皮，将剥下的树皮，按规格的宽度截成条状，晒干。味苦，性寒。清热解毒。主治热病发热，疮癣。

梨木灰，为植物白梨、沙梨或秋子梨等的木材烧成的灰。全年均可采，将木材晒干，烧成炭灰，保存。味微咸，性平。降逆下气。主治气积郁冒，胸满气促，结气咳逆。

梨树根，又称糖果根、糖梨根，为植物白梨、沙梨或秋子梨等的根。全年均可采，挖取侧根，洗净，切段，晒干。味甘、淡，性平。清肺止咳，理气止痛。主治肺虚咳嗽，疝气腹痛。

临床上，梨叶治疗蘑菇中毒。

【经方验方应用】

治消渴：香水梨（或好鹅梨，或江南雪梨，俱可），用蜜熬瓶盛，不时用热水或冷水调服，止嚼梨亦妙。（《普济方》）

治伤寒温疫，已发未发：用梨木皮、大甘草各一两，黄秫谷一合（为未），锅底煤一钱。每服三钱，白汤下，日二服。（《简易方论》）

10. 玫瑰 Rosa rugosa Thunb.

蔷薇科蔷薇属灌木。

玫瑰是所有花卉中最著名和最受欢迎的一类，被认为是爱、美、平等的永恒象征。玫瑰的成熟鲜果，维生素C的含量最丰富；从玫瑰花中提取的香料——玫瑰油，被称之为"液体黄金"。

《说文解字》："玫瑰，火齐玫瑰（段玉裁注谓当作'火齐珠'），一曰石之美者。"《吴都赋》注曰："火齐如云母，重沓而可开，色黄赤似金。"其花多色紫而艳，又多重瓣，恰如美珠，故得玫瑰之名。音转为徘徊花。茎枝有刺，因名刺玫花。

玫瑰花始载于《食物本草》，云："处处有之，江南尤多。茎高二三尺，极利秽污灌溉。宿根自生，春时抽条，枝干多刺。叶小似蔷薇叶，边多锯齿。四月开花，大者如盏，小者如杯，色若胭脂，香同兰麝。"《群芳谱》载："玫瑰一名徘徊花，灌生，细叶，多刺，类蔷薇，茎短……娇艳芬馥，有香有色，堪入茶入酒入蜜。栽宜肥土，常加浇灌，性好洁，最忌人溺，溺浇即萎。"

【入药部位及性味功效】

玫瑰花，又称徘徊花、笔头花、湖花、刺玫花、刺玫菊，为植物玫瑰和重瓣玫瑰的花。5～6月盛花期前，采摘已充分膨大但未开放的花蕾。文火烘干或阴干；或采后装入纸袋，贮石灰缸内，封盖，每年梅雨期更换新石灰。味甘、微苦，性温。归肝、脾经。理气解郁，和血调经。主治肝气郁结所致胸膈满闷，脘胁胀痛，乳房作胀，月经不调，痢疾，泄泻，带下，跌打损伤，痈肿。

玫瑰露，为植物玫瑰花的蒸馏液。味淡，性平。归肝、胃经。和中，养颜泽发。主治肝气犯胃，脘腹胀满疼痛，肤发枯槁。

玫瑰根，为植物玫瑰花的根。全年均可采挖，洗净，切片，晒干。味甘、微苦，性微温。归肝经。活血，调经，止带。主治月经不调，带下，跌打损伤，风湿痹痛。

【经方验方应用】

治月经不调：玫瑰花3～9g，水煎冲黄酒、红糖服，每日1剂。(《青岛中草药手册》)

治肝胃气痛：玫瑰花阴干，冲汤，代茶服。(《本草纲目拾遗》)

治肺病咳嗽吐血：鲜玫瑰花捣汁，炖冰糖服。(《泉州本草》)

治跌打损伤、风湿痹痛、腰腿疼痛：玫瑰根（或玫瑰花）30～60g，泡酒服。(《恩施中草药手册》)

治月经不调：玫瑰根3～9g，水煎。冲黄酒、红糖，早晚饭前各服1次。(江西《草药手册》)

二、豆科

草本、灌木、乔木或藤本。叶常为羽状或三出复叶，有叶枕。花冠多为蝶形或假蝶形花冠；果实为荚果。豆科具有重要的经济意义，是人类食品中淀粉、蛋白质、油和蔬菜的重要来源之一。

1. 落花生 Arachis hypogaea L.

豆科（Fabaceae）落花生属一年生草本。

落花生是优质食用油主要油料品种之一，又名"花生"或"长生果"，出油率高达45%～50%。

本品果实由子房柄伸长入地后长成，似花落地而成，故有落花生之名。最早产于国外，荚果如豆，而有番豆之名。土露子、及地果，均言其长于土中也。《南越笔记》云："以清微有参气，亦名落花参。"

《福清县志》云："出外国，昔年无之，蔓生园中，花谢时，其中心有丝垂入地结实，故名。一房可二三粒，炒食味甚香美。"《汇书》云："近时有一种名落花生者，茎叶俱类豆，其花亦似豆花而色黄，枝上不结实，其花落地即结实与泥土中，亦奇物也。实亦似豆而稍坚硬，炒熟食之，作松子之味，此种皆自闽中来。"《物理小识》云："番豆名落花生、土露子，二三月种之，一畦不过数子。行枝如蕹菜、虎耳藤，横枝取土压之，藤上开花，丝落土成实，冬后掘土取之。壳有纹，豆黄白色，炒熟甘香似松子味。"又云："番豆花透空入土结豆，当通润脏腑。"《本经逢原》云："长生果产闽地，花落土中即生，从古无此，近始有之。"《调疾饮食辩》载："二月下种，自四月至九月，叶间连续开细黄花。跗长寸许，柔弱如丝。花落后，节间另出一小茎，如棘刺，钻入土中，生子，有一节、二节者，有三四节者。或离土远或遇天旱，上干其刺不能入土即不能结子。"所述茎叶俱类豆、其花亦似豆花，花丝入地，结实于泥土中等特点，均与落花生一致。

落花生出自《滇南本草图说》，落花生枝叶出自《滇南本草》，落花生根出自《福建药物志》，花生油出自《本草纲目拾遗》，花生衣、花生壳出自《全国中草药汇编》。

红安花生，湖北省黄冈市红安县特产，果壳较薄，色泽鲜艳，2013 年 4 月 15 日，中华人民共和国农业部正式批准对"红安花生"实施农产品地理标志登记保护，保护范围为红安县行政区内各乡镇，分别为城关镇、杏花乡、七里坪镇、华家河镇、二程镇、上新集镇、高桥镇、觅儿寺镇、八里湾镇、太平桥镇、永佳河镇、火连畈茶场共 12 个乡镇（场）。

【入药部位及性味功效】

落花生，又称花生、落花参、番豆、番果、土露子、长生果、落地生、及地果，为植物落花生的种子。秋末挖取果实，剥去果壳，取种子，晒干。味甘，性平，无毒。归脾、肺经。健脾养胃，润肺化痰。主治脾虚不运，反胃不舒，乳妇奶少，脚气，肺燥咳嗽，大便燥结。

落花生枝叶，又称花生茎叶，为植物落花生的茎叶。夏、秋季采收茎叶，洗净，鲜用或切碎晒干。味甘、淡，性平。清热解毒，宁神降压。主治跌打损伤，痈肿疮毒，失眠，高血压。

落花生根，又称花生根，为植物落花生的根。秋季挖取根部，洗净，鲜用或切碎晒干。味淡，性平。祛风除湿，通络。主治风湿关节痛。

花生油，又称果油、落花生油，为植物落花生的种子榨出之脂肪油。味甘，性平。归脾、胃、大肠经。润燥滑肠去积。主治蛔虫性肠梗阻，胎衣不下，烫伤。

花生衣，又称落花生衣、花生皮，为植物落花生的种皮。在加工油料或制作食品时收集红色种皮，晒干。味甘、微苦、涩，性平。凉血止血，散瘀。主治血友病，类血友病，血小板减少性紫癜，手术后出血，咳血，咯血，便血，衄血，子宫出血。

花生壳，为植物落花生的果皮。剥取花生时收集荚壳，晒干。味淡、涩，性平。化痰止咳，降压。主治咳嗽气喘，痰中带血，高胆固醇血症，高血压。

落花生衣临床上治疗各种出血症，尤其是对血友病，原发性及继发性血小板减少性紫癜，肝病出血，手术后出血，癌肿出血及胃、肠、肺、子宫等内脏出血的止血效果更为明显；治疗慢性气管炎；治疗冻疮，即将花生皮炒黄，研成细粉，每 50g 加醋 100mL 调成浆状，另取樟脑 1g，用少量酒精溶解后加入调匀，涂于冻伤处厚厚 1 层，用布包好，治疗 50 余例，一般 2～3 天即愈。

花生油临床上治疗急慢性细菌性痢疾，有效率 96.1％；治疗蛔虫性肠梗阻；治疗急性黄疸型传染性肝炎；防治传染性急性结膜炎；用于麻醉。

花生壳临床上治疗高胆固醇血症。

【经方验方应用】

治久咳、秋燥，小儿百日咳：花生（去嘴尖），文火煎汤调服。（《杏林医学》）

治脚气：生花生肉（带衣用）、赤小豆、红皮枣各 100g，煮汤，1 日数回饮用。（《现代实用中药》）

治妊娠水肿、羊水过多症：花生 125g，红枣 10 粒，大蒜 1 粒，水炖至花生烂熟，加红糖适量服。（《福建药物志》）

治乳汁少：花生米 90g，猪脚一条（用前腿），共炖服。（《陆川本草》）

治四日两头疟：炒熟花生，每日食一二两，不半日而愈。（《本草纲目拾遗》）

治烫伤：花生油 500mL（煮沸待冷），石灰水（取熟石灰粉 500g，加冷开水 1000mL，

搅匀静置，滤取澄清液）500mL，混合调匀，涂抹患处。（《浙江药用植物志》）

治疗血小板减少性紫癜：①花生衣 60g，冰糖适量，水炖服。（《福建药物志》）②花生衣 30g，大、小蓟各 60g，煎服。（《浙江药用植物志》）

治失眠：落花生鲜叶 60g，浓煎成 15~20mL，睡前服。（《全国中草药汇编》）

治高血压病：花生叶及秆各 30g，每日煎服，28 天为 1 个疗程。（《民间偏方与中草药新用途》）

治关节痛：落花生根 30g，猪瘦肉适量，水炖服。（《福建药物志》）

花生叶茶：将花生全草洗净切段，水煎当茶饮。镇静降压。适宜于高血压患者饮用。（《民间方》）

花生衣：花生衣 12g，研碎，备用，分 2 次冲服。适用于再生障碍性贫血和出血的患者。（《民间验方》）

落花生粥：落花生 45g（不去红衣），粳米二两，冰糖适量（也可加入怀山药 30g，或加百合 15g）。健脾开胃，润肺止咳，养血通乳。主肺燥干咳，少痰或无痰，脾虚反胃，贫血，产后乳汁不足。（《药粥疗法》引《粥谱》）

2. 大豆 Glycine max (L.) Merr.

豆科大豆属一年生草本。

大豆含有丰富植物蛋白质，营养价值仅次于肉、奶和蛋，故有"植物肉"的美称。

《说文解字》："尗，豆也。象尗豆生之形也。"《通训定声》："古谓之尗，汉谓之豆。今字作菽。"《本草纲目》："豆、尗皆荚谷之总称也。篆文尗，象荚生附茎下垂之形，豆象子在荚中之形。"本品在豆类中偏大，色黑，故有黑大豆诸名。

黑大豆以大豆之名始载于《神农本草经》。黑大豆之名则首见于《本草图经》，云："大豆有黑白二种，黑者入药，白者不用。"《本草纲目》："大豆有黑、白、黄、褐、青、斑数色。黑者名乌豆，可入药，及充食，作豉。黄者可作腐、榨油、造酱，余但可作腐及炒食而已。皆以夏至前后下种，苗高三四尺，叶团有尖，秋开小白花成丛，结荚长寸余，经霜乃枯。"所述与今之大豆相符。

豉，古作敊。《释名·释饮食》："豉，嗜也。五味调和，须之而成，乃可甘嗜也。故齐人谓豉，声如嗜也。""豉"为形声字。或曰"豉"声旁兼表意，谓其为佐味者，乃食品之支派也。豉有淡咸二种，淡者入药，故名淡豆豉。

淡豆豉在《伤寒论》中即有记载，原名香豉。《本草经集注》云："豉，食中之常用，春夏天气不和，蒸炒以酒渍服之，至佳。"《本草纲目》："豉，诸大豆皆可为之，以黑豆者入药。有淡豉、咸豉，治病多用淡豆汁及咸者，当随方法。"且《本草纲目》所述淡豆豉制作方法与现代基本一致。

大豆黄卷出自《神农本草经》，黑大豆花、黑大豆叶、黑大豆皮、豆腐皮、豆油出自《本草纲目》，豆腐出自《本草图经》，腐乳、豆腐渣、豆腐浆、腐巴出自《本草纲目拾遗》，酱出自《名医别录》，大豆根出自《福建药物志》，豆腐泔水出自《随息居饮食谱》，豆黄出自《食疗本草》，淡豆豉出自《本草汇言》，黄大豆出自宁源《食鉴本草》。

大豆黄卷有发表之功，能活血气、泄水湿。

豆腐有除热，安和脾胃之功。《食物本草》："凡人初到地方，水土不服，先食豆腐，则渐渐调妥。"

酱入药以豆酱陈久者佳。《本草经集注》："酱多以豆作，纯麦者少，今此当是豆者，亦以久者弥好。"《本草经疏》："惟豆酱陈久者入药，其味咸酸冷利，故主除热，止烦满及烫火伤毒也。能杀一切鱼、肉、蔬菜、蕈毒。《神农本草经》云杀百药毒者，误也。"

【入药部位及性味功效】

黑大豆，又称乌豆、黑豆、冬豆子、大豆、菽、尗，为植物大豆的黑色种子。8～10月果实成熟后采收，晒干，碾碎果壳，拣取黑色种子。味甘，性平。归脾、肾经。活血利水，祛风解毒，健脾益肾。主治水肿胀满，风毒脚气，黄疸浮肿，肾虚腰痛，遗尿，风痹筋挛，产后风痓，口噤，痈肿疮毒，药物、食物中毒。

黄大豆，又称黄豆，为植物大豆的种皮黄色的种子。8～10月果实成熟后采收，取其种子晒干。味甘，性平。归脾、胃、大肠经。健脾利水，宽中导滞，解毒消肿。主治食积泻痢，腹胀食呆，疮痈肿毒，脾虚水肿，外伤出血。

淡豆豉，又称香豉、豉、淡豉、大豆豉，为植物大豆黑色的成熟种子经蒸罨发酵等加工而成。味苦、辛，性平。归肺、胃经。解肌发表，宣郁除烦。主治外感表证，寒热头痛，心烦，胸闷。

豆黄，又称大豆黄，为植物大豆的黑色种子蒸罨加工而成。味甘，性温。归脾、胃经。祛风除湿，健脾益气。主治湿痹，关节疼痛，脾虚食少，胃脘痞闷，阴囊湿痒。

大豆黄卷，又称大豆卷、大豆蘖、黄卷、卷蘖、黄卷皮、豆蘖、豆黄卷、菽蘖，为植物大豆的种子发芽后晒干而成。味甘，性平。归脾、肺、胃经。清热透表，除湿利气。主治湿温初起，暑湿发热，食滞脘痞，湿痹，筋挛，骨节烦疼，水肿胀满，小便不利。

黑大豆皮，又称黑豆衣、黑豆皮、稆豆衣，为植物大豆黑色的种皮。将黑大豆用清水浸泡，待发芽后，搓下种皮晒干，或取做豆腐时剥下的种皮晒干，贮藏于干燥处。微甘，性凉。归肝、肾经。养阴平肝，祛风解毒。主治眩晕，头痛，阴虚烦热，盗汗，风痹，湿毒，痈疮。

豆腐浆，又称腐浆、豆浆，为植物大豆种子制成的浆汁。味甘、性平。归肺、大肠、膀胱经。清肺化痰，润燥通便，利尿解毒。主治虚劳咳嗽，痰火哮喘，肺痈，湿热黄疸，血崩，便血，大便秘结，小便淋浊，食物中毒。

豆腐皮，又称豆腐衣，为豆腐浆煮沸后，浆面所凝结之薄膜。味甘、淡，性平。归肺、脾、胃经。清热化痰，解毒止痒。主治肺寒久嗽，自汗，脓疱疮。

腐巴，又称锅炙、豆腐锅巴，为煮豆浆时锅底所结之焦巴。味苦、甘，性凉。健胃消滞，清热通淋。主治反胃，痢疾，肠风下血，带下，淋浊，血风疮。

豆腐，为植物大豆的种子的加工制成品。味甘，性凉。归脾、胃、大肠经。泻火解毒，生津润燥，和中益气。主治目赤肿痛，肺热咳嗽，消渴，休息痢，脾虚腹胀。

豆腐渣，又称雪花菜，为制豆腐时，滤去浆汁后所剩下的渣滓。味甘、微苦，性平。解毒，凉血。主治肠风便血，无名肿毒，疮疡湿烂，臁疮不愈。

豆腐泔水，又称豆腐泔、腐泔，为压榨豆腐时沥下之淡乳白色水液。味淡、微苦，性凉。通利二便，敛疮解毒。主治大便秘结，小便淋涩，臁疮，鹅掌风，恶疮。

酱，为用大豆、蚕豆、面粉等作原料，经蒸罨发酵，并加入盐水制成的糊状食品。味咸、甘，性平。归胃、脾经。清热解毒。主治蛇虫蜂螫毒，烫火伤，疬疡风，浸淫疮，中鱼、肉、蔬菜毒。

腐乳，又称菽乳，以豆腐作坯，经过发酵，腌过，加酒糟和辅料等的制成品。味咸、甘，性平。归脾、胃经。益胃和中。主治腹胀，萎黄病，泄泻，小儿疳积。

豆油，为植物大豆的种子所榨取之脂肪油。味辛、甘，性温。润肠通便，驱虫解毒。主治肠虫梗阻，大便秘结，疥癣。

黑大豆花，为植物大豆的花。6～7月花开时采收，晒干。味苦、微甘，性凉。明目去翳。主治翳膜遮睛。

黑大豆叶，又称大豆叶、黑豆叶，为植物大豆的叶。春季采叶，鲜用或晒干。利尿通淋，凉血解毒。主治热淋，血淋，蛇咬伤。

大豆根，为植物大豆的根。秋季采挖，取根，洗净，晒干。味甘，性平。归膀胱经。利水消肿。主治水肿。

临床上，黄豆治疗多发性神经炎、下腿溃疡、寻常疣；豆浆治疗急性妊娠中毒症（豆浆含钙低、含盐少，含维生素 B_1 及烟酸较多，进食水分又较多，故有利于降血压及利尿）；豆油治疗肠梗阻，尤其是粘连性及蛔虫性肠梗阻疗效较好。

【经方验方应用】

治急慢性肾炎：黑大豆 60～95g，鲫鱼 125～155g，水炖服。（《福建药物志》）

治妊娠水肿：黑大豆 95g，大蒜 1 粒，水煎，调红糖适量服。（《福建药物志》）

治痘疮湿烂：黑大豆研末敷之。（《本草纲目》）

治肾虚体弱：黑大豆、何首乌、枸杞子、菟丝子各等份，共研末，每服 6g，每日 3 次。（《山东中草药手册》）

治血淋：水四升，煮大豆叶一把，取二升。顿服之。（《千金要方》）

治百药、百虫、百兽之毒损人者：豆酱，水洗去汁，以豆瓣捣烂一盏，白汤调服。再以豆瓣捣烂，敷伤损处。（《方脉正宗》）

治人卒中烟火毒：黄豆酱一块，调温汤一碗灌之。（《本草汇言》）

治汤火烧灼未成疮：豆酱汁敷之。（《肘后方》）

治手足指掣痛不可忍：酱清和蜜，温涂之。（《千金要方》）

治咸哮，痰火吼喘（包括急性支气管哮喘等）：豆腐 1 碗，饴糖 60g，生萝卜汁半酒杯。混合煮一沸，每日 2 次分服。（《食物中药与便方》）

治烧酒醉死，心头热者：用热豆腐细切片，遍身贴之，贴冷即换之，苏省乃止。（《本草纲目》）

治休息痢：醋煎白豆腐食之。（《普济方》）

治小儿遍身起罗网蜘蛛疮，燥痒难忍：豆腐皮烧存性，香油调搽。（《体仁汇编》）

治劳及自汗：豆腐皮，每食一张，用热黑豆浆送下。（《回生集》）

治肺痈肺萎：用芥菜卤陈年者，每日将半酒杯冲豆腐浆服。服后胸中一块，必塞上塞下。塞至数次，方能吐出恶脓。日服至愈。（《本草纲目拾遗》）

治脚气肿痛,难走者:热豆腐浆加松香末,捣匀敷。(《本草纲目拾遗》)

治黄疸:每日空心冷吃生豆腐浆一碗,吃4~5次自愈,忌食生萝卜。(《本草纲目拾遗》引《刘羽仪经验方》)

治阴虚头晕眼花:稽豆衣、枸杞子、菊花各9g,生地12g,煎服。(《安徽中草药》)

治痈肿:黑豆衣、连翘各15g,金银花、蒲公英各30g,水煎服。(《山东中草药手册》)

治瘰疬:生黄大豆嚼食(不拘量),以口中觉有腥味为度。(《湖南药物志》)

治痘后生疮:黄大豆烧研末,香油调涂。(《本草纲目》)

治诸痈疮:黄大豆,浸胖捣涂。(《随息居饮食谱》)

白鲜皮汤:主治女阴溃疡。(《中医皮肤病学简编》)

除湿解毒汤:主治湿毒浸淫,指缝湿烂及皮肤糜烂,湿毒血瘀痤疮。(《中医症状鉴别诊断学》)

加减葳蕤汤:主治素体阴虚,外感风热证。头痛身热,微恶风寒,无汗或有汗不多,咳嗽,心烦,口渴,咽干,舌红,脉数。本方常用于老年人及产后感冒、急性扁桃体炎、咽炎等属阴虚外感者。(《重订通俗伤寒论》)

淡豆豉丸:主治小儿一二岁,面色萎黄,不进饮食,腹胀如鼓,或青筋显露,日渐羸瘦。(《普济方》卷三七九)

补益大豆方:固精补肾,健脾降火,乌发黑发,延年,固胎多子。(《胎产心法》卷上)

大豆丸:补心气,强力益志。(《圣济总录》卷一八六)

大豆饮:大豆1升(紧小者),以水5升煮,去豆,取汁5合,顿服。汗出佳。主治中风,惊悸恍惚。(《圣济总录》卷十四)

大豆紫汤:去风,消血结。主治中风失音;腰痛拘急;妇人五色带下;产后中风,或产后恶露未尽,感风身痛。妇人产后中风困笃,或背强口噤,或但烦热苦渴,或头身皆重,或身痒,剧者呕逆直视,此皆风冷湿所为。产后百病及中风痱痉;妊娠伤折,胎死在腹中3日;妇人五色带下。产后恶露未尽,又兼有风,身中急痛。腰卒痛拘急,不得喘息,若醉饱得之欲死者。(《医心方》卷三引《范汪方》)

3. 扁豆 Lablab purpureus (L.) Sweet

豆科扁豆属多年生缠绕藤本。

扁豆被称为"豆中之王",除湿界的"一把手",补脾界的"常胜将军",越老越好吃,生吃会中毒。

《本草纲目》:"本作扁,荚形扁也。沿篱蔓延也。蛾眉,象豆脊白路之形也。"入药用色白者,故名白扁豆。豆粒形似羊眼,故有羊眼豆之名。又音转为凉衍豆。

以藊豆之名始载于《名医别录》,列为中品。《本草经集注》曰:"人家种之于篱援(垣),其荚蒸食甚美。"《本草图经》云:"藊豆旧不著所出州土,今处处有之,人家多种于篱援(垣)间,蔓延而上,大叶细花,花有紫、白二色,荚生花下。其实亦有黑、白二种,白者温而黑者小冷,入药当用白者。"《本草纲目》载:"扁豆二月下种,蔓生延缠。叶大如杯,团而有尖。其花状如小蛾,有翅尾形。其荚凡十余样,或长或团,或如龙爪、虎爪,或如猪耳、刀镰,种不同,皆累累成枝……子有黑、白、赤、斑四色。一种荚硬不堪食。唯豆子粗圆而色白者可入药。"《植物名实图考》亦载"白藊豆入药用，余皆供蔬。"《本草思辨录》云："扁豆花白实白，实间藏芽处，别有一条，其形如眉，格外洁白，且白露后实更繁衍，盖得金气之最多者。"可见古今白扁豆药用情况一致。

白扁豆、扁豆藤出自《本草纲目》，扁豆衣出自《安徽药材》，扁豆花出自《本草图经》，扁豆叶出自《名医别录》，扁豆根出自《生草药性备要》。

【入药部位及性味功效】

白扁豆，又称藊豆、白藊豆、南扁豆、沿篱豆、蛾眉豆、羊眼豆、凉衍豆、白藊豆子、膨皮豆、茶豆、小刀豆、树豆、藤豆、火镰扁豆、眉豆，为植物扁豆的白色成熟种子。秋季种子成熟时，摘取荚果，剥出种子，晒干，拣净杂质。味甘、淡，性平。归脾、胃经。健脾，化湿，消暑。主治脾虚生湿，食少便溏，白带过多，暑湿吐泻，烦渴胸闷。

扁豆衣，又称扁豆皮，为植物扁豆的种皮。秋季采收种子，剥取种皮，晒干。味甘，性微温。归脾、胃经。消暑化湿，健脾和胃。主治暑湿内蕴，呕吐泄泻，胸闷纳呆，脚气浮肿，妇女带下。

扁豆花，又称南豆花，为植物扁豆的花。7～8月间采收未完全开放的花，晒干或阴干。味甘，性平。解暑化湿，和中健脾。主治夏伤暑湿，发热，泄泻，痢疾，赤白带下，跌打伤肿。

扁豆叶，为植物扁豆的叶。秋季采收，鲜用或晒干。微甘，性平。消暑利湿，解毒消肿。主治暑湿吐泻，疮疖肿毒，蛇虫咬伤。

扁豆藤，为植物扁豆的藤茎。秋季采收，晒干。微苦，性平。化湿和中。主治暑湿吐泻不止。

扁豆根，为植物扁豆的根。秋季采收，洗净，晒干。微苦，性平。消暑，化湿，止血。主治暑湿泄泻，痢疾，淋浊，带下，便血，痔疮，瘘管。

【经方验方应用】

治慢性肾炎，贫血：扁豆30g，红枣20粒，水煎服。（《福建药物志》）

治霍乱：①扁豆一升，香薷一升，上二味，以水六升，煮取二升，分服。单用亦得。（《千金要方》）②白扁豆叶一把，同白梅一把，并仁研末，新汲水调服。（《本草述钩元》）

治一切药毒：白扁豆（生）晒干为细末，新汲水调下二三钱匕。（《百一选方》）

治中砒霜毒：白扁豆生研，水绞汁饮。（《永类钤方》）

治疖肿：鲜扁豆适量，加冬蜜少许，同捣烂敷患处。（《福建药物志》）

治脾胃湿困，不思饮食：扁豆衣、茯苓、炒白术、神曲各9g，藿香、佩兰各6g，煎服。（《安徽中草药》）

治疟疾：扁豆花9朵，白糖9g，清晨用开水泡服。（《湖南药物志》）

解食物中毒：扁豆鲜花或叶，捣绞汁，多量灌服。（《本草钩沉》）

治吐利后转筋：生捣（扁豆）叶一把，以少醋浸汁服。（《食疗本草》）

治白带：扁豆根30g，草决明15g，猪瘦肉适量，水炖服。（《福建药物志》）

白扁豆散：白扁豆（生，去皮），上为细末。每服方寸匕，清米饮调下。主治妊娠误服草药及诸般毒药毒物。（《医学正传》卷七）

扁豆散：白扁豆 30g（生用），研极细末，新汲水调下 6～9g。口噤者，撬开灌之。解毒行血。主治毒药伤胎，败血冲心，闷乱喘汗欲死者。（《叶氏女科诊治秘方》卷二）

白扁豆丸：白扁豆一两（炒），绿豆二两（炒），好信五钱（醋煮）。上为末，入白面四两，水为丸，如梧桐子大。临发日五更服 1 丸，用凉水送下。主治疟疾。（《普济方》卷一九七）

白扁豆粥：每次取炒白扁豆 60g，或鲜白扁豆 120g，粳米 60g，同煮为粥，至扁豆烂熟，夏秋季可供早晚餐服食。健脾养胃，清暑止泻。主治脾胃虚弱，食少呕逆，慢性久泻，暑湿泻痢，夏季烦渴。（《长寿药粥谱》引《延年秘旨》）

4. 豌豆 Pisum sativum L.

豆科豌豆属一年生攀援草本。

豌豆种子及嫩荚、嫩苗均可食用。豌豆对糖尿病和产后乳汁不下的患者有奇特药效。

《本草纲目》："其苗柔弱宛宛，故得豌名。"因本品生长于冬季，与小麦收种季节相同，故有寒豆、麦豆之名。

豌豆始载于《绍兴本草》，云："其豆如梧桐子，小而圆。其花青红色，引蔓而生。"《品汇精要》："引蔓而生，花开青红色，作荚长寸余，其实有苍、白二种，皆如梧桐子差小而少圆，四、五月熟。"《本草纲目》："八、九月下种，苗生柔弱如蔓，有须，叶似蒺藜叶，两两对生，嫩时可食。三四月开小花，如蛾形，淡紫色。结荚长寸许，子圆如药丸，亦似甘草子。"《植物名实图考》亦载："豌豆叶、豆皆为佳蔬，南方多以豆饲马，与麦齐种齐收。"上述与现今植物豌豆一致。

豌豆苗出自《植物名实图考长编》，云："其豆嫩时作蔬，老则炒食。南方无黑豆，取以饲马，亦以其性不热故也。李时珍以《拾遗》之胡豆子为即豌豆，不知别有胡豆，与豌豆殊不类，其所引治症，未可一例。"《本草纲目》将蚕豆（Vicia faba L.）和鹰嘴豆（Cicer arietinum L.，亦称回回豆）混称为豌豆，应加以区分。

【入药部位及性味功效】

豌豆，又称䝁豆、荜豆、寒豆、麦豆、雪豆、兰豆，为植物豌豆的种子。夏、秋果实成熟时采收荚果，晒干，打出种子。味甘，性平。归脾、胃经。和中下气，通乳利水，解毒。主治消渴，吐逆，泄利腹胀，霍乱转筋，乳少，脚气水肿，疮痈。

豌豆荚，为植物豌豆的荚果。7～9 月采摘荚果，晒干。味甘，性平。解毒敛疮。主治耳后糜烂。

豌豆花，为植物豌豆的花。6～7 月开花时采摘，鲜用或晒干。味甘，性平。清热，凉血。主治咳血，鼻衄，月经过多。

豌豆苗，为植物豌豆的嫩茎叶。春季采收，鲜用。味甘，性平。清热解毒，凉血平肝。主治暑热，消渴，高血压，疔毒，疥疮。

【经方验方应用】

治鹅掌风：白豌豆一升，入楝子同煎水。早、中、晚洗，每日 7 次。（《万氏秘传外科心法》）

治消渴（糖尿病）：①青豌豆适量，煮食淡食。（《食物中药与便方》）②嫩豌豆苗，捣烂榨汁，每次半杯，每日2次。（《食物中药与便方》）

治高血压病，心脏病：豌豆苗一握。洗净捣烂，包布榨汁，每次半杯，略加温服，每日2次。（《食物中药与便方》）

豌豆粥：豌豆50g，以水煮熟，空腹食，每日2次。下乳。治产后乳少。（《寿世青编》）

5. 蚕豆 Vicia faba L.

豆科野豌豆属一年生草本。

蚕豆隶属于小杂粮，既可作为传统口粮，又是现代绿色食品和营养保健食品，也是富含营养及蛋白质的粮食作物和动物饲料。

《本草纲目》："豆荚状如老蚕，故名。"王祯《农书》云："其蚕时始熟，故名。"亦或可据。《蒙化府志》："又名南豆，花开面向南也。"

蚕豆始载于《救荒本草》。《本草纲目》云："蚕豆南土种之，蜀中尤多。八月下种，冬生嫩苗可茹。方茎中空。叶状如匙头，本圆末尖，面绿背白，柔厚，一枝三叶。二月开花如蛾状，紫白色，又如豇豆花。结角连缀如大豆，颇似蚕形。蜀人收其子以备荒歉。"

蚕豆壳出自《本草纲目拾遗》，蚕豆荚壳出自姚可成《食物本草》，蚕豆花、蚕豆叶出自《现代实用中药》，蚕豆茎出自《民间常用草药汇编》。

【入药部位及性味功效】

蚕豆，又称佛豆、胡豆、南豆、马齿豆、竖豆、仙豆、寒豆、秬豆、湾豆、罗泛豆、夏豆、罗汉豆、川豆，为植物蚕豆的种子。夏季果实成熟呈黑褐色时，拔取全株，晒干，打下种子，扬净后再晒干。或鲜嫩时用。味甘、微辛，性平。归脾、胃经。健脾利水，解毒消肿。主治膈食，水肿，疮毒。

蚕豆壳，又称蚕豆皮，为植物蚕豆的种皮。取蚕豆放水中浸透，剥下豆壳，晒干。或剥取嫩蚕豆之种皮用。味甘、淡，性平。利尿渗湿，止血，解毒。主治水肿，脚气，小便不利，吐血，胎漏，下血，天疱疮，黄水疮，瘰疬。

蚕豆荚壳，又称蚕豆黑壳，为植物蚕豆的果壳。夏季果实成熟呈黑褐色时采收，除去种子、杂质，晒干。或取青荚壳鲜用。味苦、涩，性平。止血，敛疮。主治咯血，衄血，吐血，便血，尿血，手术出血，烧烫伤，天疱疮。

蚕豆花，为植物蚕豆的花。清明节前后开花时采收，晒干，或烘干。味甘、涩，性平。凉血止血，止带，降压。主治劳伤吐血，咳嗽咯血，崩漏带下，高血压病。

蚕豆叶，为植物蚕豆的叶或嫩苗。夏季采收，晒干。味苦，微甘，性温。止血，解毒。主治咯血，吐血，外伤出血，臁疮。

蚕豆茎，又称蚕豆梗，为植物蚕豆的茎。夏季采收，晒干。味苦，性温。止血，止泻，解毒敛疮。主治各种内出血，水泻，烫伤。

【经方验方应用】

治误吞铁针入腹：蚕豆同韭菜食之，针自大便同出。（《本草纲目》引《积善堂方》）

治水肿：蚕豆、冬瓜皮各60g，水煎服。（《湖南药物志》）

治膈食：蚕豆磨粉，红糖调食。（《指南方》）

治小便日久不通，难忍欲死：蚕豆壳三两，煎汤服。如无鲜壳，取干壳代之。（《慈航活人书》）

治大人小儿头面黄水疮，流到即生，蔓延无休者：蚕豆壳烧成炭，研细，加东丹少许和匀，以真菜油调涂，频以油润之。（《养生经验合集》）

治天疱疮，水火烫伤：蚕豆荚壳烧炭研细，用麻油调敷。（《上海常用中草药》）

治高血压：蚕豆花15g，玉米须15～24g，水煎服。（《青岛中草药手册》）

治中风口眼歪斜或吐血、咯血：鲜蚕豆花60g，捣汁，冲冷开水服。每日1剂，连服1周。（《贵州草药》）

治咳血：蚕豆花9g，水煎去渣，溶化冰糖适量，每日2～3回分服。（《现代实用中药》）

治吐血：鲜蚕豆叶90g，捣烂绞汁，加冰糖少许化服。（《安徽中草药》）

治臁疮臭烂，多年不愈：蚕豆叶一把，捶烂敷患处。（《贵阳市秘方验方》）

治酒精中毒：鲜蚕豆叶60g，煎水当茶饮。（《安徽中草药》）

治各种内出血：蚕豆梗焙干研细末，每日9g，分3次吞服。（《上海常用中草药》）

治水泻：蚕豆梗30g，水煎服。（《上海常用中草药》）

蚕豆花露：蚕豆花1斤，用蒸气蒸馏法，鲜者每斤吊成露2斤，干者每斤吊成露4斤。每用四两，隔水温服。清热止血。主治鼻血，吐血。（《中药成方配本》）

6. 赤豆 Vigna angularis (Willd.) Ohwi et Ohashi

豆科豇豆属一年生直立或缠绕草本。

赤豆在中国南北均有栽培。种子供食用，煮粥、制豆沙均可。

赤小豆始载于《神农本草经》，列为中品。李时珍曰："此豆以紧小而赤黯色者入药，其稍大而鲜红、淡色者，并不治病。俱于夏至后下种，苗科高尺许，枝叶似豇豆，叶微圆峭而小。至秋开花，似豇豆花而小淡，银褐色，有腐气。结荚长二三寸，比绿豆荚稍大，皮色微白带红，三青二黄时即收之。"其中，"紧小而赤黯色者"系指赤小豆 *Vigna umbellata* (Thunb.) Ohwi et Ohashi 而言，"稍大而鲜红、淡色者"系指赤豆 *Vigna angularis* (Willd.) Ohwi et Ohashi 而言。李时珍虽认为"稍大而鲜红、淡色者"不供药用，但因二者不易区分，赤豆亦作赤小豆用的历史已久。现今商品赤小豆包括上述两种植物来源，但市场习惯认为赤小豆的质量较优。

赤小豆花出自《药性论》，赤小豆叶出自《名医别录》，赤小豆芽出自《本草纲目》。

【入药部位及性味功效】

赤小豆，又称小豆、赤豆、红豆、红小豆、猪肝赤、杜赤豆、小红绿豆、虱拇豆、朱赤豆、金红小豆、朱小豆、茅柴赤、米赤豆，为植物赤小豆或赤豆的种子。秋季荚果成熟而未开裂时拔取全株，晒干并打下种子，去杂质，晒干。味甘、酸，性微寒。归心、脾、小肠经。利水消肿退黄，清热解毒消痈。主治水肿，脚气，黄疸，淋病，便血，肿毒疮疡，癣疹。

赤小豆花，又称腐婢，为植物赤小豆或赤豆的花。夏季采花，阴干或鲜用。味辛，性微凉。解毒消肿，行气利水，明目。主治疔疮丹毒，饮酒过度，腹胀食少，水肿，肝热目赤昏花。

赤小豆叶，又称赤小豆藿、小豆藿、小豆叶，为植物赤小豆或赤豆的叶。夏季采收，鲜用或晒干。味甘、酸、涩，性平。固肾缩尿，明目，止渴。主治小便频数，肝热目糊，心烦口渴。

赤小豆芽，为植物赤小豆或赤豆的芽。将成熟的种子发芽后，晒干。味甘，性微凉。清热解毒，止血，安胎。主治肠风便血，肠痈，赤白痢疾，妊娠胎漏。

赤豆宜用于下身之湿而忌用于上身之湿。临床上治疗扭伤及血肿、外伤性血肿及疔疮、顽固性呃逆等。

【经方验方应用】

治神经性皮炎、荨麻疹、急慢性湿疹、接触性皮炎、药疹、女阴瘙痒疹，尤宜于湿疹疮面：赤小豆、苦参各 60g，煎水 1000mL。冷渍患处，作冷湿敷亦可，每日 2～3 次，每次持续 30 分钟。（《疮疡外用本草》）

治乳汁不下：煮赤小豆，取汁饮即下。（《王岳产书》）

治小儿重舌：赤小豆末，醋和涂舌上。（《千金要方》）

治妇人吹奶：赤小豆三合。酒研烂，去渣。温服，留渣敷患处。（《急救良方》）

治妇人乳肿不得消：小豆、莽草，等份，为末。苦酒和敷之佳。（《梅师集验方》）

治小便数：小豆叶一斤。于豉汁中煮，调和作羹食之，煮粥亦佳。（《食医心镜》）

麻黄连翘赤小豆汤：宣肺利水，清热渗湿。主治阳黄兼表证，发热恶寒，无汗身痒，周身黄染如橘色，脉浮滑。（《伤寒论》）

赤小豆当归散：清热利湿，和营解毒。主治湿热下注，大便下血，先血后便者。（《金匮要略》卷上）

赤小豆汤：赤小豆 5 合，大蒜 1 头，生姜一分，商陆根 1 条。赤小豆、大蒜、生姜并碎破，商陆根切，同水煮，豆烂汤成，适寒温，去大蒜等，细嚼豆，空腹食之，旋旋啜汁令尽。肿立消便止。主治水气脚气。（方出《证类本草》卷二十五引《本草图经》，名见《方剂辞典》）

赤小豆粥：赤小豆、粳米，煮粥服。利小便，消水肿脚气，辟邪疠。（《本草纲目》卷二十五）

7. 绿豆 Vigna radiata (L.) Wilczek

豆科豇豆属一年生直立草本。

绿豆脂肪含量少，B 族维生素则非常丰富，维生素 B_1 是鸡肉的 17.5 倍；维生素 B_2 是谷物的 4 倍；绿豆解毒抗菌，能抑制亚硝酸钠作用，古代被奉为"解毒神药"。

绿豆始载于《开宝本草》，原名"菉豆"。《本草纲目》："绿豆处处种之，三四月下种，苗高尺许，叶小而有毛，至秋开小花，荚如赤豆荚，粒粗而色鲜者为官绿，皮薄而粉多；粒小而色深者为油绿，皮厚而粉少。早种者呼为摘绿，可频摘也；迟种呼为拔绿，一拔而已。北人用之甚广，可做豆粥、豆饭、豆酒、炒食、麨食，磨而为面，澄滤取粉，可以作饵顿糕，荡皮搓索，为食中要物。以水浸湿生白芽，又为菜中佳品。"

绿豆粉、绿豆皮、绿豆芽、绿豆花出自《本草纲目》，绿豆叶出自《开宝本草》。

【入药部位及性味功效】

绿豆，又称青小豆，为植物绿豆的种子。立秋后种子成熟时采收，拔取全株，晒干，打下种子，簸净杂质。味甘，性寒。归心、肝、胃经。清热，消暑，利水，解毒。主治暑热烦渴，感冒发热，霍乱吐泻，痰热哮喘，头痛目赤，口舌生疮，水肿尿少，疮疡痈肿，风疹丹毒，药物及食物中毒。

绿豆粉，又称真粉，为植物绿豆的种子经水磨加工而得的淀粉。味甘，性寒。清热消暑，凉血解毒。主治暑热烦渴，痈肿疮疡，丹毒，烧烫伤，跌打损伤，肠风下血，酒毒。

绿豆皮，又称绿豆壳、绿豆衣，为植物绿豆的种皮。将绿豆用水浸胖，揉搓取种皮。一般取绿豆发芽后残留的皮壳晒干而得。味甘，性寒。归心、胃经。清暑止渴，利尿解毒，退目翳。主治暑热烦渴，泄泻，痢疾，水肿，痈肿，丹毒，目翳。

绿豆芽，又称豆芽菜，为植物绿豆的种子经浸罨后发出的嫩芽。味甘，性凉。清热消暑，解毒利尿。主治暑热烦渴，酒毒，小便不利，目翳。

绿豆叶，为植物绿豆的叶。夏、秋采收，随采随用。味苦，性寒。和胃，解毒。主治霍乱吐泻，斑疹，疔疮，疥癣，药毒，火毒。

绿豆花，为植物绿豆的花。6~7月摘取花朵，晒干。味甘，性寒。解酒毒。主治急慢性酒精中毒。

临床上，绿豆用于治疗农药中毒、腮腺炎、铅中毒、烧伤等。

【经方验方应用】

治高血压：绿豆粉适量，同猪胆汁调成糊状，为丸如梧桐子大，晒干。每服10粒，每日2~3次。（《福建药物志》）

解酒毒：绿豆粉烫皮，多食之。（《本草纲目》）

治头风头痛，明目：绿豆作枕，枕之即无头风赤眼患。（《普济方》）

治感冒发烧：绿豆30g，带须葱白3个，水煎，白糖调服，每日2次。（《甘肃中草药手册》）

治夏季痱子痒痛：绿豆粉四两（微炒），滑石半两（研）。拌匀研粉，绵扑子扑之。（《百一选方》玉女英）

治胃痛：绿豆30g，猪苦胆1个。绿豆装入猪苦胆内，待胆汁干燥后，取豆研末。每服6g，每日2次，开水送下。（《甘肃中草药手册》）

治金石丹火毒，并酒毒、烟毒、煤毒为病：绿豆一升，生捣末。豆腐浆二碗调服。一时无豆腐浆，用糯米泔顿温亦可。（《本草汇言》）

治食物中毒、消化不良、细菌性痢疾：①生绿豆5000g，鲜猪胆汁1000mL。生绿豆磨粉，过100目筛，与猪胆汁混合成丸，似绿豆大。每日服3次，每次6~12g。（《湖北中草药志》）②食物中毒急救可用生绿豆适量，用水浸泡后研磨，去渣取汁，大量灌服。（《食物中药与便方》）

解乌头毒：绿豆120g，生甘草60g，水煎服。（《上海常用中草药》）

解砒、附子、巴豆中毒不久者：鸡蛋清5个，绿豆粉120g，调服；或绿豆120g，甘草60g，水煎服。（《内蒙古中草药》）

治火烧烫伤：绿豆粉不拘多少，炒令微焦，研细。以生油涂疮上。（《圣济总录》定痛膏）

治痘后痈毒初起：绿豆、赤小豆、黑大豆等份。为末，醋调，时时扫涂，即消。（《医学正传》三豆膏）

治霍乱吐利：绿豆粉、白糖各二两，新汲水调服。（《生生编》）

治中暑防暑：绿豆衣、扁豆衣各 9g，水煎代茶饮。（《湖北中草药志》）

治暑热烦渴：①绿豆 30g，薏苡仁 15g，水煎服。每日 3 次，每次 1 剂。（甘肃中草药手册）②绿豆皮 12g，鲜荷叶 30g，白扁豆花 9g，水煎服。（《山东中草药手册》）③绿豆淘净，下锅加水，大火一滚，取汤停冷色碧。食之。如多滚则色浊，不堪食矣。（《遵生八笺》绿豆汤）④绿豆淘净，下汤煮熟，入米同煮食之。（《寿世青编》绿豆粥）

治白带、肾盂炎、尿道炎：鲜绿豆芽 30～60g，捣烂绞汁，加红糖适量，炖服。（《福建药物志》）

治风癣干疥：绿豆叶，捣烂，和米醋少许，用旧帛擦之。（《本草汇言》）

附子绿豆汤：主治寒克皮肤，壳壳然而坚，腹大身肿，按之陷而不起，色不变。（《三因》卷十四）

绿豆白菜汤：绿豆 100g，白菜心 2～3 个。先把绿豆淘洗干净后，放入小锅内，加水适量，浸泡 1 小时后煮沸，待煮至将熟时，加入白菜心，再煮 20 分钟即可。清热解毒。适用于小儿腮腺炎。（《江西医药》）

绿豆菜心粥：绿豆 100g，白菜心 3 个，粳米 50g。将绿豆、粳米洗净，加水适量，煮烂成粥前加入白菜心，再煮 20 分钟。清热解毒。适用于小儿腮腺炎。（《民间方》）

马齿苋绿豆汤：鲜马齿苋 120g，绿豆 60g，同煎汤。清热解毒，杀菌止痢。每日服 2 次。（《饮食疗法》）

8. 豇豆 Vigna unguiculata (L.) Walp.

豆科豇豆属一年生缠绕草本。

豇豆是一种碱性食品，含有磷脂和天然血糖调节器烟酸（维生素 B_3），被认为是糖尿病患者绝佳的食疗物品，但一定要吃熟豇豆！

《本草纲目》："此豆红色居多，荚必双生，故有豇、䖈䴸之名。"因荚果条形细长，以形似而有羊角、裙带豆诸名。

豇豆始见于《救荒本草》，云："豇豆苗今处处有之，人家田园多种。就地拖秧而生，亦延篱落。叶似赤小豆叶而极长，觙开淡粉紫花，结荚长五七寸。其豆味甘，采叶煠熟，水浸淘净，油盐调食；及采取嫩角煠食亦可。其豆成熟时，打取豆食。"《本草纲目》载："豇豆处处三四月种之，一种蔓长丈余，一种蔓短，其叶俱本大末尖，嫩时可茹，其花有红、白二色，荚有白、红紫、赤、斑驳数色，长者至二尺，嫩时充菜，老则收子。此豆可菜、可果、可谷，备用最多。"

豇豆壳出自《民间常用草药汇编》，豇豆叶、豇豆根出自《滇南本草》。

【入药部位及性味功效】

豇豆，又称䖈䴸、羊角、豆角、角豆、饭豆、腰豆、长豆、茳豆、裙带豆、浆豆，为植物豇豆的种子。秋季果实成熟后采收，晒干，打下种子。味甘、咸，性平。归脾、肾经。健脾利湿，补肾涩精。主治脾胃虚弱，泄泻，痢疾，吐逆，消渴，肾虚腰痛，遗精，白带，白浊，小便频数。

豇豆壳，为植物豇豆的荚壳。秋季采收果实，除去种子，晒干。味甘，性平。补肾健脾，利水消肿，镇痛，解毒。主治腰痛，肾炎，胆囊炎，带状疱疹，乳痈。

豇豆叶，为植物豇豆的叶。夏、秋季采收，鲜用或晒干。味甘、淡，性平。利小便，解毒。主治淋证，小便不利，蛇咬伤。

豇豆根，为植物豇豆的根。秋季挖根，除去泥土，洗净，鲜用或晒干。味甘，性平。健脾益气，消积，解毒。主治脾胃虚弱，食积，白带，淋浊，痔血，疔疮。

【经方验方应用】

治食积腹胀，嗳气：生豇豆适量，细嚼咽下，或捣绒泡冷开水服。（《常用草治疗手册》）

治肾虚腰膝无力：豇豆煮熟，加食盐少许当菜吃。（《安徽中草药》）

治盗汗：豇豆子60g，冰糖30g，煨水服。（《贵州草药》）

治莽草中毒：豇豆60g，煎服。（《安徽中草药》）

治疔疮：豇豆根适量，捣绒敷患处。如已溃烂，将豇豆根烧成炭，研末，加冰片少许，调桐油搽患处。（《贵州草药》）

治妇女白带，男子白浊：豇豆根150g，藤藤菜根150g，炖肉或炖鸡吃。（《重庆草药》）

治小儿疳积：豇豆根30g，研末，蒸鸡蛋吃。（《贵州草药》）

治小便不通：豇豆叶120g，煨水服。（《贵州草药》）

三、菱科

一年生浮水水生草本。叶二型，沉水叶互生，叶片小，早落；浮水叶互生或轮生状，叶片菱状圆形，叶柄近顶部膨大成海绵状气囊。花小，两性，单生于叶腋。果实为角质坚果，可供食用及药用。

欧菱（菱角） Trapa natans

菱科（*Trapaceae*）菱属一年生浮水水生草本。

菱又称"水中落花生"，果实"菱角"为坚果，垂生于密叶下水中，必须全株拿起来倒翻，才可见；也被寓意为"棱角分明""锋芒毕露"。

《本草纲目》："其叶支散，故字从支。其角棱峭，故谓之菱，而俗呼之为菱角也。"因生水中，果肉沙面如栗，得名水栗。《酉阳杂俎》："芰，今人但言菱芰，诸解草木书亦不分别。唯王安贫《武陵记》言：四角、三角曰芰，两角曰菱。"

菱始载于《名医别录》。《本草经集注》云："芰实庐江间最多，皆取火燔，以为米充粮。"宋《本草图经》云："芰，菱实也……今处处有之，叶浮水上，花黄白色，花落而实生，渐向水中乃熟。实有二种，一种四角，一种两角。两角中又有嫩皮而紫色者，谓之浮菱，食之尤美。"《本草纲目》："芰菱有湖泺处则有之。菱落泥中，最易生发。有野菱、家菱，皆三月生蔓延引。叶浮水上，扁而有尖，光面如镜……五六月开小白花……其实有数种：或三角、四角，或两角、无角。野菱自生湖中，叶、实俱小。其角硬直刺人……家菱种于陂塘，叶、实俱大，角软而脆，亦有两角弯卷如弓形者。"

【入药部位及性味功效】

菱，又称芰、水栗、芰实、菱角、水菱、沙角、菱实，为植物菱（即欧菱）、乌菱、无冠菱及格菱等的果肉。8~9月采收，鲜用或晒干。味甘，性凉。归脾、胃经。健脾益胃，除烦止渴，解毒。主治脾虚泄泻，暑热烦渴，饮酒过度，痢疾。

菱粉，为植物菱或其同属植物的果肉捣汁澄出的淀粉。果实成熟后采收，去壳，取其果肉，捣汁澄出淀粉，晒干。味甘，性凉。健脾养胃，清暑解毒。主治脾虚乏力，暑热烦渴，消渴。

菱壳，又称菱皮、乌菱壳、风菱角，为植物菱或其同属植物的果皮。8~9月收集果皮，鲜用或晒干。味涩，性平。涩肠止泻，止血，敛疮，解毒。主治泄泻，痢疾，胃溃疡，便血，脱肛，痔疮，疔疮。

菱蒂，为植物菱或其同属植物的果柄。采果时取其果柄，鲜用或晒干。味微苦，性平。解毒散结。主治胃溃疡，疣赘。

菱叶，为植物菱或其同属植物的叶。夏季采收，鲜用或晒干。味甘，性凉。清热解毒。主治小儿走马牙疳，疮肿。

菱茎，又称菱草茎，为植物菱或其同属植物的茎。夏季开花时采收，鲜用或晒干。味甘，性凉。清热解毒。主治胃溃疡，疣赘，疮毒。

临床上，菱蒂治疗皮肤疣，有效病例一般在15天左右皮损完全脱落。

【经方验方应用】

治食管癌：菱实、紫藤、诃子、薏苡仁各9g，煎汤服。（《食物中药与便方》）

治消化性溃疡、胃癌初起：菱角60g，薏苡仁30g，水煎代茶饮。（《常见抗癌中草药》）

治胃癌、食管癌、贲门癌：鲜菱角250g，洗净，不去壳，置石臼中捣烂，加水绞汁，调蜜或白糖，早饭前或临睡前分服。（《福建药物志》）

治脱肛：先将麻油润湿肠上，自去浮衣，再将风菱壳水净之。（《张氏必验方》）

治头面黄水疮：隔年老菱壳，烧存性，麻油调敷。（《医宗汇编》）

治无名肿毒及天疱疮：老菱壳烧灰，香油调敷。（黄贩翁《医抄》）

治指生天蛇：风菱角，灯火上烧灰存性，研末，香油调敷。未溃者即散，已溃者止痛。（《医宗汇编》）

治胃溃疡、胃癌、子宫颈癌：菱之果柄或菱茎30~45g，薏苡仁30g，煎汤代茶持续服。（《本草推陈》）

治疣子：有鲜水菱蒂搽一二次，即自落。（《本草纲目拾遗》）

治小儿头部疮毒，酒毒（宿醉）：鲜菱草茎（去叶及须根）60~120g，水煎服。（《食物中药与便方》）

四、鼠李科

乔木或灌木，常具刺。单叶，互生，叶脉显著。花小，4~5基数。核果、蒴果或翅果。鼠李科含有许多经济树种，如枣和酸枣。

枣 *Ziziphus jujuba* Miller

鼠李科（Rhamnaceae）枣属落叶小乔木，稀灌木。

与板栗、柿子并称为"木本粮食"和"铁杆庄稼"。枣的维生素C、维生素P极为丰富，具有"天然维生素丸"之称，民间亦有"一日吃三枣，一辈子不显老"之说。

大枣始载于《神农本草经》，列为上品。《埤雅》："大曰枣，小曰棘。棘，酸枣也。枣性高，故重枣，棘性低，故并束。束音次。枣、棘皆有刺针，会意也。"枣生树上，味甜如蜜，故称木蜜。

李时珍曰："南北皆有，惟青、晋所出者肥大甘美，入药为良。"古代认为山东、山西为大枣的主要产地，且山东产者质量较好。

尚有无刺枣 *Ziziphus jujuba* Mill. Var. *inermis*（Bge.）Rehd. 果实也作大枣入药。

【入药部位及性味功效】

大枣，又称壶、木蜜、干枣、美枣、良枣、红枣、干赤枣、胶枣、南枣、白蒲枣、半官枣、刺枣，为植物枣的果实。秋季果实成熟时采收，晒干。味甘，性温。归脾、胃、心经。补脾胃，益气血，安心神，调营卫，和药性。主治脾胃虚弱，气血不足，食少便溏，倦怠乏力，心悸失眠，妇人脏躁，营卫不和。

枣核，为植物枣的果核。加工枣肉食品时，收集枣核。味苦，性平。归肝、肾经。解毒，敛疮。主治臁疮，牙疳。

枣叶，为植物枣的叶。春夏季采收，鲜用或晒干。味甘，性温。清热解毒。主治小儿发热，疮疖，热痱，烂脚，烫火伤。

枣树根，又称枣根、枣子根，为植物枣的根。秋后采挖，鲜用或切片晒干。味甘，性温。归肝、脾、肾经。调经止血，祛风止痛，补脾止泻。主治月经不调，不孕，崩漏，吐血，胃痛，痹痛，脾虚泄泻，风疹，丹毒。

枣树皮，为植物枣的树皮，全年可采收，春季最佳，从枣树主干上将老树皮刮下，晒干。味苦、涩，性温。涩肠止泻，镇咳止血。主治泄泻，痢疾，咳嗽，崩漏，外伤出血，烧烫伤。

【经方验方应用】

治高血压：大枣10～15枚，鲜芹菜根60g。水煎服。（《延安地区中草药手册》）

治目昏不明：枣树皮、老桑树皮等份。烧研。每用一合，井水煎，澄，取清洗目，一日三洗。昏者复明。忌荤、酒、房事。（《本草纲目》）

治伏热遍身痱痒（二仙扫痱汤）：枣叶一斤，好滑石二两。用水数碗，共合一处，熬三炷香。趁热浴洗，二三次即愈。（《鲁府禁方》）

桂枝加厚朴杏子汤：解肌发表，降气平喘。主治宿有喘病，又感风寒而见桂枝汤证者，或风寒表证误用下剂后，表证未解而微喘者。（《伤寒论》）

射干麻黄汤：宣肺祛痰，下气止咳。主治痰饮郁结，气逆喘咳证。咳而上气，喉中有水鸡声者。（《金匮要略》）

柴胡截疟饮：宣湿化痰，透达膜原。主治痰湿阻于膜原正疟。（《医宗金鉴》）

滑石粉：主治夏月痱盛。（《圣济总录》）

浸汤：主治风冷因湿，致面疮起，身体顽痹，不觉痛痒，或目圆失光，或言音粗重，或瞑蒙多睡，或从腰宽，或以足肿，眉须堕落。（《千金翼》）

五、无患子科

乔木或灌木，稀攀援草本；叶互生，常为羽状复叶。花 4~5 基数，花盘发达。蒴果、核果、浆果、坚果或翅果。该科部分种类有可供食用的肉质假种皮，如荔枝、龙眼等；不少种类为药用植物，荔枝核和龙眼肉是传统中药，无患子根是中国民间常用药物；有些种类的种子含油很丰富，如文冠果等。

1. 龙眼 Dimocarpus longan Lour.

无患子科（Sapindaceae）龙眼属常绿乔木。

龙眼果实营养丰富，有补益心脾、养血安神的功能。

《本草纲目》："龙眼、龙目，象形也。"因其种仁形似眼球，故名龙眼。其种仁外的肉质假种皮入药，名龙眼肉。因其主产于广西，果实和种子呈圆形，故又名桂圆。荔枝奴，《岭表录异》云："荔枝方过，龙眼即熟，南人谓之荔枝奴，以其常随后也。"益智，《开宝本草》云："一名益智者，盖甘味归脾而能益智。"木弹、骊珠、燕卵、圆眼等亦由形似而得名。

龙眼始载于《神农本草经》，列为中品。《新修本草》云："龙眼树似荔枝，叶若林檎，花白色，子如槟榔有鳞甲，大如雀卵，味甘酸也。"《开宝本草》描述："此树高二丈余，枝叶凌冬不凋，花白色，七月始熟，一名亚荔枝，大者形似槟榔而小有鳞甲，其肉薄于荔枝而甘美堪食。"《本草图经》曰："木高二丈许，似荔枝而叶微小，凌冬不凋。春末夏初生细白花。七月而实成，壳青黄色，文作鳞甲，形圆如弹丸，核若无患而不坚，肉白有浆，甚甘美。其实极繁，每枝常有三二十枚。"李时珍曰："龙眼正圆……其木性畏寒，白露后方可采摘，晒焙令干，成朵干者名龙眼锦。"

龙眼壳始载于《滇南本草图说》。《本草纲目拾遗》云："乃龙眼外裹肉之壳，本黧黄色，闽人恐其易蛀，辄用姜黄末拌之令黄，且易悦目也。入药用壳，须洗去外色黄者。"又云："张觐斋云，桂圆核仁，凡人家有小子女者，不可不备，遇面上或磕伤及金刃伤，以此敷之，定疼止血生肌，愈后无痕；若伤鬓发际，愈后更能生发，不比他药，愈后不长发也。"

【入药部位及性味功效】

龙眼肉，又称龙眼、益智、比目、荔枝奴、亚荔枝、木弹、骊珠、燕卵、鲛泪、圆眼、蜜脾、桂圆、元眼肉、龙眼干，为植物龙眼的假种皮。果实应在充分成熟后采收。晴天倒于晒席上，晒至半干后再用焙灶焙干，到 7~8 成干时剥取假种皮，继续晒干或烘干，干燥适度为宜。或将果实放开水中煮 10 分钟，捞出摊放，使水分散失，再火烤一昼夜，剥取假种皮，晒干。味甘，性温。归心、脾经。补心脾，益气血，安心神。主治心脾两虚、气血不足所致的惊悸，怔忡，失眠，健忘，血虚萎黄，月经不调，崩漏。

龙眼核，又称圆眼核、桂圆核仁，为植物龙眼的种子。果实成熟后，剥除果皮、假种皮，留取种仁，鲜用或晒干备用。味苦、涩，性平。行气散结，止血，燥湿。主治疝气，瘰疬，创伤出血，腋臭，疥癣，湿疮。

龙眼壳，又称圆眼壳，为植物龙眼的果皮。夏季果实成熟时，剥取果皮，晒干备用。

味甘，性温。祛风，解毒，敛疮，生肌。主治眩晕耳聋，痈疽久溃不敛，烫伤。

龙眼花，为植物龙眼的花。春季花开时采摘，晾干备用。味微苦、甘，性平。通淋化浊。主治淋证，白浊，白带，消渴。

龙眼叶，为植物龙眼的叶或嫩芽。老叶全年均可采收，嫩芽早春采收，鲜用或晒干。味甘、淡，性平。发表清热，解毒，燥湿。主治感冒发热，疟疾，疔疮，湿疹。

龙眼树皮，为植物龙眼的树皮。全年均可采，剥取树皮的韧皮部，晒干备用。味苦，性平。杀虫消积，解毒敛疮。主治疳积，疳疮，肿毒。

龙眼根，为植物龙眼的根或根皮。全年均可采，洗净，鲜用或切片晒干。味苦、涩，性平。清利湿热，化浊蠲痹。主治乳糜尿，白带，流火，湿热痹痛。

临床上，龙眼根治疗带下病、丝虫病等。

【经方验方应用】

治妇人产后浮肿：龙眼肉、生姜、大枣。合煎汤服。（《泉州本草》）

治脾虚泄泻：龙眼肉十四粒，生姜三片。合煎汤服。（《泉州本草》）

治腋气：龙眼核六枚，胡椒十四粒。共研匀，频擦之。（《四科简效方》）

治癣：龙眼核，去外黑壳，用内核，米醋磨搽。（《医方集解》）

治痈疽久溃不愈合：龙眼壳烧灰研细，调茶油敷。（《泉州本草》）

治下消，小便如豆腐：龙眼花 30g，合猪赤肉炖食。（《泉州本草》）

治牙疳：龙眼叶烧灰研末，撒牙龈上。（《福建药物志》）

治头疮：龙眼叶研末，和鲜鸡蛋清或茶油调匀，涂患处。（《福建药物志》）

治妊娠胎动腹痛：龙眼叶十多叶，生米一盏，食盐少许合煎汤内服。（《泉州本草》）

预防流感，感冒：龙眼叶 9～15g，煎水代茶饮。（广州部队《常用中草药手册》）

治丝虫病淋巴管炎、乳糜尿：龙眼根 15g，土牛膝鲜全草 30g，水煎服。（《福建药物志》）

2. 荔枝 *Litchi chinensis* Sonn.

无患子科荔枝属常绿乔木。

荔枝，被誉为"果中之王""百果之先"，与香蕉、菠萝、龙眼一同号称"南国四大果品"。

《扶南记》云："此木以荔枝为名者，以其结实时，枝弱而蒂牢，不可摘取，必以刀劙取其枝，故以为名。"《上林赋》作离支。按白居易荔枝图序云："若离本枝，一日色变，二日香变，三日而味变，四五日外，色香味尽去矣。则离支之名，又或取此义也。"

荔枝入本草文献始见于《食疗本草》。《本草图经》云："荔枝生岭南及巴中，今泉、福、漳、嘉、蜀、渝、涪州、兴化军及二广州郡皆有之。其品闽中第一，蜀川次之，岭南为下。其木高二三丈，自径尺至于合抱，颇类桂木、冬青之属。叶蓬蓬然，四时荣茂不凋……其花青白，状若冠之蕤缕。实如松花之初生者，壳若罗文，初青渐红。肉淡白如肪玉，味甘而多汁。五六月盛熟时，彼方皆燕会其下以赏之。"

《玉揪药解》：荔枝，甘温滋润，最益脾肝精血，阳败血寒，最宜此味。功与龙眼相同，但血热宜龙眼，血寒宜荔枝。干者味减，不如鲜者，而气质和平，补益无损，不至助火生热，则大胜鲜者。

【入药部位及性味功效】

荔枝，又称离支、荔支、荔枝子、离枝、丹荔、火山荔、丽枝、勒荔，为植物荔枝的假种皮或果实。6～7月果实成熟时采摘，鲜用或晒干备用。味甘、酸，性温。归脾、肝经。养血健脾，行气消肿。主治病后体虚，津伤口渴，脾虚泄泻，呃逆，食少，瘰疬，疔肿，外伤出血。

荔枝核，又称荔仁、枝核、荔核、大荔核，为植物荔枝的种子。6～7月果实成熟时采摘，食荔枝肉（假种皮）后收集种子，洗净，晒干。味甘、微苦，性温。归肝、肾、胃经。理气止痛，祛寒散滞。主治疝气痛，睾丸肿痛，胃脘痛，痛经及产后腹痛。

荔枝壳，为植物荔枝的果皮。6～7月采收成熟的果实，在加工时剥取外果皮，晒干。味苦，性凉。除湿止痢，止血。主治痢疾，血崩，湿疹。

荔枝叶，为植物荔枝的叶。全年均可采，鲜用或晒干。味辛，微苦，性凉。除湿解毒。主治烂疮，湿疹。

荔枝根，为植物荔枝的根。全年均可采，挖根，洗净，鲜用或晒干。味微苦、涩，性温。理气止痛，解毒消肿。主治胃痛，疝气，咽喉肿痛。

临床上，荔枝核治疗糖尿病，总有效率为80%。

【经方验方应用】

治呃逆不止：荔枝七个，连皮核烧存性，为末，白汤调下。（《医方摘要》）

治瘰疬溃烂：荔肉敷患处。（《泉州本草》）

治疔疮恶肿：荔枝肉、白梅各三个。捣作饼子，贴于疮上。（《济生秘览》）

治风火牙痛：大荔枝一个，剔开，填盐满壳，煅研，搽之。（《孙天仁集效方》）

止外伤出血，并防止疮口感染溃烂，得以迅速愈合：荔枝晒干研末（浸童便晒更佳）备用。每用取末掺患处。（《泉州本草》）

治老人五更泻：荔枝干，每次五粒，舂米一把，合煮粥食，连服三次，酌加山药或莲子同煮更佳。（《泉州本草》）

治脾虚久泻：荔枝果（干果）7枚，大枣5枚，水煎服。（《全国中草药汇编》）

治狐臭：荔枝核焙干研末，白酒适量，调匀涂擦腋窝，每日2次。（《福建药物志》）

治心腹胃脘久痛，屡触屡发者：荔枝核一钱，木香八分。为末。每服一钱，清汤调服。（《景岳全书》荔香散）

治妇人血气刺痛：荔枝核（烧存性）半两，香附子（去毛，炒）一两。上为末。盐汤、米饮调下二钱，不拘时候服。（《妇人良方》蠲痛散）

治心痛及小肠气：荔枝核慢火中烧存性，为末，新酒调一枚末服。（《本草衍义》）

治血崩：荔枝壳烧灰存性，研末。好酒空心调服，每服二钱。（《同寿录》）

治疝气：鲜荔枝根60g。水煎调红糖，饭前服。（《福建中草药》）

治喉痹肿痛：荔枝花并根，共十二分。以水三升，煮，去滓，含，细细咽之。（《海上集验方》）

六、芸香科

乔木或灌木，茎常具刺，稀为草本；单身复叶或羽状复叶，叶上常有透明油点。花两性。萼片、花瓣常4～5片，具有明显花盘；柑果、浆果、蓇葖果或核果。中国产种大多可作为中草药入药。花椒属一些种类的果，不仅是食物的调味剂或矫味剂，也是一种防腐剂；一些属的果可生食或是清凉饮料的原料，含丰富的柠檬酸、糖及其他营养物质。柚、香橼、柠檬、甜橙，尤以酸橙类的花和果皮都含优质香精油，是饮食调味的天然香料。

1. 柑橘 *Citrus reticulata Blanco*

芸香科（Rutaceae）柑橘属常绿小乔木或灌木。

柑橘类水果所含有的人体保健物质，已分离出30余种，其中主要有：类黄酮、单萜、香豆素、类胡萝卜素、类丙醇、吖啶酮、甘油糖脂质等。

《本草纲目》："橘从矞，谐声也。又云，五色为庆，二色为矞，矞云外赤内黄，非烟非雾，郁郁纷纷之象。橘实外赤内黄，剖之香雾纷郁，有似乎矞云。橘之从矞，又取此意也。"

橘皮入药以陈年者为佳，故名陈皮、贵老。

陈皮，原名橘皮，始载于《神农本草经》，列为上品。陶弘景云："此是说其皮功尔……并以陈者为良。"元代王好古也说，"橘皮以色红日久者为佳，故曰红皮、陈皮。"宋代以来，有将柑皮作橘皮使用的现象，如《本草衍义》："今人多作橘皮售于人，不可不择也。"李时珍亦云："柑、橘皮今人多混用，不可不辨也。""橘皮性温，柑、柚性冷，不可不知。"目前陈皮药材仍有陈皮、广陈皮两种，广陈皮即柑皮。

青皮始载于《珍珠囊》。《本草纲目》："青橘皮乃橘之未黄而青色者，薄而光，其气芳烈。今人多以小柑、小柚、小橙伪为之，不可不慎辨之。"又云："苏颂不知青橘即橘之未黄者，乃以为柚，误矣。时珍认为夫橘、柚、柑三者相类而不同。橘实小，其瓣味微酢，其皮薄而红，味辛而苦。柑大于橘，其瓣味甘，其皮稍厚而黄，味辛而甘。柚大子皆如橙，其瓣味酢，其皮最厚而黄，味甘而不甚辛，如此分之，即不误矣。"

【入药部位及性味功效】

橘，又称黄橘、橘子，为植物柑橘及其栽培变种的成熟果实。10～12月果实成熟时，摘下果实，鲜用或冷藏备用。味甘、酸，性平。归肺、胃经。润肺生津，理气和胃。主治消渴，呕吐，胸膈结气。

橘饼，为柑橘及其栽培变种的成熟果实，用蜜糖渍制而成。味甘、辛，性温。归脾、肺经。宽中下气，消积化痰。主治饮食积滞，泻痢，胸膈满闷，咳喘。

陈皮，又称橘皮、贵老、黄橘皮、红皮、橘子皮、广橘皮，为柑橘及其栽培变种的成熟果皮。10～12月果实成熟摘下果实，剥取果皮，阴干或晒干。味辛、苦，性温。归脾、胃、肺经。理气降逆，调中开胃，燥湿化痰。主治脾胃气滞湿阻，胸膈满闷，脘腹胀痛，不思饮食，二便不利，肺气阻滞，咳嗽痰多。亦治乳痈初起。

青皮，又称青橘皮、青柑皮，为柑橘及其栽培变种的幼果或未成熟果实的果皮。5～6月收集自落的幼果，晒干，习称"个青皮"，7～8月采收未成熟的果实，在果皮上纵剖成四瓣至基部，除尽瓤瓣，晒干，习称"四化青皮"，又称"四花青皮"。味苦、辛，性温。归肝、胆、胃经。疏肝破气，消积化滞。主治肝郁气滞之胁肋胀痛，乳房胀痛，乳核，乳痈，疝气疼痛，食积气滞之胃脘胀痛，以及气滞血瘀所致的癥瘕积聚，久疟癖块。

橘红，又称芸皮、芸红，为柑橘及其栽培变种的外层果皮。秋末冬初果实成熟后采摘，削取外层果皮，晒干或阴干。味辛、苦，性温。归肺、脾经。散寒燥湿，理气化痰，宽中健胃。主治风寒咳嗽，痰多气逆，恶心呕吐，胸脘痞胀。

橘白，为柑橘及其栽培变种的白色内层果皮。选取新鲜的橘皮，用刀扦去外层红皮（即橘红）后，取内层的白皮，除去橘络，晒干或晾干。味苦、辛，微甘，性温。归脾、胃经。和胃化湿。主治湿浊内阻，胸脘痞满，食欲不振。

橘络，又称橘瓤上筋膜、橘瓤上丝、橘丝、橘筋，为柑橘及其栽培变种的果皮内层筋络。12月至次年1月间采集果实，将橘皮剥下，自皮内或橘瓤外表撕下白色筋络，晒干或微火烘干。比较完整而理顺成束者，称为"凤尾橘络"（又名"顺筋"）。多数断裂，散乱不整者，称为"金丝橘络"（又名"乱络""散丝橘络"）。如用刀自橘皮内铲下者，称为"铲络"。味甘、苦，性平。归肝、肺、脾经。通络，理气，化痰。主治经络气滞，久咳胸痛，痰中带血，伤酒口渴。

橘核，又称橘子仁、橘子核、橘米、橘仁，为柑橘及其栽培变种的种子。秋、冬季食用果肉时，收集种子，一般多从食品加工厂收集，洗净，晒干或烘干。味苦，性平。归肝、肾经。理气，散结，止痛。主治疝气，睾丸肿痛，乳痈，腰痛。

橘叶，又称橘子叶，为柑橘及其栽培变种的叶。全年均可采收，以12月至翌年2月间采摘为佳期，阴干或晒干，亦可鲜用。味苦、辛，性平。归肝、胃经。疏肝行气，化痰散结。主治乳痈，乳房结块，胸胁胀痛，疝气。

橘根，为柑橘及其栽培变种的根。9～10月挖根，洗净，切片，晒干。味苦、辛，性平。行气止痛。主治脾胃气滞，脘腹胀痛，疝气。

临床上，陈皮、橘核治疗急性乳腺炎；青皮治疗阵发性室上性心动过速、休克。

【经方验方应用】

治卒失声，声噎不出：橘皮五两，水三升，煮取一升，去滓，顿服。（《肘后方》）

治烫伤：烂橘子适量，放在有色玻璃瓶中，密封贮藏，越陈越好，搽涂患处。（《食物中药与便方》）

治腰痛：橘核、杜仲各二两。炒研末，每服二钱，盐酒下。（《简便单方》）

治百日咳：葱白4茎，冰糖30g，橘饼3个，水煎代茶频饮。（《农家常用饮食医疗便方汇集》）

治哮喘：橘饼1个，杏仁10g，川贝母3g，冰糖30g。先将橘饼、杏仁、川贝母加水适量煎汤，后加入冰糖，待其融化后，喝汤并慢慢嚼食药渣。（《农家常用饮食医疗便方汇集》）

治胸闷胁痛，肋间神经痛：橘络、当归、红花各3g。黄酒与水合煎，每日2次分服。（《食物中药与便方》）

治妇女乳房起核，乳癌初起：青橘叶、青橘皮、橘核各15g，以黄酒与水合煎，每日2次温服。（《食物中药与便方》）

治乳腺炎：嫩橘叶、麦芽、葱头各适量，捣烂敷患处，并可于药上加热温熨。（《福建药物志》）

治吹乳、乳汁不通：鲜橘叶、青橘皮、鹿角霜各15g，水煎后冲入黄酒少许热饮。（《食物中药与便方》）

2. 茶枝柑 Citrus reticulata Blcanco cv. 'Chachiensis'

芸香科柑橘属小乔木。

茶枝柑的果皮制干即为中药陈皮，是陈皮正品。

茶枝柑又名新会柑。《开宝本草》云："未经霜时尤酸，霜后甚甜，故名柑子。"《本草纲目》："柑，南方果也……其树无异于橘，但刺少耳。柑皮比橘色黄而稍厚，理稍粗而味不苦。橘可久留，柑易腐败。柑树畏冰雪，橘树略可。此柑、橘之异也。柑、橘皮今人多混用，不可不辨。"《本草衍义》："乳柑子，今人多作橘皮售于人，不可不择也。柑皮不甚苦，橘皮极苦，至熟亦苦。"

【入药部位及性味功效】

柑，又称金实、柑子、木奴、瑞金奴、桶柑、蜜桶柑、招柑，为植物茶枝柑等多种柑类的果实。秋季果实成熟时采收，鲜用。味甘、酸，性凉。清热止津，醒酒利尿。主治胸膈烦热，口渴欲饮，醉酒，小便不利。

柑核，为植物茶枝柑等多种柑类的种子。剥开成熟果实，食取果瓤，留下种子，洗净，晒干。味苦、辛，性温。归心、肝、肾经。温肾止痛，行气散结。主治腰痛，膀胱气痛，小肠疝气，睾丸偏坠肿痛。

柑皮，又称广陈皮、新会皮、陈柑皮，为植物茶枝柑等多种柑类的果皮。将成熟果实的果皮剥皮，晒干。味辛、甘，性寒。归脾、胃、肺经。下气，调中，化痰，醒酒。主治饮食失调，上气烦满，伤酒口渴。

柑叶，为植物茶枝柑等多种柑类植物的叶。夏、秋季采摘，鲜用。味辛、苦，性平。归心、胃、肝经。行气宽胸，疏肝和胃，解毒消痈。主治胸膈满闷，胁肋胀痛，经行不畅，肺痈，乳痈，乳岩。

【经方验方应用】

治肾冷腰痛：柑核、杜仲等份。炒研，盐酒下。(《本草求原》)

治伤寒胸痞：根叶捣烂，和面熨。(《本草求原》)

治肺痈：柑叶，绞汁一盏服，吐出脓血愈。(《本草求原》)

治聤耳流水或脓血：柑树叶嫩头七个，入水数滴，杵取汁滴之。(《蔺氏经验方》)

治酒醉：柑子皮(去瓤)不计多少，焙干为末，入盐点半钱。(《经验后方》独醒汤)

3. 柚 Citrus maxima (Burm.) Merr.

芸香科柑橘属常绿乔木。

柚含糖量高、酸甜适度、营养丰富、贮藏耐久，故有"天然罐头"之称。

柚又名香抛、四季抛、沙田柚、香柚。《尔雅》郭璞注："似橙，实酢，生江南。"《岭南杂记》："柚子花香，酷似栀子花，肉红者甘，白者酸。然增城香柚小而白，肉香甘异常。"

关于化橘红："化"者，言其产于化州。因与橘相类，为外层果皮，故有化橘红、化州橘红诸名。化州柚果皮密被柔毛，故又称毛柑、毛化红等。

【入药部位及性味功效】

柚，又称条、雷柚、柚子、胡柑、臭橙、臭柚、朱栾、香栾、抛、苞、胈、文旦，为植物柚的果实。10～11月果实成熟时采收，鲜用。味甘、酸，性寒。消食，化痰，醒酒。主治饮食积滞，食欲不振，醉酒。

柚核，为植物柚的种子。秋、冬季，将成熟的果实剥开果皮，食果瓤，取出种子，洗净，晒干备用。味苦、辛，性温。疏肝理气，宣肺止咳。主治疝气，肺寒咳嗽。

柚皮，又称柚子皮、气柑皮、橙子皮、五爪红、化橘红，为植物柚的果皮。秋末冬初采集果皮，剖成5～7瓣。晒干或阴干备用。味辛、甘、苦，性温。归脾、肾、肺经。宽中理气，消食，化痰，止咳平喘。主治气郁胸闷，脘腹冷痛，食积，泻痢，咳喘，疝气。

柚花，又称橘花，为植物柚的花。4～5月间采花，晾干或烘干备用。味辛、苦，性温。归肺、胃经。行气，化痰，止痛。主治胃脘胸膈胀痛。

柚叶，又称气柑叶，为植物柚的叶。夏、秋季采叶，鲜用或晒干备用。味辛、苦，性温。行气止痛，解毒消肿。主治头风痛，寒湿痹痛，食滞腹痛，乳痈，扁桃体炎，中耳炎。

柚根，又称气柑根、橙子树根，为植物柚的树根。全年均可采，挖根，洗净，切片晒干。味辛、苦，性温。理气止痛，散风寒。主治胃脘胀痛，疝气疼痛，风寒咳嗽。

化橘红，又称化皮、化州橘红、柚皮橘红、柚类橘红、兴化红、毛柑、毛化红、赖橘红，为植物化州柚或柚的未成熟或近成熟的外层果皮。10～11月果实未成熟时采收，置沸水中略烫后，将果皮割成5～7瓣，除去果瓤和部分中果皮，压制成形，晒干或阴干。化州柚的外果皮有毛，称毛橘红；柚的外果皮无毛，称光橘红。味苦、辛，性温。归脾、胃、肺经。燥湿化痰，理气，消食。主治风寒咳喘痰多，呕吐呃逆，食积不化，脘腹胀痛。

【经方验方应用】

治痰气咳嗽：香栾，去核，切，砂瓶内浸酒，封固一夜，煮烂，蜜拌匀，时时含咽。（《本草纲目》）

治发黄、发落（包括斑秃）：柚子核15g，开水浸泡，每日2～3次，涂拭患部。（《食物中药与便方》）

治腹泻：柚子皮10g，细茶叶6g，生姜3片，水煎服。（《农家常用饮食医疗便方汇集》）

治痢疾、消化不良、腹胀：柚子茶（用柚子一个横切，挖去果肉，装满绿茶，扎紧，阴干）6～9g，开水泡服。（《福建药物志》）

治头风痛：柚叶，同葱白捣，贴太阳穴。（《本草纲目》）

治中耳炎：鲜柚叶适量，捣烂取汁，滴耳内，每日2～3次。（《福建药物志》）

治冻疮：柚叶30g，干姜10g。共煮水浸泡冻疮部位，每日2次，每次约泡半小时。（《食治本草》）

4. 甜橙 Citrus sinensis (L.) Osbeck

芸香科柑橘属常绿小乔木。

甜橙中含丰富的橙皮苷和胡萝卜素、维生素 C、维生素 P 等物质，甜酸可口；果皮挥发油含有正癸醛、柠檬醛、柠檬烯等 70 多种物质。

以橙子之名载于《滇南本草》。《植物名实图考》云："广东新会县橙为岭南佳品，皮薄紧，味甜如蜜……"

【入药部位及性味功效】

甜橙，又称黄果、橙子、新会橙、广橘、雪柑、印子柑、广柑，为植物甜橙的果实。11～12 月果实成熟时采摘，鲜用或晒干备用。味辛、甘、微苦，性微温。归肝、胃经。疏肝行气，散结能乳，解酒。主肝气郁滞所致胁肋疼痛，脘腹胀满，产妇乳汁不通，乳房结块肿痛，醉酒。

橙皮，又称理皮、黄果皮、理陈皮、广柑皮，为植物甜橙的果皮。冬季或春初收集食用甜橙时剥下的果皮，晒干或烘干。味辛、苦，性温。归脾、胃、肺经。行气健脾，降逆化痰。主治脾胃气滞之脘腹胀满，恶心呕吐，食欲不振，痰壅气逆之咳嗽痰多，胸膈满闷，梅核气。

橙叶，为植物甜橙的叶。全年均可采收，鲜用。味辛、苦，性平。散瘀止痛。主治疮疡肿痛。

5. 花椒 *Zanthoxylum bungeanum* Maxim.

芸香科花椒属落叶小乔木。

花椒的功能营养素大多存在于它的挥发油中，以酰胺类物质、生物碱等化学活性成分为主。

以樧、大椒之名始载于《尔雅》。《神农本草经》收载"秦椒"为中品，"蜀椒"为下品。主产于古代的秦地、蜀地，故名秦椒、蜀椒。川椒、巴椒、汉椒义同蜀椒。果实成熟时开裂如花，故名花椒。其外果皮上多见疣状突起，故称点椒。使用时微炒至汗出，而称汗椒。椒，《说文解字》作茮从尗，本为豆之总名，椒之目如豆，故称椒。诸家本草所述秦椒和蜀椒均系植物花椒，其分布广，多为栽培种，系现今花椒主流品种之一。《中华人民共和国药典》还收载青椒为花椒的品质之一。

【入药部位及性味功效】

花椒，又称樧、大椒、秦椒、南椒、巴椒、蓎藙、陆拨、汉椒、点椒，为植物花椒、青椒的果皮。培育 2～3 年，9～10 月果实成熟，选晴天，剪下果穗，摊开晾晒，待果实开裂，果皮与种子分开后，晒干。味辛，性温，有小毒。归脾、胃、肾经。温中止痛，除湿止泻，杀虫止痒。主治脘腹冷痛，呕吐泄泻，虫积腹痛，肺寒咳嗽，龋齿牙痛，阴痒带下，湿疹皮肤瘙痒。

花椒根，为植物花椒的根。全年均可采，挖根，洗净，切片晒干。味辛，性温，有小毒。归肾、膀胱经。散寒，除湿，止痛，杀虫。主治虚寒血淋，风湿痹痛，胃痛，牙痛，痔疮，湿疮，脚气，蛔虫病。

花椒叶，又称椒叶，为植物花椒、青椒的叶。全年均可采收，鲜用或晒干。味辛，性热。归大肠、脾、胃经。温中散寒，燥湿健脾，杀虫解毒。主治奔豚，寒积，霍乱转筋，脱肛，脚气，风弦烂眼，漆疮，疥疮，毒蛇咬伤。

椒目，又称川椒目，为植物花椒、青椒的种子。待果实开裂，果皮与种子分开时，取出种子。味苦、辛，性温，有小毒。行水消肿，祛痰平喘。主治水肿胀满，哮喘。

花椒茎，为植物花椒的茎。全年可采，砍取茎，切片晒干。味辛，性热。祛风散寒。主治风疹。

【经方验方应用】

保真神应丸：男女吐血，咳嗽气喘，痰涎壅盛，骨蒸潮热，面色萎黄，日晡面炽，睡卧不宁者。（《玉案》）

海桐皮汤：通畅气血，舒展经络，消退肿胀。主治跌打损伤，筋翻骨错疼痛不止。（《医宗金鉴》）

万灵膏：活血化瘀，消肿止痛。主治痞积，并未溃肿毒，瘰疬痰核，跌打闪挫，及心腹疼痛、泻痢、风气、杖疮。（《万氏家抄方》）

艾叶洗剂：主治慢性湿疹、过敏性皮炎、泛发性神经皮炎。（《中医皮肤病学简编》）

擦牙固齿散：清胃热，止牙痛。主治胃火牙痛，牙缝出血，恶秽口臭。（《北京市中药成方选集》）

参椒汤：主治疥疮。（《外科证治全书》）

七、漆树科

乔木或灌木。叶对生，掌状分裂。花4～5基数，辐射对称。具翅的扁平分果。该科具有经济价值的植物很多，有热带水果，如腰果、芒果等，且腰果种子含油量很高，为优良的食用油；绝大多数属、种的树皮和叶均含鞣质，可提取栲胶，漆树是生产著名"生漆"的树种；很多植物可以入药，如黄连木具有清热解毒的作用；有些种类也可作观赏植物，如黄栌。

腰果 Anacardium occidentale L.

漆树科（Anacardiaceae）腰果属灌木或小乔木。

腰果所含的蛋白质是一般谷类作物的2倍之多，并且所含氨基酸的种类与谷物中氨基酸的种类互补；所含之脂肪多为不饱和脂肪酸，其中油酸占总脂肪酸的67.4%，亚油酸占19.8%，是高血脂、冠心病患者的食疗佳果。

腰果又名都咸树、鸡腰果、槚如树、心果树。都咸子始见于《本草拾遗》，云："生南方，树如李。按徐表《南州记》云：了大如指。取子及皮作饮，极香美。"《海药本草》："按徐表《南州记》云：子食之香，大小如半夏。"《植物名实图考长编》载："《齐民要术》《南方草物状》曰，都咸树野生。如手指大，长三寸，其色正黑。三月生花，花仍连着实，七、八月熟。里民噉子，及柯皮干作饮，芳香。"

【入药部位及性味功效】

都咸子，为植物腰果的果实。夏、秋季果实成熟时采收，除去假果，留取核果，晒干，炒熟备用。味甘，性平。润肺止咳，止渴，除烦。主治咳逆，心烦，口渴。

都咸子树皮，为植物腰果的树皮。全年可采，剥取树皮，晒干备用。味淡，性平，有毒。截疟。主治疟疾。

八、伞形科

草本，叶柄基部成鞘状抱茎，伞形、复伞形花序，伞形科这一名称是因为其花序为伞形之故。花 5 基数，双悬果。本科包括很多日常食用的蔬菜和调料。

1. 旱芹（芹菜） Apium graveolens L.

伞形科（Apiaceae）芹属二年生或多年生草本。

芹菜富含蛋白质、碳水化合物、膳食纤维、维生素等 20 多种营养元素。蛋白质和磷的含量比瓜类高 1 倍，铁的含量比番茄多 20 倍。

旱芹为芹之一种，生于平地，与水芹对言之，而名旱芹。香气显著，有如药味，因名香芹、药芹。

旱芹始载于《履巉岩本草》。《本草纲目》云："旱芹生平地，有赤、白两种。二月生苗，其叶对节而生，似芎䓖，其茎有节棱而中空，其气芬芳，五月开细白花，如蛇床花。楚人采济饥，其利不小。"

【入药部位及性味功效】

旱芹，又称芹菜、云芎、南芹菜、香芹、蒲芹、和蓝鸭儿芹、药芹、水英、野芹，为植物旱芹的带根全草。春、夏季采收，洗净，多为鲜用。味甘、辛、微苦，性凉。归肝、胃、肺经。平肝，清热，祛风，利水，止血，解毒。主治肝阳眩晕，风热头痛，咳嗽，黄疸，小便淋痛，尿血，崩漏，带下，疮疡肿毒。

【经方验方应用】

治高血压、高血压动脉硬化：旱芹鲜草适量捣汁，每服 50～100mL；或配鲜车前草 60～120g，红枣 10 个，煎汤代茶。（南药《中草药学》）

降胆固醇：芹菜根 10 个，大枣（红枣）10 个。洗净后捣碎，将渣及汁全部放入锅中，加水 200mL，煎熬后去渣，为 1 天量。每次 200mL，每日服 2 次，连服 15～20 天。以鲜芹菜根效果为好。[《上海中医药杂志》1965（2）：16]

治肺热咳嗽，多痰：芹菜根 30g，冰糖适量。水煎服。（《西宁中草药》）

治肺痈：芹菜根、鱼腥草各鲜用 30g，瘦猪肉酌量。炖服。（《福建药物志》）

治小便不通：鲜芹菜 60g，捣绞汁，调乌糖服。（《泉州本草》）

治反胃呕吐：鲜芹菜根 30g，甘草 15g，水煎，加鸡蛋 1 个冲服。（《河北中草药》）

2. 胡萝卜 Daucus carota var. sativa Hoffm.

伞形科胡萝卜属二年生草本。

胡萝卜中的胡萝卜素是维生素 A 的主要来源，被称为"预防癌症的蔬菜"。

胡萝卜之名出自《绍兴本草》。《本草纲目》："元时始自胡地来，气味微似萝卜，故名。"又云："胡萝卜，今北土、山东多莳之，淮、楚亦有种者。八月下种，生苗如邪蒿，肥茎有白毛，辛臭如蒿，不可食。冬月掘根，生熟皆可啖，兼果、蔬之用。根有黄、赤二种，微带蒿气，长五、六寸，大者盈握，状似鲜掘地黄及羊蹄根。三、四月茎高二三尺，开碎白花，攒簇如伞状，似蛇床花。子亦如蛇床子，稍长而有毛，褐色，又如莳萝子，亦可调和食料。"

【入药部位及性味功效】

胡萝卜，又称黄萝卜、胡芦菔、红芦菔、丁香萝卜、金笋、红萝卜、伞形楼菜，为植物胡萝卜的根。冬季采挖根部，除去茎叶，须根，洗净。味甘、辛，性平。归脾、肝、肺经。健脾和中，滋肝明目，化痰止咳，清热解毒。主治脾虚食少，体虚乏力，脘腹痛，泻痢，视物昏花，雀目，咳喘，百日咳，咽喉肿痛，麻疹，水痘，疖肿，汤火伤，痔漏。

胡萝卜子，为植物胡萝卜的果实。夏季果实成熟时采收，将全草拔起或摘取果枝，打下果实，除净杂质，晒干。味苦、辛，性温。归脾、肾经。燥湿散寒，利水杀虫。主久痢，久泻，虫积，水肿，宫冷腹痛。

胡萝卜叶，又称胡萝卜英、胡萝卜缨子，为植物胡萝卜的基生叶。冬季或春季采收，连根挖出，削取带根头部的叶，洗净，鲜用或晒干。味辛、甘，性平。理气止痛，利水。主治脘腹痛，浮肿，小便不通，淋痛。

【经方验方应用】

治胃痛：胡萝卜50g，麻黄150g。先将胡萝卜用慢火烘焦，与麻黄共研末。每服3g，日服2次，热酒冲服。(《吉林中草药》)

治痢疾：胡萝卜30～60g，冬瓜糖15g，水煎服。(《福建药物志》)

治小儿发热：红萝卜60g，水煎，连服数次。(《岭南采药录》)

治水痘：红萝卜125g，风栗90g，芫荽90g，煎服。(《岭南采药录》)

治痔疮、脱肛：红萝卜切片，用慢火烧热，趁热敷患处。凉了再换，每回轮换6～7次。(《吉林中草药》)

治产后腹痛：胡萝卜樱子适量，口服2次。(《吉林中草药》)

第六节　菊亚纲植物

菊亚纲为木兰纲的一个亚纲，共11目，49科，约60000种。该亚纲植物为木本或草本。常单叶，花4轮，花冠常结合，雄蕊与花冠裂片同数或更少，常着生在花冠筒上，绝不与花冠片对生，心皮2～5，常2，结合。

一、茄科

多为草本，少数为小乔木，偶为藤本。叶互生，无托叶。花两性，辐射对称，花萼宿存；花冠通常5裂，合瓣花。浆果或蒴果。

茄科植物有重要的经济价值，如烟草是制烟工业的原料和重要的杀虫剂，枸杞子、颠茄等药用价值高，马铃薯、辣椒、茄子和番茄等是重要的粮食和蔬菜作物。

茄科是有毒植物中最重要的科之一，野生植物多有毒。茄科植物中毒常因误服、用药量过大或小孩误食其果以及牲畜食叶等所致，引起中毒最多见的是曼陀罗和洋金花。马铃薯虽是重要的粮食作物和蔬菜，但食用引起中毒者仍不少见。

1. 辣椒 Capsicum annuum L.

茄科（Solanaceae）辣椒属一年生草本或灌木状。

辣椒维生素 C 含量居蔬菜之首。辣椒为川菜注入了灵魂。

辣椒之名出自《植物名实图考》，以番椒之名始载于《食物本草》。味辛辣似花椒，可作调味品，以辣味尤重，且形体硕大，故名辣椒、大椒。其形似角，又称辣角。辣虎者，言其辣味之烈也。因花叶俱似茄，故称辣茄。腊茄，《本草纲目拾遗》引《药检》："腊月熟，故名。"本品自明代从国外传入，故称番椒、海椒。形尖细者以形似而名之为鸡嘴椒。

【入药部位及性味功效】

辣椒，又称番椒、辣茄、辣虎、腊茄、海椒、辣角、鸡嘴椒、红海椒、辣子、牛角椒、大椒、七姐妹、班椒，为植物辣椒的果实。青椒一般以果实充分肥大，皮色转浓，果皮坚实而有光泽时采收，干椒可待果实成熟一次采收。可加工成腌辣椒、清酱辣椒、虾油辣椒。干椒可加工成干制品。味辛，性热。归脾、胃经。温中散寒，下气消食。主治胃寒气滞，脘腹胀痛，呕吐，泻痢，风湿痛，冻疮。

辣椒茎，又称海椒梗，为植物辣椒的茎。9～10 月将倒苗前采收，切段，晒干。味辛、甘，性热。散寒除湿，活血化瘀。主治风湿冷痛，冻疮。

辣椒叶，为植物辣椒的叶。夏、秋季植株生长茂盛时采摘叶，鲜用或晒干。味苦，性温。消肿涤络，杀虫止痒。主治水肿，顽癣，疥疮，冻疮，痈肿。

辣椒头，为植物辣椒的根。秋季采挖根部，洗净，晒干。味辛、甘，性热。散寒除湿，活血消肿。主治手足无力，肾囊肿胀，冻疮。

临床上，辣椒治疗腰腿痛、腮腺炎、蜂窝织炎、多发性疖肿等外科炎症，冻疮冻伤，外伤瘀肿等；辣椒根治疗功能失调性子宫出血等。

【经方验方应用】

治风湿性关节炎：辣椒 20 个，花椒 30g。先将花椒煎水，数沸后放入辣椒煮软，取出撕开，贴患处，再用水热敷。（《全国中草药汇编》）

治手足无力，有如瘫痪：辣椒头 2 个，鸡脚 15 对（由膝以上截出），花生肉 60g，红枣 6 粒。用水、酒各半，隔水炖五六分钟，服数次。（《岭南采药录》）

治肾囊肿胀：辣椒头、猪精肉煎汤服。（《岭南采药录》）

2. 枸杞 Lycium chinense Miller

茄科枸杞属落叶灌木。

枸杞是目前唯一一种监测含有牛磺酸的植物；枸杞子 B 族维生素含量可达到其他常见果蔬的 3 倍以上。

地骨皮之名见于《外台秘要》。《神农本草经》原作地骨，列为上品。《本草纲目》："枸、杞二树名，此物棘如枸之刺，茎如杞之条，故兼名之。道书言千载枸杞，其形如犬，故得枸名，未审然否？"今按，枸杞二字，古来书写多形。从音、形二者求之，枸应作勾，杞应言棘，皆因其物多刺得名。地骨，亦称地筋，皆以地下之根形为名。地辅，辅即颊骨，与地骨同义。

枸杞入药始载于《神农本草经》，列为上品。古代所用枸杞以甘肃、陕西产者质量最好，其描述与宁夏枸杞完全一致。

果实作枸杞入药的尚有枸杞 *Lycium chinense* Miller（地骨皮）、毛蕊枸杞 *L. dasystemum* Pojark（古城子）、北方枸杞 *L. chinense* Miller var. *potaninii* (Pojark) A. M. Lu。

【入药部位及性味功效】

地骨皮，又称杞根、地骨、地辅、地节、枸杞根、苟起根、枸杞根皮、山杞子根、甜齿牙根、红耳堕根、山枸杞根、狗奶子根皮、红榴根皮、狗地芽皮，为植物枸杞的根皮。春初或秋后采挖根部，洗净，剥取根皮，晒干。或将鲜根切成 6～10cm 长的小段，再纵剖至木质部，置蒸笼中略加热，待皮易剥离时，取出剥下皮部，晒干。味甘，性寒。归肺、肾经。清虚热，泻肺火，凉血。主治阴虚劳热，骨蒸盗汗，肺热咳嗽，小儿疳积发热，咯血，衄血，尿血，内热消渴。

枸杞子，又称苟起子、枸杞红实、甜菜子、西枸杞、狗奶子、红青椒、枸蹄子、枸杞果、地骨子、枸茄茄、红耳坠、血枸子、枸地芽子、枸杞豆、血杞子、津枸杞，为植物枸杞、宁夏枸杞、毛蕊枸杞、北方枸杞的果实。6～11 月果实陆续红熟，分批采收，迅速将鲜果摊在芦席上，厚不超过 3cm，一般以 1.5cm 为宜，放阴凉处晾至皮皱，然后暴晒至果皮起硬，果肉柔软时去果柄，再晒干，晒干时切忌翻动，以免影响质量。遇多雨时宜用烘干法，先用 45～50℃烘至七八成干后，再用 55～60℃烘至全干。味甘，性平。归肝、肾、肺经。滋补肝肾，益精明目，润肺。主治肝肾亏虚，头晕目眩，目视不清，腰膝酸软，阳痿遗精，虚劳咳嗽，消渴引饮。

枸杞叶，又称地仙苗、甜菜、枸杞尖、天精草、枸杞苗、枸杞菜、枸杞头，为植物枸杞、宁夏枸杞的嫩茎叶。春、夏采收，风干，多鲜用。味甘、苦，性凉。补虚益精，清热明目。主治虚劳发热，烦渴，目赤昏痛，障翳夜盲，热毒疮肿。

枸杞根，为植物枸杞的根。冬季采挖、洗净、晒干。味甘、淡，性寒。祛风、清热。用于高血压。

【经方验方应用】

治年少妇人白带：枸杞尖作菜，同鸡蛋炒食。（《滇南本草》）

治耳聋，有脓水不止：地骨皮半两，五倍子一分，上二味，捣为细末。每用少许，渗入耳中。（《圣济总录》）

治鸡眼：地骨皮、红花同研细。于鸡眼痛处敷之，或成脓亦敷，次日结痂好。（《仁术便览》金莲稳步膏）

地骨皮露：地骨皮 2.4kg，用蒸馏方法制成露 12kg。用于体虚骨蒸，肺热干咳之辅助饮料。口服每次 60～120g。（《全国中药成药处方集》）

大补元煎：救本培元，大补气血。主治气血大亏，精神失守之危剧病证。（《景岳全书》）

熟地首乌汤：滋补肝肾，养血填精。主治老年性白内障。（《眼科临证录》）

先天大造丸：补先天，疗虚损。主治气血不足，风寒湿毒袭于经络，初起皮色不变，漫肿无头；或阴虚，外寒侵入，初起筋骨疼痛，日久遂成肿痛，溃后脓水清稀，久而不愈，渐成漏证；并治一切气血虚羸，劳伤内损，男妇久不生育。（《外科正宗》）

杞菊地黄丸：滋肾养肝明目。主治肝肾阴虚证。两目昏花，视物模糊，或眼睛干涩，迎风流泪等。（《麻疹全书》）

清经散：清热，凉血，止血。主治肾中水亏火旺，经行先期量多者。（《傅青主女科》）

两地汤：养阴清热，凉血调经。主治阴虚血热证。症见月经先期而量少。（《傅青主女科》）

柴胡清骨散：清虚热，退骨蒸。主治劳瘵热甚人强，骨蒸久不痊。（《医宗金鉴》）

滋阴除湿汤：滋阴养血，除湿润燥。主治慢性湿疹、亚急性湿疹、脂溢性皮炎、异位性皮炎反复发作者。（《外科正宗》）

3. 番茄 Lycopersicon esculentum Miller

茄科番茄属一年生草本。

番茄含有丰富的营养，又有多种功用被称为神奇的"菜中之果"，其主要营养就是维生素，最重要、含量最多的就是番茄红素。西红柿越红，营养越高，做熟后比生吃更有利于营养吸收。

番茄以小金瓜之名始载于《植物名实图考》，云："小金瓜，长沙圃中多植之。蔓生，叶似苦瓜而小，亦少花杈。秋结实如金瓜，纍纍成簇，如鸡心柿更小，亦不正圆。"

番茄最早生长于南美洲的秘鲁和墨西哥，是一种生长在森林里的野生浆果。因为色彩娇艳，当地人把它当作有毒的果子，视为"狐狸的果实"，称之为"狼桃"，只用来观赏，无人敢食。

【入药部位及性味功效】

番茄，又称小金瓜、喜报三元、西红柿、番李子、金橘、洋柿子、番柿，为植物番茄的新鲜果实。夏秋季果实成熟时采收，洗净，鲜用。味酸、甘，性微寒。生津止渴，健胃消食。主治口渴，食欲不振。

【经方验方应用】

治高血压、眼底出血：鲜西红柿每日早晨空腹生吃 1~2 个，15 天为 1 个疗程。（《食物中药与便方》）

4. 茄 Solanum melongena L.

茄科茄属一年生草本至亚灌木。

茄子的营养丰富，含维生素、生物碱等多种营养活性成分，特别是维生素 P 含量较高。

茄子是我国主要蔬菜之一。《本草拾遗》《食疗本草》等均记载其药用功效。茄，《尔雅》云："荷，芙渠；其茎茄。"《尔雅义疏》云："茄，居何切。古与荷通。"故荷之茎言茄犹言荷也。又云："荷之言何也，负何，言其叶大。"由此知"茄"者亦言"荷"，谓其果大荷重也。《本草纲目》云："陈藏器本草云：'茄一名落苏。'名义未详。按《五代贻子录》作酪酥，盖以其味如酪酥也。于义似通。"故落苏可为"酪酥"之声转。又云："杜宝《拾遗录》云：'隋炀帝改茄曰昆仑紫瓜。'又王隐君《养生主论》治疟方用干茄，讳名草鳖甲。盖以鳖甲能治寒热，茄亦能治寒热故尔。"

【入药部位及性味功效】

茄子，又称落苏、昆仑瓜、草鳖甲、酪酥、白茄、青水茄、紫茄、黄茄、东风草、银茄、黄水茄、酱茄、糟茄、昆仑紫瓜、矮瓜、吊菜子、鸡蛋茄、卵茄，为植物茄的果实。夏、秋季果熟时采收。味甘，性凉。归脾、胃、大肠经。清热，活血，消肿。主治肠风下血，热毒疮痈，皮肤溃疡。

茄蒂，为植物茄的宿萼。夏、秋季采收，鲜用或晒干。凉血，解毒。主治肠风下血，痈肿，对口疮，牙痛。

茄花，又称紫茄子花，为植物茄的花。夏、秋季采收，晒干。味甘，性平。敛疮，止痛，利湿。主治创伤，牙痛，妇女白带过多。

茄叶，为植物茄的叶。夏季采收，鲜用或晒干。味甘、辛，性平。散血消肿。主治血淋，血痢，肠风下血，痈肿，冻伤。

茄根，又称茄母、茄子根，为植物茄的根。9～10月间，全植物枯萎时连根拔起，除去干叶，洗净泥土，晒干。味甘、辛，性寒。祛风利湿，清热止血。主治风湿热痹，脚气，血痢，便血，痔血，血淋，妇女阴痒，皮肤瘙痒，冻疮。

【经方验方应用】

治年久咳嗽：生白茄子 30～60g，煮后去渣，加蜂蜜适量，每日 2 次分服。(《食物中药与便方》)

治蜈蚣咬、蜂蜇：生茄子切开，擦搽患处。或加白糖适量，一并捣烂涂敷。(《食物中药与便方》)

治对口疮：鲜茄蒂、鲜何首乌等份煮饮。(《本草经疏》)

治瘢风：用茄蒂蘸硫，附末掺之。(《本草纲目》)

治慢性风湿性关节炎：茄子根 15g，水煎服；或用茄子根 90g，浸白酒 500mL，浸泡，7 天后取服，每服药酒 15mL，每日 2 次。(《全国中草药汇编》)

治冻伤：①茄子根 120g，煎汤熏洗患部，每日 1～2 次。(《全国中草药汇编》) ②茄秧适量，花椒少许，水煎，睡前熏洗患处。(《内蒙古中草药》)

治牙齿龋痛：茄根捣汁，频涂之。(《海上名方》)

治牙痛：秋茄花干之，旋烧研涂痛处。(《海上名方》)

避孕：紫茄子花 16 朵，烘干为末，黄酒送服，每日 1 次，连服 7 天。忌食茄子。(《内蒙古中草药》)

治妇女白带如崩：白茄花 15g，土茯苓 30g，水煎服。(《食物中药与便方》)

5. 马铃薯（土豆） Solanum tuberosum L.

茄科茄属一年生草本。

马铃薯维生素含量是所有粮食作物中最全的，在欧美国家特别是北美，马铃薯已成为第二主食，在法国称为"地下苹果"。

马铃薯，原名阳芋，首载于《植物名实图考》，云："黔滇有之。绿茎青叶，叶大小、疏密、长圆形状不一，根多白须，下结圆实，压其茎则根实繁如番薯，茎长则柔弱如蔓，盖即黄独也。疗饥救荒，贫民之储，秋时根肥连缀，味似芋而甘，似薯而淡，羹腥煨灼，无不宜之。叶味如豌豆苗，按酒侑食，清滑隽永。开花紫筒五角，间以青纹，中擎红的，绿蕊一缕，亦复楚楚。山西种之为田，俗称山药蛋，尤硕大，花白色。"

本品原产南美洲，形似山芋，故得名洋芋、洋番薯等。因其地下块茎似球形，故名土豆。其味如山药而形似蛋，故又称山药蛋。马铃，即马粪也，因形近而名马铃薯。

【入药部位及性味功效】

马铃薯，又称阳芋、山药蛋、洋番薯、土豆、洋芋、山洋芋、地蛋、洋山芋、荷兰薯、薯仔、茨仔，为植物马铃薯的块茎。夏、秋季采收，洗净，鲜用或晒干。味甘，性平。和胃健中，解毒消肿。主治胃痛，痄腮，痈肿，湿疹，烫伤。

【经方验方应用例证】

治胃、十二指肠溃疡疼痛：新鲜（未发芽）马铃薯，洗净（不去皮）切碎，捣烂，用纱布包挤汁，每日早晨空腹服1~2匙，酌加蜂蜜适量，连服2~3周。服药期间，禁忌刺激性食物。（《食物中药与便方》）

治腮腺炎：马铃薯1个。以醋磨汁，搽患处，干了再搽，不间断。（《湖南药物志》）

治皮肤湿疹：马铃薯洗净，切细，捣烂如泥，敷患处，纱布包扎，每昼夜换药4~6次，1~2次后患部即呈明显好转，2~3天后大都消退。（《食物中药与便方》）

治烫伤：马铃薯磨汁涂伤处。（《湖南药物志》）

二、旋花科

多为缠绕草本，常具有乳汁。单叶互生，无托叶。花冠漏斗状，蒴果。本科植物多种为蔬菜和经济作物，有不少为药用和观赏植物，有一些为农区常见杂草。

1. 番薯（红薯） *Ipomoea batatas* (L.) Lamarck

旋花科（Convolvulaceae）虎掌藤属一年生草本。

番薯是一种营养齐全而丰富的天然滋补食品，蛋白质的含量超过大米的7倍；维生素A的含量是马铃薯的100倍，而脂肪含量仅0.2%，不饱和脂肪酸的含量却十分丰富，每日一餐即有"酒足饭饱"和肠胃宽舒之感，不少国家称其为"长寿食品"。

番薯出自《本草纲目拾遗》，在《闽书》中已有记载，云："番薯，万历中闽人得之外国。瘠土砂砾之地，皆可以种。其茎叶蔓生，如瓜蒌、黄精、山药、山蓣之属，而润泽可食。中国人截取其蔓咫许，剪插种之。"《农政全书》："薯有二种，其一名山薯，闽、广故有之；其一名番薯，则土人传云，近年有人在海外得此种，因此分种移植，略通闽、广之境也。两种茎叶多相类，但山薯植援附树乃生，番薯蔓地生；山薯形魁垒，番薯形圆而长；其叶则番薯甚甘，山薯为劣耳。盖中土诸书所言薯者，皆山薯也。今番薯扑地传生，枝叶极盛，若于高仰沙土，深耕厚壅，大旱则汲水灌之，无患不熟。"此两书之番薯与植物番薯一致。《救荒本草》所述之山薯，攀附生长，则与薯蓣科植物相似。

【入药部位及性味功效】

番薯，又称朱薯、山芋、甘薯、红山药、红薯、金薯、番茹、土瓜、地瓜、玉枕薯、红苔、白薯、甜薯，为植物番薯的块根。秋、冬季采挖，洗净，切片，晒干。亦可窖藏。味甘，性平。归脾、肾经。补中和血，益气生津，宽肠胃，通便秘。主治脾虚水肿，便泄，疮疡肿毒，大便秘结。

临床上，番薯治疗子宫收缩痛。

【经方验方应用】

治乳疮：白番薯捣烂敷患处，见热即换，连敷数天。（《岭南草药志》）

治疮毒发炎：生番薯洗净磨烂，敷患处，有消炎去毒生肌之效。（《岭南草药志》）

治酒湿入脾，因而飧泄者：番薯煨熟食。（《金薯传习录》）

治湿热黄疸：番薯煮食，其黄自退。（《金薯传习录》）

治妇人乳少：番薯叶六两，和猪腩肉煎汤尽量饮之。（《岭南采药录》）

2. 蕹菜（空心菜）Ipomoea aquatica Forsskal

旋花科虎掌藤属一年生草本。

空心菜是碱性食物，粗纤维、维生素C和胡萝卜素含量丰富，其中的叶绿素被称为"绿色精灵"，可洁齿、防龋、除口臭。

蕹菜出自《本草拾遗》，在《南方草木状》中已有记载，云："蕹叶如落葵而小，性冷味甘，南人编苇为筏，作小孔浮于水上，种子于水，则如萍根浮水面，及长，茎叶皆出于苇筏孔中，随水上下，南方之奇蔬也。"《本草纲目》引《本草拾遗》云："蕹菜岭南种之，蔓生，开白花，堪茹。"

【入药部位及性味功效】

蕹菜，又称蕹、瓮菜、空心菜、空筒菜、藤藤菜、无心菜、水蕹菜，为植物蕹菜的茎叶。夏、秋采收，多鲜用。味甘，性寒。凉血清热，利湿解毒。主治鼻衄，便秘，淋浊，便血，尿血，痔疮，痈肿，折伤，蛇虫咬伤。

蕹菜根，又称瓮菜根，为植物蕹菜的根。秋季采收，洗净，鲜用或晒干。味淡，性平。健脾利湿。主治妇女白带，虚淋。

【经方验方应用】

治皮肤湿痒：鲜蕹菜，水煎数沸，候微温洗患处，日洗1次。（《闽南民间草药》）

治蛇咬伤：蕹菜洗净捣烂，取汁约半碗和酒服之，渣涂患处。（《闽南民间草药》）

治蜈蚣咬伤：鲜蕹菜，食盐少许，共搓烂，擦患处。（《闽南民间草药》）

治鼻血不止：蕹菜数根，和糖捣烂，冲入沸水服。（《岭南采药录》）

治淋浊、小便血、大便血：鲜蕹菜洗净，捣烂取汁，和蜂蜜酌量服之。（《闽南民间草药》）

治妇女白带：蕹菜根500g，白木槿花根250g。炖肉或炖鸡服。（《重庆草药》）

治龋齿痛：蕹菜根120g。醋水各半同煎汤含漱。（《广西药物植图志》）

三、唇形科

多草本，少灌木，茎方形，四棱。单叶，偶复叶，对生或轮生。花冠唇形，二强雄蕊，四个小坚果。本科植物以富含多种芳香油而著称，其中有不少芳香油成分可供药用，如薄荷、留兰香、百里香、薰衣草、罗勒、迷迭香、香青兰等。

1. 紫苏 Perilla frutescens (L.) Britt.

唇形科（Labiatae）紫苏属一年生草本。

紫苏茎叶及种子可入药，叶可以食用，和肉类煮熟可增加香味；种子可榨油，供食用，又可防腐，供工业用。

紫苏又名桂荏、赤苏、红苏、黑苏、白紫苏、香苏、臭苏、苏麻。

紫苏，"紫"言茎叶之色，"苏"言其气香舒畅。《尔雅义疏》云："苏之为言舒也。《方言》云：'舒，苏也。楚通语也。'然则舒有散义，苏气香而性散。"《本草纲目》："苏性舒畅，行气和血，故谓之苏。"赤苏、红苏、黑苏，皆由茎叶色有所偏命名。名桂荏者，《尔雅》邢昺疏："苏，荏类之草也。以其味辛似荏，故一名桂荏。"紫苏，气辛如桂，甚于白苏（荏）。《本草纲目》："苏乃荏类，而味更辛如桂，故《尔雅》谓之桂荏。"

据中华本草记载，白苏拉丁名为 Perilla frutescens (L.) Britt.，紫苏 [P. frutescens (L.) Britt. var. arguta (Benth.) Hand.-Mazz.] 和野紫苏 [P. frutescens (L.) Britt. var. purpurascens (Hayata) H. W. Li] 均为白苏变种。

紫苏原名"苏"，入药始载于《名医别录》，列为中品。《本草经集注》云："叶下紫色，而气甚香，其无紫色、不香似荏者，多野苏，不堪用。"《本草图经》载："苏，紫苏也。旧不著所出州土，今处处有之。叶下紫色，而气甚香，夏采茎、叶，秋采实。"《本草纲目》云："紫苏、白苏，皆以二三月下种，或宿子在地自生。其茎方，其叶圆而有尖，四围有巨齿，肥地者面背皆紫，脊地者面青背紫，其面背皆白者，即白苏，乃荏也。紫苏嫩采叶，和蔬茹之，或盐及梅卤作菹食，甚香，夏月作熟汤饮之。五六月连根采收，以火煨其根，阴干，则经久叶不落。八月开细紫花，成穗作房，如荆芥穗。九月半枯时收子，子细如芥子而色黄赤，亦可取油如荏油。"《植物名实图考》谓："今处处有之，有面背俱紫、面紫背青二种，湖南以为常茹，谓之紫菜，以烹鱼尤美。"故古代所用紫苏与现用紫苏品种基本相符。

另《本草纲目》又云："今有一种花紫苏，其叶细齿密纽，如剪成之状，香、色、茎、子并无异者，人称回回苏云。"《植物名实图考》在"苏"条下附有紫苏和回回苏二图，可见，古代作本品入药的尚包括同属植物回回苏 [P. frutescens (L.) Britt. var. crispa (Thunb.) Hand.-Mazz.]，与现部分地区药用情况也基本相同。

部分地区有用回回苏的果实作为"紫苏子"、叶作"紫苏叶"、茎作"紫苏梗"入药。

《本草纲目》："苏子与叶同功，发散风气宜用叶，清利上下则宜用子也。"

白苏子出自《饮片新参》。《本草经集注》："荏，状如苏，高大白色，不甚香。其子研之，杂米作糜，甚肥美，下气，补益……笮其子作油，日煎之，即今油帛及和漆所用者。服食断谷，亦用之，名为重油。"《本草拾遗》："江东以荏子为油，北土以大麻为油，此二油俱堪油物。若其和漆，荏者为强尔。"《本草图经》："白苏方茎，圆叶不紫，亦甚香，实亦入药。"《救荒本草》："荏子，所在有之，生园圃中。苗高一二尺，茎方。叶似薄荷叶，极肥大。开淡紫花，结穗似紫苏穗，其子如黍粒，其枝茎对节生。采嫩苗叶煠熟，油盐调之。子可炒食，又研杂米作粥，甚肥美。亦可笮油用。"白苏子油出自《宝庆本草折衷》："破气，补中，通血脉，填精髓。""敷发则黑润，远胜麻油。"

【入药部位及性味功效】

白苏子，又称荏子、玉竹子，为植物白苏（紫苏）的果实。秋季果实成熟时，割取地上部分，打下果实，除去杂质，晒干。味辛，性温。归肺、脾、大肠经。降气祛痰，润肠通便。主治咳逆痰喘，气滞便秘。

白苏叶，又称荏叶，为植物白苏（紫苏）的叶。夏、秋季采收，置通风处阴干。或连嫩茎采收，切成小段，晾干。味辛，性温。归肺、脾经。疏风宣肺，理气消食，解鱼蟹毒。主治感冒风寒，咳嗽气喘，脘腹胀闷，食积不化，吐泻，冷痢，中鱼蟹毒，男子阴肿，脚气肿毒，蛇虫咬伤。

白苏梗，为植物白苏（紫苏）的茎。秋季果实成熟时，割取老茎，除去果实及枝叶，晒干。味辛，性温。顺气消食，止痛，安胎。主治食滞不化，脘腹胀痛，感冒，胎动不安。

白苏子油，为植物白苏（紫苏）果实压榨出的脂肪油。味辛，性温。润肠，乌发。主治肠燥便秘，头发枯燥。

紫苏叶，又称苏、苏叶、紫菜，为植物紫苏和野紫苏的叶或带叶小软枝。南方7~8月，北方8~9月，枝叶茂盛时收割，摊在地上或悬于通风处阴干，干后将叶摘下即可。味辛，性温。归肺、脾、胃经。散寒解表，宣肺化痰，行气和中，安胎，解鱼蟹毒。主治风寒表证，咳嗽痰多，胸脘胀满，恶心呕吐，腹痛吐泻，胎气不和，妊娠恶阻，食鱼蟹中毒。

紫苏梗，又称紫苏茎、苏梗、紫苏枝茎、苏茎、紫苏秆、紫苏草，为植物紫苏或野紫苏的茎。9~11月采收，割取地上部分，除去小枝、叶片、果实，晒干。味辛，性温。归脾、胃、肺经。理气宽中，安胎，和血。主治脾胃气滞，脘腹痞满，胎气不和，水肿脚气，咯血吐衄。

紫苏子，又称苏子、黑苏子、铁苏子、任子，为植物紫苏和野紫苏的果实。秋季果实成熟时采收，除去杂质，晒干。味辛，性温。归肺、大肠经。降气，消痰，平喘，润肠。主治痰壅气逆，咳嗽气喘，肠燥便秘。

紫苏苞，为植物紫苏和野紫苏等的宿萼。秋季将成熟果实打下，留取宿存果萼，晒干。味微辛，性平。归肺经。解表。主治血虚感冒。

苏头，又称紫苏兜、紫苏头、紫苏根，为植物紫苏、野紫苏和白苏的根及近根的老茎。秋季采收，将紫苏或白苏拔起，切取根头，抖净泥沙，晒干。味辛，性温。归肺、脾经。疏风散寒，降气祛痰，和中安胎。主治头晕，身痛，鼻塞流涕，咳逆上气，胸膈痰饮，胸闷肋痛，腹痛泄泻，妊娠呕吐，胎动不安。

临床上，紫苏叶治疗慢性气管炎、宫颈出血等；紫苏子治疗顽固性咳嗽、肠道蛔虫病等。

【经方验方应用】

治痰饮咳嗽：白苏子9~15g，橘皮9~15g，水煎服。（《福建药物志》）

防治流感：白苏子6g，青蒿、马兰、连钱草各9g，水煎服。（《福建药物志》）

治寒湿腹胀痛、鱼蟹中毒：干白苏全草21g，生姜9g，水煎，用炒食盐少许冲服。（《福建中草药》）

治脚气肿胀：鲜白＋苏茎叶 3g，牡荆叶 21g，丝瓜络、老大蒜梗各 15g，冬瓜皮 21g，橘皮 9g，生姜 9g，水煎，熏洗患处。（江西《草药手册》）

白鹿洞方：主治大麻风，眉毛脱落，手足拳挛，皮肉溃烂，唇翻眼锭，口歪身麻，肉不痛痒，面生红紫斑。（《洞天奥旨》卷十六）

清金化癣汤：滋阴清热，化痰利咽。治虚火上炎，咽喉燥痒，微痛，红丝点粒缠绕，久则失音。（《喉科家训》卷二）

治撷扑伤损：紫苏捣敷之，疮口自合。（《谈野翁试验方》）

治吐乳：紫苏、甘草、滑石等份，水煎服。（《慎斋遗书》）

治食蟹中毒：紫苏子捣汁饮之。（《金匮要略》）

治凉寒入肺，久咳不止：紫苏头 250g，炖猪心肺服。（《重庆常用草药手册》）

治胸闷、肋痛、腹痛、腹泻、妊娠呕吐、胎动不安：紫苏根 9～15g，水煎服。（《文山中草药》）

2. 夏枯草 *Prunella vulgaris* L.

唇形科夏枯草属一年生草本。

夏枯草被称为清肝、护肝的"圣药"。

夏枯草乃由其植株入夏渐枯而得名。夕句、乃东，《本草经考注》谓："夕句即句可之误，乃东亦句车之误，句可、句车并夏枯之音变转者，非有异义。"按：上古音，句为见纽侯部，可为溪纽歌部，车为见纽鱼部，夏为匣纽鱼部，枯为昌纽鱼部。夏与句，匣、见旁纽，鱼、侯旁转；枯与可，鱼歌通转；枯与车，是为叠韵。句可、句车或为夏枯之音转。

夏枯草始载于《神农本草经》，列为下品。《新修本草》注云："此草生平泽，叶似旋覆，首春即生，四月穗出，其花紫白，似丹参花，五月便枯，处处有之。"《本草图经》云："夏枯草，生蜀郡川谷，今河东淮浙州郡亦有之，冬至后生叶似旋覆，三月、四月开花作穗，紫白色，似丹参花，结子亦作穗，至五月枯，四月采。"结合其"滁州夏枯草"图，可知为本种或长冠夏枯草。《本草纲目》："原野间甚多，苗高一二尺，其茎微方，叶对节生，似旋覆叶而长大，有细齿，背白多纹，茎端作穗，长一二寸，穗中开淡紫色小花，一穗有细子四粒。"亦指此而言。《植物名实图考》的夏枯草图亦与此吻合。由此可知，古代药用夏枯草的品种和现在全国各地极大多数地区药用情况完全一致。然而古代也曾有过混乱品种存在。如《本草衍义》云："夏枯草，今又谓之郁臭，自秋便生，经冬不瘁，春开白花，中夏结子遂枯。"则指夏至草（白花夏枯）而言。现在各地混称夏枯草的草药，还有唇形科的金疮小草（白毛夏枯草）、檀香科的百蕊草等十余种。

【入药部位及性味功效】

夏枯草，又称夕句、乃东、燕面、麦夏枯、铁色草、棒柱头花、灯笼头、棒槌草、锣锤草、牛牯草、广谷草、棒头柱、六月干、夏枯头、大头花、灯笼草、古牛草、牛佤头、丝线吊铜钟，为植物夏枯草或长冠夏枯草的果穗。夏枯草在每年 5～6 月，当花穗变成棕褐色时，选晴天，割起全草，捆成小把，或剪下花穗，晒干或鲜用。味苦、辛，性寒。归肝、胆经。清肝明目，散结解毒。主治目赤羞明，目珠疼痛，头痛眩晕，耳鸣，瘰疬，瘿瘤，乳痈，疟腮，痈疖肿毒，急、慢性肝炎，高血压病。

临床上，夏枯草治疗急性黄疸型肝炎；治疗肺结核，有效率91.3%。

【经方验方应用】

治羊痫风、高血压病：夏枯草鲜三两，冬蜜一两，开水冲服。（《闽东本草》）

治甲状腺瘤：夏枯草30g，鲫鱼大者1尾或小者数尾，去鳞，清除内脏后洗净，加水与夏枯草同炖。食鱼及汤。[《福建医药杂志》1980（2）：55]

治高血压病：①夏枯草、菊花各10g，决明子、钩藤各15g，水煎，每日1剂。服药1周，再每日加服决明子30g，水煎，分2次服，2周后停药。[《中西医结合杂志》1983（3）：176]②夏枯草30g，豨莶草30g，益母草30g，决明子35g，石决明30g。煎服。[《北京中医学院学报》1989，12（6）：41 三草二明汤]

眼珠灌脓方：泻火、解毒、活血。主治眼病凝脂翳属三焦火盛、阳明腑实者。（《中医眼科学讲义》）

祛毒散：清热解毒，凉血止血。主治毒蛇咬伤之火毒证。（《经验方》）

银花解毒汤：清热解毒，养血止痛。主治风火温热所致的痈疽疔毒。（《疡科心得集》）

板蓝根夏枯草饮：清热解毒，凉血散结。适用于腮腺炎肿痛发热有硬块者。（《经验方》）

四、木犀科

乔木、直立或藤状。叶对生，单叶或复叶；无托叶。花两性或单性，4基数，整齐，雄蕊2。本科具有许多重要的药用植物、香料植物、油料植物以及经济树种，在我国有着其悠久的栽培历史，其代表种桂花是我国十大传统名花之一。

在中国木犀科植物中，目前至少有17种植物在我国不同地域或不同民族中直接用于代茶，或制备各种代茶饮料产品。除素馨属的茉莉和木犀属的木犀是以花薰茶以制备花茶，或直接以花代茶外，其余15个物种均是以叶代茶（老叶和嫩芽均用于代茶，或以嫩芽代茶为主）。

1. 茉莉花 Jasminum sambac (L.) Aiton

木犀科（Oleaceae）素馨属直立或攀援灌木。

茉莉花的花极香，"一卉能熏一室香"，其香有玫瑰之甜郁、梅花之馨香、兰花之幽远、玉兰之清雅，为著名的花茶原料及重要的香精原料。

末利，为梵文mallika的音译，后从"艹"则为茉莉。《本草纲目》："嵇含《草木状》作末利，《洛阳名园记》作抹历，佛经作抹利，《王龟龄集》作没利，《洪迈集》作末丽。盖末利本胡语，无正字，随人会意而已。"奈花，《本草纲目》："杨慎《丹铅录》云：《晋书》都人簪奈花，即今末利花也。"《晋书》载晋成帝时，"三吴女子相与簪白花，望之如素奈"，因与素奈相似而得名。鬘，《集韵》："鬘，发美儿。"过去常作为头饰插于发上，而有鬘花之称。

茉莉原名末利，载于《南方草木状》，云："末利花似蔷薇之白者，香愈于耶悉茗（即素馨花）。"《本草纲目》云："末利原出波斯，移植南海，今滇、广人栽莳之。其性畏寒，不宜中土。弱茎繁枝，绿叶团尖，初夏开小白花，重瓣无蕊，秋尽乃止，不结实，有千叶者，红色者，蔓生者，其花皆夜开，芬香可爱。女人穿为首饰，或合面脂，亦可熏茶，或蒸取液以代蔷薇水。"

【入药部位及性味功效】

茉莉花，又称白末利、小南强、柰花、鬘华、末梨花，为植物茉莉的花。夏季花初开时采收，立即晒干或烘干。味辛，微甘，性温。归脾、胃、肝经。理气止痛，辟秽开郁。主治湿浊中阻，胸膈不舒，泻痢腹痛，头晕头痛，目赤，疮毒。

茉莉花露，为植物茉莉的花之蒸馏液。味淡，性温。归脾经。醒脾辟秽，理气，美容泽肌。主治胸膈陈腐之气，并可润泽肌肤。

茉莉叶，又称末利花叶，为植物茉莉的叶。夏、秋季采收，洗净，鲜用或晒干。味辛、微苦，性温。疏风解表，消肿止痛。主治外感发热，泻痢腹胀，脚气肿痛，毒虫螫伤。

茉莉根，为植物茉莉的根。秋、冬季采挖根部，洗净，切片。鲜用或晒干。味苦，性热，有毒。归肝经。麻醉，止痛。主治跌打损伤及龋齿疼痛，亦治头痛，失眠。

【经方验方应用】

治头晕头痛：茉莉花 15g，鲢鱼头 1 个，水炖服。（《福建药物志》）

治目赤肿痛，迎风流泪：茉莉花、菊花各 6g，金银花 9g，水煎服。（《中国药用花卉》）

治妇人难产：用茉莉花 7 朵，泡汤，连花吞下，即产。（《食鉴本草》）

治龋齿：茉莉根研末，熟鸡蛋黄，调匀，塞入龋齿。（《湖南药物志》）

治失眠：茉莉根 0.9～1.5g，磨水服。（《湖南药物志》）

2. 木犀（桂花） Osmanthus fragrans (Thunb.) Loureiro

木犀科木犀属常绿乔木或灌木。

桂花是中国传统十大名花之一，终年常绿，枝繁叶茂，秋季开花，芳香四溢，可谓"独占三秋压群芳"。

木犀又名桂、九里香，原名岩桂，亦名木犀，始见于《本草纲目》，曰："今人所载岩桂，亦是菌桂之类而稍异，其叶不似柿叶，亦有锯齿如枇杷叶而粗涩者，有无锯齿如栀子叶而光洁者。丛生岩岭间，谓之岩桂，俗呼为木犀。其花有白者名银桂，黄者名金桂，红者名丹桂。有秋花者，春花者，四季花者，逐月花者。其皮薄而不辣，不堪入药，惟花可收茗，浸酒，盐渍及作香搽发泽之类耳。"《墨庄漫录》："湖南呼为九里香，江东曰岩桂，浙人曰木犀，以木纹理如犀也。"

【入药部位及性味功效】

桂花，又称木犀花，为植物木犀的花。9～10 月开花时采收，拣去杂质，阴干，密闭贮藏。味辛，性温。归肺、脾、肾经。温肺化饮，散寒止痛。主治痰饮咳喘，脘腹冷痛，肠风血痢，经闭痛经，寒疝腹痛，牙痛，口臭。

桂花露，为植物木犀的花采收后，阴干，经蒸馏而得的液体。味微辛、微苦，性温。疏肝理气，醒脾辟秽，明目，润喉。主治肝气郁结，胸胁不舒，龈肿，牙痛，咽干，口燥，口臭。

桂花子，又称桂花树子、四季桂子，为植物木犀的果实。4～5月果实成熟时采收，用温水浸泡后，晒干。味甘、辛，性温。归肝、胃经。温中行气止痛。主治胃寒疼痛，肝胃气痛。

桂花枝，为植物木犀的枝叶。全年均可采，鲜用或晒干。味辛、微甘，性温。发表散寒，祛风止痒。主治风寒感冒，皮肤瘙痒，漆疮。

桂花根，又称桂树根、桂根、白桂花树根，为植物木犀的根或根皮。秋季采挖老树的根或剥取根皮，洗净，切片，晒干。味辛、甘，性温。祛风除湿，散寒止痛。主治风湿痹痛，肢体麻木，胃脘冷痛，肾虚牙痛。

【经方验方应用】

治口臭：①桂花适量，煎水含漱。（《安徽中草药》）②桂花 6g，蒸馏水 500mL。浸泡一昼夜，漱口用。（《青岛中草药手册》）

治经闭腹痛：桂花、对月草、倒竹散、益母草各 12g，艾叶 9g，月季花 6g，水煎服。（《万县中草药》）

治痫证：白桂花树根 60g。浓煎后去渣，放入瘦猪肉 120g 再煎至肉熟，加盐适量服用。2 天一次，14 天为 1 个疗程。（《浙江药用植物志》）

治创伤：木犀或金木犀根煎水洗。（《湖南药物志》）

五、胡麻科

草本，稀灌木，具腺毛。叶对生，最上的有时互生，单叶，全缘或浅裂，无托叶。茎具 4 棱；花白色，具紫色或黄色彩纹；蒴果椭圆形。

芝麻 Sesamum indicum L.

胡麻科（Pedaliaceae）芝麻属一年生直立草本。

芝麻，被称为"八谷之冠"，种子含油量高达 55%，是我国主要油料作物之一，并与油菜、荞麦并列为我国三大蜜源植物。

芝麻又名方茎，以胡麻之名始载于《神农本草经》，列为上品。《本草经集注》云："淳黑者名巨胜……本生大宛，故名胡麻。又茎方名巨胜，茎圆名胡麻。"《新修本草》云："此麻以角作八棱者为巨胜，四棱者名胡麻，都以乌者为良，白者劣尔。"《本草图经》云："胡麻，巨胜也……今处处有之。皆园圃所种，稀复野生。苗梗如麻，而叶圆锐光泽。"《本草衍义》云："胡麻，诸家之说参差不一，止是今脂麻，更无他义。盖其种出于大宛，故言胡麻。今胡地所处者皆肥大，其纹鹊，其色紫黑，故如此区别。取油亦多。"《本草纲目》云："胡麻即脂麻也。有迟、早二种，黑、白、赤三色，其茎皆方。秋开白花，亦有带紫艳者。节节结角，长者寸许。有四棱、六棱者，房小而子少；七棱、八棱者，房大而子多，皆随土地肥瘠而然……其茎高者三四尺。有一茎独上者，角缠而子少，有开枝四散者，角繁而子多，皆因苗之稀稠而然也。其叶有本团而末锐者，有本团而末分三叉如鸭掌形者。"

【入药部位及性味功效】

黑芝麻，又称胡麻、巨胜、藤弘、狗虱、鸿藏、乌麻、乌麻子、油麻、油麻子、黑油麻、脂麻、巨胜子、黑脂麻、乌芝麻、小胡麻，为植物芝麻的黑色种子。8～9月果实呈黄黑时采收，割取全株，捆扎成小把，顶端向上，晒干，打下种子，去除杂质后再晒。味甘，性平。归肝、脾、肾经。补益肝肾，养血益精，润肠通便。主治肝肾不足所致的头晕耳鸣、腰脚痿软、须发早白、肌肤干燥，肠燥便秘，妇人乳少，痈疮湿疹，风癞疬疡，小儿瘰疬，汤火伤，痔疮。

【经方验方应用】

治胎孕足月，过期不产：用胡麻蒸熟，日服三合，干嚼化，白汤送下。不惟善能催生下胞平速，且无一切留难诸疾。（《方脉正宗》）

治妇人乳少：脂麻炒研，入盐少许食之。（《本草纲目》引唐氏方）

治风眩，能返白发为黑：巨胜子、白茯苓、甘菊花等份，炼蜜丸如梧子大，每服三钱，清晨白汤下。（《医灯续焰》巨胜丸）

治脚气：乌麻五升，微熬，捣碎。以酒一斗，渍之一宿。随所能饮之，尽更作，甚良。（《普济方》乌麻酒）

治齿痛：胡麻五升，水一斗，煮取五升，含漱吐之。（《肘后方》）

治阴痒生疮：嚼胡麻敷之。（《肘后方》）

六、菊科

草本，灌木；有的具有乳汁。单叶，多互生，无托叶。头状花序，聚药雄蕊，瘦果顶端带冠毛或鳞片。菊科为木兰纲第一大科，种类繁多，许多种类富有经济价值，如莴苣、莴笋、茼蒿、菊芋等作蔬菜；向日葵、小葵子、苍耳的种子可榨油，供食用或工业用；橡胶草和银胶菊可提取橡胶；艾纳香可蒸馏制取冰片；红花和白花除虫菊为著名的杀虫剂等。

1. 蒌蒿（蒌蒿） Artemisia selengensis Turcz. ex Bess.

菊科（Asteraceae）蒿属多年生草本。

食蒌蒿之习古已有之，苏东坡即有"蒌蒿满地芦芽短，正是河豚欲上时"之名句。蒿茶素有"江淮一宝"之称，具有传统茶叶所不可比拟的特点——久泡无垢。

蒌蒿始载于《食疗本草》。《救荒本草》云："田野处处有之，苗高二尺余，茎干似艾，其叶细长锯齿，叶抪茎而生。"《本草纲目》："蒌蒿生陂泽中，二月发苗，叶似嫩艾而歧细，面青背白，其茎或赤或白，其根白脆。采其根茎，生熟菹曝皆可食，盖嘉蔬也。"《植物名实图考》："蒌蒿，古今皆食之，水陆俱生，俗传能解河豚毒。"民间有"正月藜，二月蒿，三月作柴烧"之说。

【入药部位及性味功效】

蒌蒿，又称芦蒿、藜蒿、水蒿，为植物蒌蒿的全草。春季采收嫩根苗，鲜用。味苦、辛，性温。利膈开胃。主治食欲不振。

2. 菊花 Chrysanthemum × morifolium Ramat.

菊科菊属多年生草本。

菊花是中国十大名花之一，花中四君子（梅兰竹菊）之一，也是世界四大切花（菊花、月季、康乃馨、唐菖蒲）之一，因具有清寒傲雪的品格，才有"采菊东篱下，悠然见南山"的名句。我国有重阳节赏菊和饮菊花酒的习俗，古神话传说中菊花还被赋予了吉祥、长寿的含义。

《说文解字》："菊，大菊蘧麦也。"《尔雅》："大菊，蘧麦。"郭璞注："即瞿麦。"非指今之菊花。"菊"，古作"蘜"。《说文解字》："蘜，日精也，以秋华。"菊、蘜本一字二体。《本草纲目》："按陆佃《埤雅》云：菊本作蘜，从鞠。鞠，穷也。《月令》：九月，菊有黄华。华事至此而穷尽，故谓之蘜。节花之名，亦取其应节候也。"《名医别录》一名傅延年。《太平御览》引《神农本草经》曰："菊一名傅公，一名延年。"据汉代《风俗通》记载，东汉时，相传郦县有甘谷，谷水甘美，因得大菊之滋液，服之多益。一时风尚，遍及朝中三公，太傅袁隗、胡广，皆其辈。"傅公"出典，殆以此。"延年"之名因其能益寿。《名医别录》夺一"公"字，遂误为"傅延年"。

菊花，《神农本草经》列为上品。菊花苗出自《得配本草》，菊花叶出自《名医别录》，菊花根出自《本草正》。《本草经集注》云："菊有两种，一种茎紫，气香而味甘，叶可作羹食者，为真；一种青茎而大，作蒿艾气，味苦不堪食者，名苦薏，非真，其华正相似，惟以甘、苦别之尔。南阳郦县最多。今近道处处有，取种之便得。又有白菊，茎叶都相似，唯花白，五月取。"所述"味甘之菊"和"白菊"即今之药用菊花。《本草衍义》云："菊花，近世有二十余种，惟单叶花小而黄绿，叶色深小而薄，应候而开者是也。《月令》所谓菊有黄花者也。又邓州白菊，单叶者亦入菊。"《本草纲目》曰："菊之品凡百种，宿根自生，茎叶花色品品不同……其茎有株、蔓、紫、赤、青、绿之殊，其叶有大、小、厚、薄、尖、秃之异，其花有千叶单叶、有心无心、有子无子、黄白红紫、间色深浅、大小之别，其味有甘、苦、辛之辩，又有夏菊、秋菊、冬菊之分。大抵惟以单叶味甘者入药，《菊谱》所载甘菊，邓州黄、邓州白者是矣。甘菊始生于山野，今则人皆栽植之。其花细碎，品不甚高。蕊如蜂窠，中有细子，亦可撒种。"李时珍所言菊花由野生变家种，栽种过程中又培育出形态各异的品种等，是十分科学的，其中有药用的，也有观赏的。

【入药部位及性味功效】

菊花，又称节华、日精、女节、女华、女茎、更生、周盈、傅延年、阴成、甘菊、真菊、金精、金蕊、馒头菊、簪头菊、甜菊花、药菊，为植物菊的头状花序。11月初开花时，待花瓣平展，由黄转白而心略带黄时，选晴天露水干后或午后分批采收，这时采的花水分少，易干燥，色泽好，品质好。采下鲜花，切忌堆放，需及时干燥或薄摊于通风处。加工方法因各地产的药材品种而不同；阴干，适用于小面积生产，待花大部开放，选晴天，割下花枝，捆成小把，悬吊通风处，经30～40天，待花干燥后摘下，略晒；晒干，将鲜菊花薄铺蒸笼内，厚度不超过3朵花，待水沸后，将蒸笼置锅上蒸3～4分钟，倒至晒具内晒干，不宜翻动；烘干，将鲜菊铺于烘筛上，厚度不超过3cm，用60℃炕干。味甘、苦，性微寒。归肺、肝经。疏风清热，平肝明目，解毒消肿。主治外感风热或风温初起，发热头痛，眩晕，目赤肿痛，疔疮肿毒。

菊花根，又称长生，为植物菊的根。秋、冬季采挖根，洗净，鲜用或晒干。味苦、甘，性寒。利小便，清热解毒。主治癃闭，咽喉肿痛，痈肿疔毒。

菊花苗，又称玉英，为植物菊的幼嫩茎叶。春季或夏初采收，阴干或鲜用。味甘、微苦，性凉。清肝明目。主治头风眩晕，目生翳膜。

菊花叶，又称容成，为植物菊的叶。夏、秋季采摘，洗净，鲜用或晒干。味辛、甘，性平。清肝明目，解毒消肿。主治头风，目眩，疔疮，痈肿。

临床上，菊花治疗高血压、动脉硬化症、冠心病。

【经方验方应用】

治风热头痛：菊花、石膏、川芎各三钱。为末。每服一钱半，茶调下。（《简便单方》）

治太阴风温，但咳，身不甚热，微渴者：杏仁二钱，连翘一钱五分，薄荷八分，桑叶二钱五分，菊花一钱，苦桔梗二钱，甘草八分，苇根二钱。水二杯，煮取一杯，日三服。（《温病条辨》桑菊饮）

治热毒风上攻，目赤头旋，眼花面肿：菊花（焙）、排风子（焙）、甘草（炮）各一两。上三味，捣罗为散。夜卧时温水调下三钱匕。（《圣济总录》菊花散）

治肝肾不足，虚火上炎，目赤肿痛，久视昏暗，迎风流泪，怕日羞明，头晕盗汗，潮热足软：枸杞子、甘菊花、熟地黄、山萸肉、怀山药、白茯苓、牡丹皮、泽泻。炼蜜为丸。（《医级》杞菊地黄丸）

治肝肾不足，眼目昏暗：甘菊花四两，巴戟（去心）一两，苁蓉（酒浸，去皮，炒，切，焙）二两，枸杞子三两。上为细末，炼蜜丸，如梧桐子大。每服三十丸至五十丸，温酒或盐汤下，空心食前服。（《局方》菊睛丸）

治病后生翳：白菊花、蝉蜕等份。为散。每用二、三钱，入蜜少许，水煎服。（《救急方》）

治疔：白菊花四两，甘草四钱。水煎，顿服，渣再煎服。（《外科十法》菊花甘草汤）

治膝风：陈艾、菊花。作护膝，久用。（《扶寿精方》）

治高血压：白菊花 15g，红枣 3 粒，水煎服。（《福建药物志》）

清目宁心：甘菊新长嫩头丛生叶，摘来洗净，细切，入盐同米煮粥，食之。（《遵生八笺》菊苗粥）

治女人阴肿：甘菊苗捣烂煎汤，先熏后洗。（《世医得效方》）

治红丝疔：白菊花叶（无白者，别菊亦可，冬月无叶，取根），加雄黄钱许，蜒蚰二条，共捣极烂，从头敷至丝尽处为止，用绢条裹紧。（《本草纲目拾遗》）

治小便闭：白菊花根捣烂取汁半茶盅。用热酒冲汁服，或滚水加酒一小杯冲亦可。（《不知医必要》）

治吹乳：甘菊花根、叶杵烂。酒酿冲服，渣敷患处。（《鳙溪单方选》）

菊花决明散：疏风清热，祛翳明目。治风热上攻，目中白睛微变青色，黑睛稍带白色，黑白之间，赤环如带，谓之抱轮红，视物不明，睛白高低不平，甚无光泽，口干舌苦，眵多羞涩。（《原机启微》）

地参菊花汤：补阴，清热，止痛。主阴虚胃热牙痛。（《古今名方》）

3. 莴苣 *Lactuca sativa* L.

菊科莴苣属一年生或二年生草本。

莴苣热量低，在常见食物中，仅比冬瓜略高，碳水化合物和脂肪含量也很低。

《本草纲目》："按彭乘《墨客挥犀》云：莴菜自呙国来，故名。"宋代陶谷《清异录·蔬》："呙国使者来汉，隋人求得菜种，酬之甚厚，故名千金菜。"其嫩茎肥大如笋，故称莴笋。

莴苣出自《食疗本草》。《本草纲目》："莴苣正二月下种，最宜肥地。叶似白苣而尖，色稍青，折之有白汁粘手。四月抽苔，高三四尺，剥皮生食，味如胡瓜。糟食亦良。江东人盐晒压实，以备方物，谓之莴笋也。"

【入药部位及性味功效】

莴苣，又称莴苣菜、生菜、千金菜、莴笋、莴菜，为植物莴苣的茎和叶。春季嫩茎肥大时采收，多为鲜用。味苦、甘，性凉。归胃、小肠经。利尿，通乳，清热解毒。主治小便不利，尿血，乳汁不通，虫蛇咬伤，肿毒。

莴苣子，又称苣胜子、白苣子、生菜子，为植物莴苣的果实。夏、秋季果产成熟时，割取地上部分，晒干，打下种子，除去杂质，贮藏于干燥通风处。味辛、苦，性微温。归胃、肝经。通乳汁，利小便，活血行瘀。主治乳汁不通，小便不利，跌打损伤，瘀肿疼痛，阴囊肿痛。

【经方验方应用】

治小便不下：莴苣捣成泥，作饼贴脐中。（《海上方》）

治小便尿血：莴苣，捣敷脐上。（《本草纲目》）

治产后无乳：莴苣三枚，研作泥，好酒调开服。（《海上方》）

治百虫入耳：莴苣捣汁，滴入自出。（《圣济总录》）

治乳汁不通：①莴苣子三十枚。研细酒服。②莴苣子一合，生甘草一钱，糯米、粳米各半合。煮粥频食之。（《本草纲目》）

治跌打损伤：用莴苣子，不拘多少，微炒研细末，每服三钱，用好酒调服。（《万病回春》接骨散）

治黄疸如金：莴苣子一合。研，水煎服。（姚可成《食物本草》）

4. 生菜 Lactuca sativa var. ramosa Hort.

菊科莴苣属一年生或二年生草本，莴苣的栽培变种。

茎叶中含有莴苣素，故味微苦，同时含有大量维生素、膳食纤维素和微量元素，有"减肥生菜"的美誉。

白苣，为莴苣变种而色白得名。生菜，《北墅抱瓮录》："生菜……略点盐醋，生揉，食之甚美，故名。"

白苣之名始载于《千金·食治》。《本草纲目》："（白苣）处处有之。似莴苣而叶色白，折之有白汁。正二月下种，四月开黄花如苦荬，结子亦同。八月十月可再种。故谚云：生菜不离园。按《事类合璧》云：苣有数种，色白者为白苣，色紫者为紫苣，味苦者为苦苣。"《植物名实图考》："白苣，与莴苣同而色白，剥其叶生食之，俗呼生菜，亦曰千层剥。"

【入药部位及性味功效】

白苣，又称石苣、千层剥，为植物生菜的茎、叶。春、夏季采收，洗净，切片或切碎, 鲜用。味苦、甘, 性寒。归胃经。清热解毒, 止渴。主治热毒疮肿, 口渴。

5. 向日葵 Helianthus annuus L.

菊科向日葵属一年生高大草本。

因花序随太阳转动而得名。向日葵油含有 70% 的亚油酸, 丰富的维生素 E 和胡萝卜素, 并且熔点低, 在 17~27℃ 时即可熔解, 不含有害物 (致癌物) 芥酸, 价值极高。

向日葵茎干粗长, 可达丈余, 其花如菊, 故名丈菊; 其叶如葵, 故有葵名; 其花向日, 故有向日、望日、迎阳、朝阳、向阳等名称。

向日葵子出自汪连仕《采药书》。《植物名实图考》丈菊条引《群芳谱》云:"丈菊一名迎阳花, 茎长丈余, 干坚粗如竹, 叶类麻多直生, 虽有傍枝, 只生一花, 大如盘盂, 单瓣色黄, 心皆作窠如蜂房状, 至秋渐紫黑而坚。取其子种之, 甚易生花。按此花向阳, 俗间遂通呼向日葵, 其子可炒食, 微香, 多食头晕。滇、黔与南瓜子、西瓜子同售于市。"

【入药部位及性味功效】

向日葵子, 又称天葵子、葵子, 为植物向日葵的种子。秋季果实成熟后, 割取花盘, 晒干, 打下果实, 再晒干。味甘, 性平。透疹, 止痢, 透痈脓。主治疹发不透, 血痢, 慢性骨髓炎。

向日葵叶, 为植物向日葵的叶。夏、秋两季采收, 鲜用或晒干。味苦, 性凉。降压, 截疟, 解毒。主治高血压, 疟疾, 疔疮。

向日葵根, 又称葵花根、向阳花根、朝阳花根, 为植物向日葵的根。夏、秋季采挖, 洗净, 鲜用或晒干。味甘、淡, 性微寒。归胃、膀胱经。清热利湿, 行气止痛。主治淋浊, 水肿, 带下, 疝气, 脘腹胀痛, 跌打损伤。

向日葵茎髓, 又称向日葵茎心、向日葵瓢、葵花茎髓、葵花秆心、葵秆心, 为植物向日葵的茎内髓心。秋季采收, 鲜用或晒干。味甘, 性平。归膀胱经。清热, 利尿, 止咳。主治淋浊, 白带, 乳糜尿, 百日咳, 风疹。

向日葵花盘, 又称向日葵花托、向日葵饼、葵房、葵花盘, 为植物向日葵的花盘。秋季采收, 去净果实, 鲜用或晒干。味甘, 性寒。归肝经。清热, 平肝, 止痛, 止血。主治高血压, 头痛, 头晕, 耳鸣, 脘腹痛, 痛经, 子宫出血, 疮疹。

向日葵花, 又称葵花, 为植物向日葵的花。夏季开花时采摘, 鲜用或晒干。味微甘, 性平。祛风, 平肝, 利湿。主治头晕, 耳鸣, 小便淋沥。

临床上, 葵花盘治疗慢性气管炎。

【经方验方应用】

治头痛、头晕: 鲜葵房 (花盘) 30~60g, 煎水冲鸡蛋 2 个服。(江西《草药手册》)

治慢性骨髓炎: 向日葵子生熟各半, 研粉调蜂蜜外敷。(《浙江药用植物志》)

治肝肾虚头晕: 鲜向日葵花 30g, 炖鸡服。(《宁夏中草药手册》)

治肾虚耳鸣: 向日葵花盘 15g, 首乌、熟地各 9g, 水煎服。(《宁夏中草药手册》)

治小便淋沥: 葵花一握, 水煎五七沸饮之。(《急救良方》)

治胃痛: ①葵花盘 1 个, 猪肚 1 个, 煮食。(江西《草药手册》) ②向日葵根 15g, 小

茴香 9g，水煎服。（《甘肃中草药手册》）

治急性乳腺炎：葵花盘晒干，炒炭存性，研细粉，每次 9～15g，每日 3 次，加糖、白酒冲服。（《浙江药用植物志》）

治关节炎：葵花盘适量，水煎浓缩至膏状，外敷。（《浙江药用植物志》）

治高血压：向日葵叶 31g，土牛膝 31g，水煎服。（南药《中草药学》）

治乳糜尿：向日葵茎髓 9g，水煎，分 2 次早晚空腹服。（《甘肃中草药手册》）

治尿道炎，尿路结石：①葵花盘 1 个，水煎服。②向日葵茎心 15g，江南星蕨 9g，水煎服。（《浙江药用植物志》）

治乳汁不足：葵花秆心 30g，炖肉吃。（《贵州草药》）

治胃癌：向日葵茎髓，煎汤代水饮，每日 3～6g。（《青岛中草药手册》）

治淋病阴茎涩痛：向日葵根 30g，水煎数沸服（不宜久煎）。（《战备草药手册》）

治疝气：鲜葵花根 30g，加红糖煎水服。（江西《草药手册》）

第七节　槟榔亚纲和鸭跖草亚纲植物

槟榔亚纲和鸭跖草亚纲均属于百合纲（单子叶植物纲）。

槟榔亚纲共有 4 目 5 科约 5600 种，多数分布于热带地区。本亚纲多属高大棕榈型乔木植物。叶宽大，互生，基部扩大成鞘。花多数，小型，通常为佛焰苞包裹的肉穗花序。

鸭跖草亚纲共有 6 目 16 科约 15000 种。本亚纲常草本。叶互生或基生，单叶全缘，基部常具叶鞘。花两性或单性，花被常异被，分离，或退化成膜状、鳞片状或无。

一、天南星科

草本，具块茎或伸长的根茎；稀为木质藤本，富含苦味水汁或乳汁。肉穗花序，具有佛焰苞。该科植物有许多种类可以入药，其中菖蒲属和天南星、一把伞南星、半夏等是有悠久历史的常用中药。天南星科芋属、魔芋属植物的块茎常供蔬食，也可代粮。

芋 Colocasia esculenta (L.) Schott.

天南星科（Araceae）芋属湿生草本。

芋头是一种重要的蔬菜兼粮食作物，其淀粉颗粒小至马铃薯淀粉的 1/10，其消化率可达 98％以上，尤其适于婴儿和患者食用，因而有"皇帝供品"的美称。

《说文解字》："芋，大叶，实根，骇人，故谓之芋也。从草于声。"段注云："凡于声字多训大。芋之为物，叶大、根实，二者皆堪骇人，故谓之芋。"《本草纲目》："盖芋魁之状，若鸱之蹲坐故也。芋魁东汉书作芋渠，渠、魁义同。"

芋入药始见于《名医别录》。陶弘景云："钱塘最多，生则有毒，不可食，性滑……"《本草纲目》："芋属虽多，有水旱两种，旱芋山地可种，水芋水田莳之，叶皆相似，但水芋味胜。茎亦可食。"旱芋、水芋系芋的不同品系。

【入药部位及性味功效】

芋头，又称蹲鸱、芋魁、芋根、土芝、芋奶、芋渠、狗爪芋、百眼芋头、芋艿、毛芋、水芋，为植物芋的根茎。秋季采挖，去净须根及地上部分，洗净，鲜用或晒干。味甘、辛，性平。归胃经。健脾补虚，散结解毒。主治脾胃虚弱，纳少乏力，消渴，瘰疬，腹中痞块，肿毒，赘疣，鸡眼，疥癣，烫火伤。

芋叶，又称芋荷、芋苗、青皮叶、独皮叶，为植物芋的叶片。7~8月采收，鲜用或晒干。味辛、甘，性平。止泻，敛汗，消肿，解毒。主治泄泻，自汗，盗汗，痈疽肿毒，黄水疮，蛇虫咬伤。

芋梗，又称芋荷秆、芋茎，为植物芋的叶柄。8~9月采收，除去叶片，洗净，鲜用或切段晒干。味辛，性平。祛风，利湿，解毒，化瘀。主治荨麻疹，过敏性紫癜，腹泻，痢疾，小儿盗汗，黄水疮，无名肿毒，蛇头疔，蜂螫伤。

芋头花，又称芋苗花，为植物芋的花序。花开时采收，鲜用或晒干。味辛，性平，有毒。理气止痛，散瘀止血。主治气滞胃痛，噎膈，吐血，子宫脱垂，小儿脱肛，内外痔，鹤膝风。

【经方验方应用例证】

治烫火伤：鲜芋头捣烂，敷患处。（《湖南药物志》）

治骨痛、无名肿毒、蛇虫指、蛇虫伤：芋头磨麻油搽；未破者用醋磨涂患处。（《湖南药物志》）

治银屑病：大芋头、生大蒜，共捣烂，敷患处。（《湖南药物志》）

治黄水疮：①芋茎叶烧存性研末，干掺或麻油调搽。（江西《草药手册》）②芋苗晒干，烧存性研搽。（《青囊杂纂》）

治蜂螫、蜘蛛咬伤：芋叶捣烂，敷伤处。（江西《草药手册》）

治盗汗：芋茎或芋头花21~30g，猪瘦肉60g，同煮服。（江西《草药手册》）

治子宫脱垂，小儿脱肛，痔疮脱出：鲜芋头花3~6朵，炖陈腊肉服。（江西《草药手册》）

二、莎草科

多年生草本；多数具根状茎，少数兼具块茎；茎常三棱形，多实心。叶常三列，叶鞘闭合；花被退化，小穗组成分钟花序，小坚果。

该科植物广布于全世界潮湿地区，是陆地生态系统的重要构成者，并发挥固沙护土、土壤改良、水源净化、光合物质的固定与碳循环等重要作用，众多种类成为人类发展中重要的生产资料、食物资源、饲用资源，同时也是中国天然草地中，饲用价值高、分布面积广、数量多的一类优良牧草，有些种类的块茎可供食用，如荸荠等。

荸荠 *Eleocharis dulcis* (N. L. Burman) Trinius ex Henschel

莎草科（Cyperaceae）荸荠属多年生草本。

荸荠是中国的特色蔬菜之一，肉质洁白，味清甜多汁，松脆爽口消渣，自古有

"地下雪梨"之美誉，北方人视之为"江南人参"；可生食、熟食或做菜，尤适于制作罐头，称为"清水马蹄"；可提取淀粉，与藕及菱粉称为"淀粉三魁"。

《本草纲目》："乌芋，其根如芋而色乌也。凫喜食之，故《尔雅》名凫茈，后遂讹为凫茨，又讹为荸荠。盖《切韵》凫、荸同一字母，音相近也。三棱、地栗，皆形似也。"吴瑞曰："小者名凫茈，大者名地栗。"

荸荠之名始载于《日用本草》，通天草出自《饮片新参》。《本草纲目》："凫茨生浅水田中，其苗三月四月出土，一茎直上，无枝叶，状如龙须。肥田栽者，粗近葱蒲，高二三尺，其根白蒻，秋后结颗，大如山楂、栗子，而脐有聚毛，累累下生入泥底。野生者，黑而小，食之多滓。种出者，紫而大，食之多毛。吴人以沃田种之，三月下种，霜后苗枯，冬春掘收为果，生食煮食皆良。"

荸荠，有"地下雪梨"的美称，在北方更是被视为"江南人参"。团风是传统的荸荠种植之乡，尤以方高坪港口一带的荸荠品质最佳，皮薄、肉嫩、味鲜可口。2009 年 11 月 16 日，国家质量监督检验检疫总局批准对"团风荸荠"实施地理标志产品保护，保护范围为湖北省团风县淋山河镇、方高坪镇、马曹庙镇等 3 个乡镇现辖行政区域。

【入药部位及性味功效】

荸荠，又称芍、凫茈、凫茨、葍菇、水芋、乌芋、乌茨、薢脐、黑三棱、地栗、铁葧脐、马蹄、红慈菇、马薯，为植物荸荠的球茎。冬季采挖，洗净泥土，鲜用或风干。味甘，性寒，归肺、胃经。清热生津，化痰，消积。主治温病口渴，咽喉肿痛，痰热咳嗽，目赤，消渴，痢疾，黄疸，热淋，食积，赘疣。

通天草，又称荸荠梗、地栗梗、荸荠苗，为植物荸荠的地上部分。7～8 月间，将茎割下，捆成把，晒干或鲜用。味苦，性凉。清热解毒，利尿，降逆。主治热淋，小便不利，水肿，疔疮，呃逆。

【经方验方应用】

治黄疸湿热，小便不利：荸荠打碎，煎汤代茶，每次 120g。（《泉州本草》）

治咽喉肿痛：荸荠绞汁冷服，每次 120g。（《泉州本草》）

治高血压、慢性咳嗽、吐脓痰：荸荠、海蜇头（洗去盐分）各 30～60g，每日 2～3 次分服。（《全国中草药汇编》）

治尿道炎：荸荠茎叶 30g，土茯苓 15g，木通 6g，水煎服。（《福建药物志》）

治全身浮肿，小便不利：通天草（地上全草）30g（鲜品 60～90g），鲜芦根 30g，水煎服。（《全国中草药汇编》）

荸荠柽柳汤：荸荠 90g，柽柳叶 15g（鲜枝叶 30g），一同水煎。温中益气，消风毒。适用于麻疹透发不快。每日分 2 次饮服。（《民间方》）

荸荠酒酿：酒酿 100g，鲜荸荠 10 个（去皮，切片），加水少许，煮熟。清热，透疹。适用于小儿麻疹、水痘以及风热外感。吃荸荠饮汤。每日分 2 次服。（《良方集要》）

荸荠萝卜汁：鲜荸荠 10 个（削皮），鲜萝卜汁 500g，一同煮开，加白糖适量。清热养阴，解毒消炎。适用于疹后伤阴咳嗽者。（《经验方》）

海蜇荸荠汤：海蜇皮 50g，荸荠 100g（去皮切片），煮汤。清热化痰，滋阴润肺，适用于阴虚阳亢的高血压患者。吃海蜇皮、荸荠，饮汤，每日 2 次。（《新中医》）

三、禾本科

草本，少数亦有木本。秆圆柱形，节间常中空。叶2列，叶鞘边缘分离而覆盖。颖果。禾本科是种子植物中最有经济价值的大科，是人类粮食和牲畜饲料的主要来源，也是加工淀粉、制糖、酿酒、造纸、编织和建筑方面的重要原料。

除了荞麦以外，几乎所有的粮食都是禾本科植物，如小麦、稻米、玉米、大麦、高粱等。猪、牛、马、羊等各类家畜也都吃草。竹子在日常生活中处处可见，在东南亚还有竹子造的房屋。

1. 薏苡（薏米） Coix lacryma-jobi L.

禾本科（Poaceae）薏苡属一年生粗壮草本。

薏米被誉为"世界禾本科植物之王"；在欧洲被称为"生命健康之禾"。

《本草纲目》："其叶似蠡实叶而解散。"故名解蠡。起实，《本草纲目》作芑实，谓其"似芑黍之苗"，故曰芑实。其实坚硬，其仁近圆，小儿取为串珠，故得诸珠之名。

薏苡仁始载于《神农本草经》，列为上品。《名医别录》："生真定平泽及田野，八月采实，采根无时。"《本草图经》云："春生苗，茎高三四尺，叶如黍，开红白花作穗子，五月、六月结实，青白色，形如珠子而稍长，故呼薏珠子。"《本草纲目》："薏苡，人多种之，二三月宿根自生，叶如初生芭茅，五六月抽茎开花结实。有两种：一种粘牙者，尖而壳薄，即薏苡也，其米白色如糯米，可作粥饭及磨面食，亦可同米酿酒。一种圆而壳厚，坚硬者，即菩提子也，其米少……但可穿做念经数珠，故人亦呼为念珠云。"《本草纲目》所述二种，其中壳薄粘牙者为薏苡 Coix lacryma-jobi L. var. ma-yuen 即本种，另一种壳厚坚硬者为川谷（菩提子）。

薏苡叶出自《本草图经》，云："叶为饮，香，益中，空膈。"《食物本草》载其"暑月煎饮，暖胃益气血，初生小儿浴之，无病。"

【入药部位及性味功效】

薏苡仁，又称解蠡、起实、感米、薏珠子、回回米、草珠儿、蘱珠、薏米、米仁、薏仁、苡仁、玉秣、六谷米、珠珠米、药玉米、水玉米、沟子米、裕米、益米，为植物薏苡的种仁。9～10月茎叶枯黄，果实呈褐色，大部成熟（约85％成熟）时，割下植株，集中立放3～4天后脱粒，筛去茎叶杂物，晒干或烤干，用脱壳机械脱去总苞和种皮，即得薏苡。味甘、淡，性微寒。归脾、肺、胃经。利湿健脾，舒筋除痹，清热排脓。主治水肿，脚气，小便淋沥，湿温病，泄泻，带下，风湿痹痛，筋脉拘挛，肺痈，肠痈，扁平疣。

薏苡叶，为植物薏苡的叶。夏、秋采收，鲜用或晒干。温中散寒，补益气血。主治胃寒疼痛，气血虚弱。

薏苡根，又称五谷根，为植物薏苡的根。秋季采挖，洗净，晒干。味苦、甘，性微寒。清热通淋，利湿杀虫。主治热淋，血淋，石淋，黄疸，水肿，白带过多，脚气，风湿痹痛，蛔虫病。

临床上，薏苡仁治疗扁平疣、传染性软疣、坐骨结节滑囊炎；薏苡根可终止妊娠。

【经方验方应用】

治尿血：鲜薏苡根 120g，水煎服。（《全国中草药汇编》）

治白带过多：薏苡根 30g，红枣 12g，水煎服。（《全国中草药汇编》）

麻黄杏仁薏苡甘草汤：发汗解表，祛风除湿。主治风湿在表，湿郁化热证。一身尽疼，发热，日晡所剧者。（《金匮要略》）

薏苡附子败酱散：排脓消肿。主治肠痈内已成脓，身无热，肌肤甲错，腹皮急，如肿状，按之软，脉数。（《金匮要略》）

萆薢化毒汤：清热利湿，和营解毒。主治湿热痈疡，气血实者。（《疡科心得集》）

五痿汤：补益心脾。主治五脏痿证。（《医学心悟》）

化毒除湿汤：燥湿解毒。主治湿热下注。（《疡科心得集》）

薏苡仁汤：祛风散寒，除湿通络。主治着痹。（《类证治裁》）

2. 大麦 Hordeum vulgare L.

禾本科大麦属越年生草本。

大麦含有 55%～65% 的淀粉，是最便宜的淀粉来源之一，是生产啤酒和威士忌的最佳原料。

《本草纲目》："麦之苗粒皆大于来（小麦），故得大名，牟亦大也，通作麰。"《诗·周颂·思文》："贻我来牟。"牟，大麦也。后作"麰"。《广雅》："麰，大麦也。"《方言》："麰，曲也。"或云作酒麴，常用大麦，故大麦亦谓之麰麦。其外稃与颖果相连，看似果仁外露，故称稞麦、赤膊麦。可为饮食，故又名饭麦。发芽之大麦曰麦芽。其芽纤细，故又名大麦毛。

大麦始载于《名医别录》，列为中品，但历代本草对大麦、青稞、小麦常相混杂，清代《植物名实图考》中图文较清楚："大麦北地为粥极滑，初熟时用碾半破，和糖食之，曰碾粘子；为面、为饧、为酢、为酒，用之广。大、小麦用殊而苗相类，大麦叶肥，小麦叶瘦；大麦芒上束，小麦芒旁散。"

【入药部位及性味功效】

大麦，又称麰、稞麦、麰麦、牟麦、饭麦、赤膊麦，为植物大麦的颖果。4～5 月果实成熟时采收，晒干。味甘，性凉。归脾、肾经。健脾和胃，宽肠，利水。主治腹胀，食滞泄泻，小便不利。

麦芽，又称大麦蘖、麦蘖、大麦毛、大麦芽，为植物大麦的发芽颖果。味甘，性平。归脾、胃经。消食化积，回乳。主治食积不消，腹满泄泻，恶心呕吐，食欲不振，乳汁郁积，乳房胀痛。

大麦苗，为植物大麦的幼苗。冬季采集，鲜用或晒干。味苦、辛，性寒。利湿退黄，护肤敛疮。主治黄疸，小便不利，皮肤皲裂，冻疮。

大麦秸，为植物大麦成熟后枯黄的茎秆。果实成熟后采割，除去果实，取茎秆晒干。味甘、苦，性温。归脾、肺经。利湿消肿，理气。主治小便不通，心胃气痛。

临床上，麦芽治疗乳溢症；治疗急慢性肝炎，有效率 97.1%；治疗浅部真菌感染，总有效率 86.2%，其中手足癣患者有效率 71.4%，股癣患者有效率 100%，花斑癣患者有效率93%。

【经方验方应用】

治食饱烦胀，但欲卧者：大麦面熬微香，每白汤服方寸匕。（《肘后方》）

治汤火灼伤：大麦炒黑，研末，油调涂之。（《本草纲目》）

治产后五七日不大便：大麦芽不以多少。上炒黄为末，每服三钱，沸汤调下，与粥间服。（《妇人良方》麦芽散）

治产后发热，乳汁不通及膨，无子当消者：麦蘖二两（炒），研细末，清汤调下，作四服。（《丹溪心法》）

治冬月面目手足皲裂：大麦苗煮汁洗。（《本草纲目》）

治小便不通：陈大麦秸，煎浓汁频服。（《本草纲目》引《简便单方》）

大麦敷方：大麦1合，上药细嚼，涂疮上。主治蠼螋尿疮。（《圣济总录》卷一四九）

大麦粥：将大麦米50g浸泡轧碎，煮粥加红糖适量。益气调中，消积进食。适用于小儿疳证、脾胃虚弱、面黄肌瘦、少气乏力。（《民间方》）

瓜蒌大麦饼：瓜蒌1斤（绞汁），大麦面六两，合作饼。主治中风㖞斜。炙熟熨之，病愈即止，勿令太过。（《慈禧光绪医方选议》）

回乳方：焦麦芽一两，枳壳二钱，水煎服。主治小儿断乳，须停止母乳者。（《谢利恒家用良方》）

山楂麦芽饮：把山楂、麦芽各10～15g，红糖适量，一同放入搪瓷杯内，加水煎汤，煎沸5～7分钟后，去渣取汁，温热服。去积滞，助消化。适用于小儿伤食。（《民间方》）

3. 稻 Oryza sativa L.

禾本科稻属一年生栽培植物。

地球上以稻米为主食的人口最多，水稻是全世界贫困人口最主要的食物来源；袁隆平培育出第一代杂交水稻。

稻又名稌、嘉蔬、杭。李时珍曰："粳乃谷稻之总名也，有早、中、晚三收。诸本草独以晚稻为粳者，非矣。粘者为糯，不粘者为粳。糯者懦也，粳者硬也。但入解热药，以晚粳为良尔。"粳亦作秔。《说文解字》："秔，稻属。"是稻之一种。本草所载之稻主要有粳、糯、籼三种，不粘者为粳，粘者为糯。粳言其硬，糯言其耎也，籼则似粳而粒小。稌为稻之声转，故为稻属之总称，但亦有为不粘之粳米之专名，或为粘米之名。

籼米不粘而粒小。"籼"，亦作"秈"。《广雅疏证》云："今案籼之为字，宣也，散也，不相粘著之词也。籼，从禾山声，山、宣、散三字，古声义相近。《说文解字》云'山，宣也。宣散气，生万物。'是其例矣。"

稻谷、麦、豆之芽曰蘖。《说文解字》云："蘖，牙米也。"米，泛指稻谷而言。李时珍云："稻蘖，一名谷芽。"

糠本作康，谷皮也。《尔雅》云："康，苛也。"《义疏》云："苛者，《说文解字》云：小草也。按苛为小草，故又为细也……康亦细碎，与苛义近，声又相转。"郭沫若《甲骨文字研究》认为"康字……只空虚之义于谷皮稍可牵及……糠乃后起字。"又秕同粃。《玉篇》"粃，不成谷也。"俗谓瘪谷。瘪与虚义相同。

据浙江余姚河姆渡遗址考古出土的炭化稻谷分析，我国栽培水稻至少已有 7000 年以上的历史。本草则由《名医别录》始载。《新修本草》云："稻者，矿谷通名。《尔雅》云：稌，稻也；秔者，不糯之称，一曰秈。氾胜之云：秔稻、秫稻，三月种秔稻，四月种秫稻，即并稻也。"《嘉祐本草》谓："《说文解字》云：沛国为（谓）稻为糯，秔稌属也。《字林》云：糯，粘稻也，秔稻，不粘者。然秔糯甚相类，粘不粘为异耳。"《本草纲目》指出："稻稌者，粳、糯之通称。《物理论》所谓稻者，溉种之总称是矣。本草则专指糯以为稻也。"故古代稻米中即有粳、糯、秈之分。尽管所指名称互有出入，但所述品种尽与今一致。

《名医别录》始载蘖米，列为中品。《本草经集注》云："此是以米为蘖尔，非别米名也。"《新修本草》云："蘖者，生不以理之名也，皆当以可生之物为之。陶称以米为蘖，其米岂更能生乎？止当取蘖中之米尔。按《食经》称用稻蘖。稻即矿谷之名，明非米作。"《本草纲目》载："有粟、黍、谷、麦、豆诸蘖，皆水浸胀，候生芽曝干去须，取其中米，炒研面用。其功皆主消导。"由此可知，古代以稻、粟、黍等数种植物的果实生芽，但应以稻芽为主。又，《本草衍义》云："蘖米，此则粟蘖也，今谷神散中用之。"现我国北方地区习用粟的颖果发芽后作谷芽用，《中华人民共和国药典》1990 年版即定为谷芽之正品。

【入药部位及性味功效】

粳米，又称白米、粳粟米、稻米、大米、硬米，为植物稻（粳稻）去壳的种仁。秋季颖果成熟时，采收，脱下果实，晒干，除去稻壳即可。味甘，性平。归经脾、胃、肺经。补气健脾，除烦渴，止泻痢。主治脾胃气虚，食少纳呆，倦怠乏力，心烦口渴，泻下痢疾。

陈仓米，又称陈廪米、陈米、火米、老米、红粟，为植物稻经加工储存年久的粳米。味甘、淡，性平。归胃、大肠、脾经。调中和胃，渗湿止泻，除烦。主治脾胃虚弱，食少，泄泻反胃，噤口痢，烦渴。

秈米，又称粘米，为植物稻（秈稻）的种仁。味甘，性温。归脾、肺、心经。温中益气，健脾止泻。主治脾胃虚寒泄泻。

米油，又称粥油，为煮米粥时，浮于锅面上的浓稠液体。味甘，性平。补肾健脾，利水通淋。主治脾虚羸瘦，肾亏不育，小便淋浊。

米露，为新米或稻花的蒸馏液（用稻花蒸者更佳）。味甘、淡，性平。健脾补肺，开胃进食。主治脾虚食少，大便溏薄，肺虚久咳。

谷芽，又称蘖米、谷蘖、稻蘖、稻芽，为植物稻的颖果经发芽而成。味甘，性平。归脾、胃经。消食化积，健脾开胃。主治食积停滞，胀满泄泻，脾虚少食，脚气浮肿。

米皮糠，又称舂杵头细糠、谷白皮、细糠、杵头糠、米秕、米糠，为植物稻的颖果经加工而脱下的种皮。加工粳米、秈米时，收集米糠，晒干。味甘、辛，性温。归大肠、胃经。开胃，下气。主治噎膈，反胃，脚气。

稻谷芒，又称稻穏、谷颖，为植物稻果实上的细芒刺。脱粒、晒谷或扬谷时收集，晒干。利湿退黄。主治黄疸。

稻草，又称稻穰、稻藳、稻秆、禾秆，为植物稻及糯稻的茎叶。收获稻谷时，收集脱粒的稻秆，晒干。味辛，性温。归脾、肺经。宽中，下气，消食，解毒。主治噎膈，反胃，食滞，腹痛，泄泻，消渴，黄疸，喉痹，痔疮，烫火伤。

临床上，稻草治疗急性黄疸型肝炎，痊愈率 63.27％。

【经方验方应用】

下乳汁：粳米、糯米各半合，莴苣子一合（淘净），生甘草半两。上研细，用水二升，煎取一升，去渣，分三服。（《济阴纲目》）

治精清不孕：用煮米粥滚锅中面上米沫浮面者，取起加炼过食盐少许，空心服下。其精自浓，即孕也。（《本草纲目拾遗》）

治小儿消化不良、面黄肌瘦：谷芽 9g，甘草 3g，砂仁 3g，白术 6g，水煎服。（《青岛中草药手册》）

治饮食停滞、胸闷胀痛：谷芽 12g，山楂 6g，陈皮 9g，红曲 6g，水煎服。（《青岛中草药手册》）

治各种恶性肿瘤及白细胞减少症：取新鲜鹅血滴入米糠中和匀，做成黄豆大小的颗粒，每日服 20～30 粒。无鹅血时可用鸭血代之。（温源凯《常用抗癌中草药》）

治脚气常作：谷白皮五升（切勿取斑者，有毒）。以水一斗，煮取七升，去渣，煮米粥常食之，即不发。（《千金翼方》谷白皮粥）

治传染性肝炎：糯稻草、蒲公英各 90g，水煎服。（苏医《中草药手册》）

治烫火伤：用稻草灰不拘多少，冷水淘 7 遍，带湿摊上，干即易。若疮湿，焙灰干，油调敷。（《卫生易简方》）

治稻田皮炎：稻草、明矾各等量。先将稻草切碎加水煮沸 30 分钟，用前 10 分钟再加入明矾，外洗。（苏医《中草药手册》）

4. 甘蔗 Saccharum officinarum L.

禾本科甘蔗属多年生高大实心草本。

甘蔗中含有丰富的糖分、水分，主要用于制糖。在世界食糖总产量中，蔗糖约占 65％，中国则占 80％以上。

《本草纲目》："按野史云，吕惠卿言：凡草皆正生嫡出，惟蔗侧种，根上蔗出，故字从蔗也。稽含作竽蔗，谓其茎如竹竽也。"

甘蔗始载于《名医别录》，列为中品。《本草经集注》："蔗出江东为胜，庐陵亦有好者，广州一种，数年生皆大如竹，长丈余，取汁为砂糖，甚益人。又有荻蔗，节疏而细，亦可啖也。"《本草纲目》云："蔗皆畦种，丛生，最困地力。茎似竹而内实，大者围数寸，长六七尺，根下节密，以渐而疏。抽叶似芦叶而大，长三四寸，扶疏四垂。八九月收茎，可留过春充果食。"《重庆堂随笔》："甘蔗以青皮者良，名竹蔗……一名接肠草，昔有断肠者，频饮此汁而愈。"

冰糖之名始见于《糖霜谱》，云："唐初以蔗为酒，而糖霜则自大历间有邹和尚者，来往蜀之遂宁伞山，始传造法……独有福建、四明、番禺、广汉、遂宁有冰糖。"

古代砂糖由甘蔗汁制成，带紫色的为赤砂糖，脱色后成白砂糖。《本草纲目》："石蜜，即白砂糖也。凝结作饼块如石为石蜜，轻白如霜者为糖霜，坚白如冰者为冰糖，皆一物而有精粗之异也。以白糖煎化，模印成人物狮象之形者为飨糖，《后汉书》注所谓猊糖是也；以石蜜和诸果仁及橙橘皮、缩砂、薄荷之类作成饼块者为糖缠；以石蜜和牛乳、酥酪作成饼块者为乳糖；皆一物数变也。《唐本草》明言石蜜煎砂糖为之，而诸注皆以乳糖即为石蜜，殊欠分明。"

【入药部位及性味功效】

甘蔗，又称薯蔗、干蔗、接肠草、竿蔗、糖梗，为植物甘蔗的茎秆。秋、冬季采收，除去叶、根，鲜用。味甘，性寒。归肺、脾、胃经。清热生津，润燥和中，解毒。主治烦热，消渴，呕哕反胃，虚热咳嗽，大便燥结，痈疽疮肿。

甘蔗滓，为植物甘蔗经榨去糖汁的渣滓。秋、冬季采收甘蔗，除去叶、根，榨去糖汁，晒干。味甘，性寒。清热解毒。主治秃疮，痈疽，疔疮。

甘蔗皮，为植物甘蔗的茎皮。取甘蔗削下茎皮，晒干。味甘，性寒。清热解毒。主治小儿口疳，秃疮，坐板疮。

蔗鸡，为植物甘蔗节上所生出的嫩芽。夏季采收。清热生津。主治消渴。

冰糖，为植物甘蔗茎中的液汁，制成白砂糖后再煎炼而成的冰块状结晶。味甘，性平。归脾、肺经。健脾和胃，润肺止咳。主治脾胃气虚，肺燥咳嗽，或痰中带血。

白砂糖，又称石蜜、白糖、糖霜、白霜糖，为植物甘蔗的茎中液汁，经精制而成的乳白色结晶体。味甘，性平。归脾、肺经。和中缓急，生津润燥。主治中虚腹痛，口干燥渴，肺燥咳嗽。

赤砂糖，又称砂糖、紫砂糖、黑砂糖、红糖、黄糖，为植物甘蔗茎中的液汁，经炼制而成的赤色结晶体。味甘，性温。归肝、脾、胃经。补脾缓肝，活血散瘀。主治产后恶露不行，口干呕哕，虚羸寒热。

【经方验方应用】

治卒干呕不息：蔗汁，温令服，服一升，日三。（《肘后方》）

治恶酒，嗔怒不醒：捣甘蔗取汁，每服一小盏。（《圣惠方》）

治小儿头疮白秃：甘蔗滓烧存性，研末，乌柏油调，频涂取瘥。（《本草纲目》）

治粪毒（钩虫性皮炎）：甘蔗皮煎水洗患处，每日2次，连用2～3天。（《食物中药与便方》）

治坐板疮：甘蔗皮烧存性，香油调涂。（《周益生家宝方》）

治糖尿病：蔗鸡90g。清水5碗，煎成1碗，不拘时温服。［《中国新医药》1954，(9)：11］

治中虚脘痛，食蟹不舒，啖蒜韭而口臭：以白砂糖煎浓汤饮。（《随息居饮食谱》）

润肺气，助五脏精：白砂糖和枣肉、巨胜末丸，每食后含一两丸。（《食疗本草》）

治痘不落痂：赤砂糖调新汲水一杯服之。白汤调亦可，日二服。（《本草纲目》引刘提点方）

治食韭口臭：赤砂糖解之。（《摘玄方》）

5. 粟 Setaria italica var. germanica (Mill.) Schred.

禾本科狗尾草属一年生栽培作物。

小米是世界上最古老的栽培农作物之一，起源于中国黄河流域，是中国古代的主要粮食作物。粟生长耐旱，品种繁多，俗称"粟有五彩"，有白、红、黄、黑、橙、紫等各种颜色的小米。

粟，北方称谷子，去皮后称小米。粟为禾所结的籽实，是古代主要粮食之一。按籽粒粘性区分，粘者为糯粟，即秫；不粘者为粳粟，亦称籼粟。《尔雅》郭璞注："今江东人呼粟为粢。"故陶弘景称其为粢米。

粟始载于《名医别录》，但分两种，大粒称粱，小粒为粟，历代本草均分两条。《本草纲目》："古者以粟为黍、稷、粱、秫之总称，而今之粟，在古但呼为粱。后人乃专以粱之细者名粟……大抵粘者为秫，不粘者为粟。故呼此为粟，以别秫而配。北人谓之小米也。"又云："粱者，良也，或云种出自粱州，或云粱米性凉，故得粱名……粱即粟也。考之《周礼》，九谷、六谷之名，有粱无粟可知矣。自汉以后，始以大而毛长者为粱，细而毛短者为粟。今则通呼为粟，而粱之名反隐矣。"现代将粟定为粱的变种。

【入药部位及性味功效】

粟米，又称白粱粟、粢米、粟谷、小米、硬粟、籼粟、谷子、寒粟、黄粟、稞子，为植物粱或粟的种仁。其储存陈久者名陈粟米、粢。秋季果实成熟时收割，打下种仁，去净杂质，晒干。味甘、咸，性凉。陈粟米：味苦，性寒。归肾、脾、胃经。和中，益肾，除热，解毒。主治脾胃虚热，反胃呕吐，腹满食少，消渴，泻痢，烫火伤。陈粟米：除烦，止痢，利小便。

青粱米，为植物粱或粟品种之一的种仁。秋季果实成熟时收割，打下种仁，去净杂质，晒干。味甘，性微寒。归脾、胃经。健脾益气，涩精止泻，利尿通淋。主治脾虚食少，烦热，消渴，泄精，泻痢，淋证。

白粱米，又称白米，为植物粱或粟品种之一的种仁。秋季果实成熟时收割，打下种仁，去净杂质，晒干。味甘，性微寒。归脾、胃经。益气，和中，除烦止渴。主治胃虚呕吐，烦渴。

黄粱米，又称竹根米、竹根黄、黄米，为植物粱或粟品种之一的种仁。秋季果实成熟时收割，打下种仁，去净杂质，晒干。味甘，性平。归脾、胃经。和中，益气，利湿。主治霍乱，呕吐泄泻，下痢，骨湿痹痛。

秫米，又称众、秫、糯秫、糯粟、黄糯、黄米，为植物粱或粟的种子之粘者。果实成熟时采收，去净杂质，晒干。味甘，性微寒。归肺、胃、大肠经。祛风除湿，和胃安神，解毒敛疮。主治疟疾寒热，筋骨挛急，泄泻痢疾，夜寐不安，肿毒，漆疮，冻疮，犬咬伤。

粟芽，又称糵米、粟糵、谷芽，为植物粱的发芽颖果。味苦，性微温。归脾、胃经。健脾，消食。主治食积胀满，不思饮食。

粟米泔汁，为植物粱或粟的种仁经淘洗所得的泔水。清热止泻，止渴，杀虫敛疮。主治霍乱，泻痢，消渴，疮疥。

粟糠，为植物粱或粟的种皮。味苦，性凉。主治痔漏脱肛。

粟米500g炒成炭状，加冰片6g研末，即成"小米散"，临床用于治疗烫伤。

【经方验方应用】

治老人胃弱呕吐，不下食，渐瘦：粟米四合，淘净，白面四两，和匀作粥，空心食，

日一食。（《古今医统》）

治胃虚呕吐：粟米二合，生姜汁一合，同服之。（《种杏仙方》）

治胃中热消渴，利小便：陈粟米炊饭，食之良。（《食医心镜》）

治痱疮：粟米浸累日令败，研澄取之敷疮。（《普济方》）

6. 高粱 *Sorghum bicolor* (L.) Moench

禾本科高粱属一年生栽培作物。

一株高粱从播种到成熟，仅需要1.53kg的水，堪称"抗旱作物明星"；高粱与蒸馏技术的"天作之合"酝酿了中国的美酒文化。

高粱，似粱而植株高大，故得其名。《本草纲目》："按《广雅》，荻粱，木稷也。盖此亦黍稷之类，而高大如芦荻者，故俗有诸名。种始自蜀，故谓之蜀黍。"荻粱亦记为蘆粱。《广雅疏证》云："种来自蜀之说，考之传记，未有确证，知其为臆说，不足凭矣。余按《方言》云：'蜀，一也，南楚谓之独。'蜀有独义。故《尔雅·释山》云：独者，蜀。独者或且大，故因之有大义……高粱茎长丈许，实大如椒，故谓之蜀黍，又谓之木稷，言其高大如木矣。"

汪颖《食物本草》名为蜀黍，云："北地种之，以备缺粮，余及牛马。谷之最长者，南人呼为芦穄。"《本草纲目》云："蜀黍宜下地，春月播种，秋月收之。茎高丈许，状似芦荻而内实。叶亦似芦。穗大如帚。粒大如椒，红黑色。米性坚实，黄赤色。有二种：粘者可和糯秫酿酒作饵；不粘者可以作糕煮粥。可以济荒，可以养畜，梢可作帚，茎可织箔席，编篱、供爨，最有利于民者。"《植物名实图考》亦曰："蜀黍……北地通呼曰高粱，释经者或误为黍类，《农政全书》备载其功用，然大要以酿酒为贵。不畏潦，过顶则枯，水所浸处，即生白根，摘而酱之，肥美无伦。"所述皆为本种。

【入药部位及性味功效】

高粱，又称木稷、蘆粱、蜀黍、蜀秫、芦粟、芦穄、秫黍，为植物高粱的种仁。秋季种子成熟后采收，晒干。味甘、涩，性温。归脾、胃、肺经。健脾止泻，化痰安神。主治脾虚泄泻，霍乱，消化不良，痰湿咳嗽，失眠多梦。

高粱米糠，为植物高粱的种皮。收集加工高粱时春下的种皮，晒干。和胃消食。主治小儿消化不良。

高粱根，又称蜀黍根、爪龙，为植物高粱的根。秋季采挖，洗净，晒干。味甘，性平。平喘，利水，止血，通络。主治咳嗽喘满，小便不利，产后出血，血崩，足膝疼痛。

临床上，高粱米糠治疗小儿消化不良。

【经方验方应用】

治小儿消化不良：红高粱30g，大枣10个。大枣去核烧焦，高粱炒黄，共研细末。2岁小孩每服6g；3～5岁小孩每服9g，每日2次。（内蒙古《中草药新医疗法资料选编》）

治功能失调性子宫出血，产后出血：陈高粱根7个，红糖15g，水煎服。（内蒙古《中草药新医疗法资料选编》）

治横生难产：高粱根，阴干，烧存性，研末，酒服二钱。（《本草纲目》）

白鲜皮酊：白鲜皮15g，鲜生地31g，高粱酒150mL。浸泡5日后，外涂。主治脂溢

性皮炎。（《中医皮肤病学简编》）

7. 普通小麦 Triticum aestivum L.

禾本科小麦属一年生或越年生草本。

小麦是唯一一种能成为全世界主食的粮食；麦粒虽小，可兴国安邦。

普通小麦又名小麦、冬小麦。小麦出自《名医别录》，列为中品。入药始见于《金匮要略》所载"甘麦大枣汤"。《本草别说》："小麦，即今人所磨为面，日常食者。八九月种，夏至前熟。一种春种，作面不及经年者良。"《本草纲目》指出："北人种麦漫撒，南人种麦撮撒。北麦皮薄面多，南麦反此。"所述即今之小麦。

浮小麦出自《本草蒙筌》，入药始见于《卫生宝鉴》。《本草蒙筌》云："浮小麦，先枯未实。"《本草纲目》曰："浮麦，即水淘浮起者。"

【入药部位及性味功效】

小麦，又称来、麳，为植物普通小麦的种子或其面粉。成熟时采收，脱粒晒干，或制成面粉。味甘，性凉。归心、脾、肾经。养心，益肾，除热，止渴。主治脏躁，烦热，消渴，泄利，痈肿，外伤出血，烫伤。

浮小麦，又称浮麦，为植物普通小麦干瘪轻浮的颖果。夏至前后，成熟果实采收后，取瘪瘦轻浮与未脱净皮的麦粒，筛去灰屑，用水漂洗，晒干。味甘，性凉。归心经。除虚热，止汗。主治阴虚发热，盗汗，自汗。

【经方验方应用】

治妇人乳痈不消：白面半斤，炒令黄色，醋煮为糊，涂于乳上。（《圣惠方》）

治消渴口干：小麦用炊作饭及煮粥食之。（《食医心镜》）

治男子血淋不止：浮小麦加童便炒为末，砂糖煎水调服。（《奇方类编》）

治盗汗：用浮小麦一抄。煎汤，调防风末二钱服。（《卫生易简方》）

治脏燥症：浮小麦 30g，甘草 15g，大枣 10 枚，水煎服。（《青岛中草药手册》）

甘麦大枣汤：养心安神，和中缓急。主治妇人脏阴不足，致患脏燥，精神恍惚，悲伤欲哭，不能自主，呵欠频作，甚则言行失常。[《金匮要略》（汉•张仲景）]

小麦鸡血粥：小麦 150g，鲜鸡血 1 碗，米酒 100g。用小麦加水适量煮粥，鸡血用酒拌匀，放入小麦粥内煮熟。养心，益肾。适用于气虚型功能失调性子宫出血。（《民间方》）

8. 玉蜀黍（玉米） Zea mays L.

禾本科玉蜀黍属高大的一年生栽培植物。

玉米是重要的粮食作物和"饲料之王"，它不仅是粮食，更成了一种能源。

玉蜀黍明代始传入中国，入药始载于《滇南本草图说》。《本草纲目》："玉蜀黍种出西土，种者亦罕。其苗叶俱似蜀黍而肥矮，亦似薏苡。苗高三四尺。六、七月开花，成穗，如秕麦状。苗心别出一苞，如棕鱼形，苞上出白须垂垂。久则苞拆子出，颗颗攒簇。子亦大如棕子，黄白色。可炸炒食之。炒拆白花，如炒拆糯谷之状。"《植物名实图考》亦云："玉蜀黍，《本草纲目》始入谷部，川、陕、两湖，凡山田皆种之，俗呼包谷。山农之粮，视其丰歉，酿酒磨粉，用均米麦；瓢煮以饲豕，秆杆干以供炊，无弃物。"

【入药部位及性味功效】

玉蜀黍，又称玉高粱、番麦、御麦、西番麦、玉米、玉麦、王蜀秫、戎菽、红须麦、薏米苞、珍珠芦粟、苞芦、鹿角黍、御米、包谷、陆谷、玉黍、西天麦、玉露秫秫、纡粟、珍珠米、粟米、苞粟、苞麦米、苞米，为植物王蜀黍的种子。于成熟时采收玉米棒，脱下种子，晒干。味甘，性平。归胃、大肠经。调中开胃，利尿消肿。主治食欲不振，小便不利，水肿，尿路结石。

玉米油，为植物玉蜀黍的种子经榨取而得的脂肪油。种子成熟时采集，晒干，榨取油。降压，降血脂。主治高血压病，高血脂，动脉硬化，冠心病。

玉米须，又称玉麦须、玉蜀黍蕊、棒子毛，为植物玉蜀黍的花柱和柱头。于玉米成熟时采收，摘取花柱，晒干。味甘、淡，性平。归经肾、胃、肝、胆经。利尿消肿，清肝利胆。主治水肿，小便淋沥，黄疸，胆囊炎，胆结石，高血压，糖尿病，乳汁不通。

玉米花，又称玉蜀黍花，为植物玉蜀黍的雄花穗。夏、秋季采收，晒干。味甘，性凉。疏肝利胆。主治肝炎，胆囊炎。

玉米轴，又称罐黍子、包谷心、玉米芯，为植物玉蜀黍的穗轴。秋季果实成熟时采收，脱去种子后收集，晒干。味甘，性平。健脾利湿。主治消化不良，泻痢，小便不利，水肿，脚气，小儿夏季热，口舌糜烂。

玉蜀黍苞片，为植物玉蜀黍的鞘状苞片。秋季采收种子时收集，晒干。味甘，性平。清热利尿，和胃。主治尿路结石，水肿，胃痛吐酸。

玉蜀黍叶，为植物玉蜀黍的叶。夏、秋季采收，晒干。味微甘，性凉。利尿通淋。主治砂淋，小便涩痛。

玉蜀黍根，又称玉米根、抓地虎，为植物玉蜀黍的根。秋季采挖，洗净，鲜用或晒干。味甘，性平。利尿通淋，祛瘀止血。主治小便不利，水肿，砂淋，胃痛，吐血。

【经方验方应用】

治糖尿病：玉蜀黍 500g，分 4 次煎服。（江西《锦方实验录》）

治小便不利，水肿：玉米粉 90g，山药 60g，加水煮粥。（《食疗粥谱》）

预防习惯性流产：怀孕后，每日取 1 个玉米的玉米须煎汤代饮，至上次流产的怀孕月份，加倍用量，服至足月时为止。（《全国中草药汇编》）

治糖尿病：①玉米须 60g，薏苡仁、绿豆各 30g，水煎服。（《福建药物志》）②玉米须 30g，黄芪 30g，山药 30g，木根皮 12g，天花粉 15g，麦冬 15g，水煎服。（《四川中药志》1982 年）

治急慢性肝炎：玉米须、太子参各 30g。水煎服，每日 1 剂，早晚分服。有黄疸者加茵陈同煮服；慢性者加锦鸡儿根（或虎杖根）30g 同煎服。（《全国中草药汇编》）

治高血压，伴鼻衄、吐血：玉米须、香蕉皮各 30g，黄栀子 9g，水煎冷却后服。（《食物中药与便方》）

治肾炎、初期肾结石：玉蜀黍须，分量不拘，煎浓汤，频服。（《贵阳市秘方验方》）

治血吸虫病、肝硬化、腹水：玉米须 30～60g，冬瓜子 15g，赤豆 30g，水煎服，每日 1 剂，15 剂为 1 个疗程。（《食物中药与便方》）

治尿急、尿频、尿道灼痛：玉米芯、玉米根各 60g，水煎去渣加适量白糖，每日 2 次分服。（《食物中药与便方》）

治水肿、脚气：包谷心 60g，枫香果 30g，煎水服。（《贵州草药》）

治肠炎痢疾：玉米芯煅存性 90g，黄柏粉 60g，共研细末，温开水冲服，每服 3g，每日 3 次。（《食物中药与便方》）

治小儿消化不良：玉米芯，烧炭，研细末，每次服 1.5g。（《甘肃中草药手册》）

治尿路结石，小便淋沥砂石，痛不可忍：玉米根 90~150g，水煎服。（《食物中药与便方》）

治腹水：玉米根 60g，砂仁 6g，开水炖服。（《福建药物志》）

9. 菰（茭白） *Zizania latifolia* (Griseb.) Stapf

禾本科菰属多年生高大草本。

蔬食之美，一在清，二在洁，茭白堪担其美，也因其独特美味和养生补虚特性，被誉为"水中参"；菰米在古代与稻、黍、稷、粱以及麦并称为"六谷"，在国外被称为"谷物中的鱼子酱"。

菰又名蒋草、菰蒋草、茭草。菰根、菰米出自《本草经集注》，云："菰根，亦如芦根，冷利复甚也。"《名医别录》始载"菰根"。茭白出自《本草图经》，云："其中心如小儿臂者，名菰手。作菰首者，非矣。"茭白以白茎为用，故名为茭。《尔雅疏证》云："有首者谓之绿节，绿节即蘧蔬矣。方俗呼菰为茭，故名茭白。"夏伟英谓茭即胶，与"白"同义复用。《本草纲目》："菰本作苽，茭草也。其中生菌如瓜形，可食，故谓之苽。其米须霜雕时采之，故谓之凋苽。或讹为雕胡。"其米褐色，故名黑米。

《本草拾遗》："菰菜，生江东池泽。菰首，生菰蒋草心，至秋如小儿臂，故云菰首。"《本草图经》："菰根，旧不著所出州土，今江湖陂泽中皆有之，即江南人呼为茭草者。生水中，叶如蒲苇辈。刈以秣马，甚肥。春亦生笋，甜美堪啖，即菰菜也。又谓之茭白……《尔雅》所谓蘧蔬，注云，似土菌，生菰草中，正谓此也。故南方人至今谓菌为菰，亦缘此义也。"蘧，古代音义同"蕖"，即芙蕖，荷花是也。古人赞荷花，性本高洁，出污泥而不染。茭白生水中，茭白白而嫩，也有荷花的高洁品性，故名蘧蔬。土菌，即是蘑菇等菌类植物。生土中，故名。茭白是菰草受菰黑粉菌浸染生成的，跟菌类植物的形成是同一个原理，故说它似土菌。《救荒本草》："茭笋，生江东池泽水中及岸际，今随处水泽边皆有之。苗高二三尺。叶似蔗荻，又似茅叶而长、阔、厚。叶间撺葶，开花如苇。结实青子。根肥，剥取嫩白笋可啖。"

茭白以其丰富的营养价值被誉为"水中参"。古人称茭白为"菰"。在唐代以前，茭白被当作粮食作物栽培，它的种子叫菰米或雕胡，是"六谷"（稌、黍、稷、粱、麦、菰）之一。

【入药部位及性味功效】

茭白，又称出隧、蘧蔬、绿节、菰菜、茭首、菰首、菰蒋节、菰笋、菰手、茭苴、茭笋、茭粑、茭瓜、茭耳菜，为植物菰的嫩茎秆被菰黑粉菌 *Yenia esculenta* (P. Henn.) Liou 刺激而形成的纺锤形肥大部分。秋季采收，鲜用或晒干。味甘，性寒。归肝、脾、肺经。解热毒，除烦渴，利二便。主治烦热，消渴，二便不通，黄疸，痢疾，热淋，目赤，乳汁不下，疮疡。

菰根，又称茭蒪、菰蒋根，为植物菰的根茎及根。秋季采挖，洗净，鲜用或晒干。味甘，性寒。除烦止渴，清热解毒。主治消渴，心烦，小便不利，小儿麻疹高热不退，黄疸，鼻衄，烧烫伤。

菰米，又称雁膳、菰粱、安胡、蒋实、茭米、黑米、雕胡米、凋芯、雕菰、茭白子、菰实，为植物菰的果实。9～10月，果实成熟后采取，搓去外皮，扬净，晒干。味甘，性寒。归胃、大肠经。除烦止渴，和胃理肠。主治心烦，口渴，大便不通，小便不利，小儿泄泻。

【经方验方应用】

治便秘、心胸烦热、高血压：鲜茭白60g，旱芹菜30g，水煎服。（《食物与治病》）

催乳：茭白15～30g，通草9g，猪脚煮食。（《湖南药物志》）

治酒渣鼻：生茭白捣烂，每晚敷患部，次日洗去，另取生茭白30～60g，煎服。（《浙江药用植物志》）

治小儿赤游丹：茭白烧存性，研细末，撒布患部，或以麻油调涂。（《食物中药与便方》）

治暑热腹痛：鲜菰根60～90g。水煎服。（《湖南药物志》）

治小儿烦渴、泻痢、小便不利：①茭白鲜根，芦茅根各30g，水煎服。②茭白子、大麦芽各15g，炒焦，水煎去渣，1日分2～3次饮服。（《食物中药与便方》）

治高血压、小便不利：菰鲜根30～60g，水煎服。（《浙江药用植物志》）

治湿热黄疸、小便不利：鲜茭白根30～60g，水煎服。（《食物中药与便方》）

治小儿肝热、麻疹高热不退：茭笋根茎、白茅根、芦根各30g，水煎，代茶饮。（《福建药物志》）

治大便不通、小便不利：菰实适量，捣汁，每次3匙，日服2次。（《吉林中草药》）

立止咳血膏：降气泻火，补络填窍。主治咳血妄行，或久病损肺咳血。（《重订通俗伤寒论》）

第八节　姜亚纲和百合亚纲植物

姜亚纲和百合亚纲均属于百合纲（单子叶植物纲）。

姜亚纲共包括2个目，9科，约3800种。本亚纲多为草本，具根状茎或块状茎。叶互生，具鞘。花序通常具有大型、显著且着色的苞片；花常两性，通常两侧对称。

百合亚纲共包括2个目，19科，约25000种。草本，稀木本。单叶互生，常全缘，线形或宽大。花常两性，花序非肉穗花序状，花被全为花冠状。

一、芭蕉科

多年生粗壮草本，具根茎，叶螺旋状排列，叶鞘层层重叠包成假茎；叶片大，长圆形至椭圆形，具粗壮之中脉及多数平行之横脉。

香蕉 Musa nana Lour.

芭蕉科（Musaceae）芭蕉属多年生草本。

香蕉属高热量水果，果肉香甜软滑，在一些热带地区还作为主要粮食。欧洲人因为它能解除忧郁而称为"快乐水果"。古印度和波斯民间认为，金色的香蕉果实乃是"上苍赐予人类的保健佳果"。

香蕉以甘蕉之名始载于《名医别录》，列为下品。《开宝本草》："此药本出广州，然有数种……按此花、叶与芭蕉相似而极大，子形圆长及生青熟黄，南人皆食之。"《本草纲目拾遗》："《两广杂志》：蕉种甚多，子皆甘美，以香牙蕉为第一。名龙奶奶者，乳也，言若龙之乳不可多得……其叶有朱砂斑点……花出于心，每一心辄抽一茎作花……每一花开必三四乃阖，一花阖成十余子，十花阖成百余子，大小各为房，随花而长，长至五六寸许，先后相次，两两相抱……子经三四月始熟。"

【入药部位及性味功效】

香蕉，又称蕉子、蕉果，为植物香蕉和大蕉（*Musa × paradisiaca*）的果实。果实将成熟时采收，鲜用或晒干。味甘，性寒。清热，润肺，滑肠，解毒。主治热病烦渴，肺燥咳嗽，便秘，痔疮。

大蕉皮，又称甘蕉果皮、香蕉皮，为植物香蕉和大蕉等的果皮。将成熟果实采收，剥取果皮，鲜用或晒干。味甘、涩，性寒。清热解毒，降血压。主治痢疾，霍乱，皮肤瘙痒，高血压病。

香蕉根，又称甘蕉根、大蕉根，为植物香蕉和大蕉的根。全年均可采，除去茎叶，洗净，切碎，鲜用或晒干。味甘，性寒。清热，凉血，解毒。主治热病烦渴，血淋，痈肿。

临床上，香蕉治疗婴幼儿腹泻。

【经方验方应用】

治咳嗽日久：香蕉1~2个，冰糖炖服，每日1~2次，连服数日。（《食物中药与便方》）

治痔及便后血：香蕉2个，不去皮，炖熟，连皮食之。（《岭南采药录》）

治高血压血管硬化、大便秘结、手指麻木：每日吃香蕉3~5个。（《现代实用中药》）

治扁桃体炎、痢疾：未成熟香蕉果2个，切片，加冰糖适量，水炖服。（《福建药物志》）

治高血压：香蕉皮或果柄30~60g，煎汤服。（《食物中药与便方》）

治鼻蝶（鼻腔内溃疡作痛）：甘蕉果皮晒干，焙，研细末，调冰片、茶油抹患处。（《泉州本草》）

治皮肤瘙痒：大蕉皮煎水外洗。（《广东中药》）

治痈肿，疔肿：鲜香蕉根茎或叶捣烂绞汁，涂敷患部。（《食物中药与便方》）

二、凤梨科

多为短茎附生草本。叶互生，在短茎上形成叶丛，或有时散生于稍长茎上，狭而具平行脉，时具刺齿。叶色丰富多彩，许多品种还具各种条纹、斑块；花序多姿多彩，是首选的室内观赏植物。有的品种还可供食用，如菠萝。凤梨科植物依其栖息环境的不同分为地生、气生和附生三种类型。地生种喜阳耐旱，气生种喜欢雾水和高湿度的空气，附生种则喜欢高温多湿环境。

凤梨 Ananas comosus (L.) Merr.

凤梨科（Bromeliaceae）凤梨属多年生草本。

凤梨果皮似菠萝蜜而色黄，液甜而酸，因尖端有绿叶似凤尾，故名"凤梨"，俗称菠萝。

凤梨又名菠萝，以露兜子之名始载于《植物名实图考》，云："露兜子产广东，一名波罗，生山野间，实如萝卜，上生叶一簇，尖长深齿，味、色、香具佳……又名番娄子，形如兰，叶密长大，抽茎结子，其叶去皮存筋，即波罗麻布也。果熟金黄色，皮坚如鱼鳞状，去皮食肉，香甜无渣，六月熟。"

【入药部位及性味功效】

菠萝皮，又称波罗、番娄子、露兜子、地菠萝、草菠萝，为植物凤梨的果皮。8～9月收集加工菠萝时削下的果皮，晒干。味涩、甘，性平。解毒，止咳，止痢。主治咳嗽，痢疾。

菠萝根叶，为植物凤梨的根或叶。全年均可采收，鲜用或晒干。消食和胃，止泻。主治夏日暑泻，消化不良，胃脘胀痛。

三、姜科

多年生草本，通常具有芳香，茎短，有匍匐或块状的根茎，或有时根的末端膨大呈块状。果实为蒴果，种子常具有假种皮。本科植物很多种类是重要的调味料和药用植物，重要的成员有姜、襄荷、小豆蔻、高良姜等。

1. 襄荷 Zingiber mioga (Thunb.) Rosc.

姜科（Zingiberceae）姜属多年生草本。

襄荷除了有美丽的外表外，其本身就是绝佳的美味，亦有"亚洲人参"之美誉，为食药兼用保健型植物资源。

《楚辞·大招》："醢豚苦狗，脍苴蒪只。"王逸注："苴蒪，襄荷也……切襄荷以为香，备众味也。"此处用作调味，当是姜科之襄荷。《说文解字》襄荷"一名菖蒪"。蒪通蒩，《广雅》作"蒪苴"，或作"覆苴"，又有蒪蒩、覆菹均音近义同。《本草纲目》曰："司马相如《上林赋》作猼且。"但据《司马相如传》，猼且应是"芭蕉"。

襄荷出自《本草经集注》，以白襄荷之名始载于《名医别录》。《蜀本草》："《图经》云：叶似初生甘蕉，根似姜芽，其叶冬枯。"据宋《本草图经》云："白襄荷，旧不著所出州土，今荆襄江湖间多种之，北地亦有。春初生，叶似甘蕉，根似姜芽而肥，其根茎堪为菹。其性好阴，在木下生者尤美。"李时珍引崔豹《古今注》云："襄荷似芭蕉而白色，其子花生根中，花未败时可食，久则消烂矣。根似姜。宜阴翳地，依阴而生。"按上所述，与本种近似，但《植物名实图考》阳藿项下的引证及附图，较近似同属植物阳荷 *Zingiber striolatum* Diels，但该书襄荷的附图则非姜科植物。

【入药部位及性味功效】

襄荷，又称苴蓴、嘉草、菖蒩、蓴蒩、芋渠、白襄荷、覆葅、蓴苴、覆苴、阳藿、羊藿姜、山姜、观音花、连花姜、高良姜、野生姜、土里开花土里谢、野老姜、良姜、野山姜、野姜、阳荷，为植物襄荷的根茎。夏、秋季采收，鲜用或切片晒干。味辛，性温。活血调经，祛痰止咳，解毒消肿。主治月经不调，痛经，跌打损伤，咳嗽气喘，痈疽肿毒，瘰疬。

襄荷花，又称山麻雀，为植物襄荷的花。花开时采收，鲜用或烘干。味辛，性温。温肺化痰。主治肺寒咳嗽。

襄荷子，为植物襄荷的果实。果实成熟开裂时采收，晒干。味辛，性温。温胃止痛。主治胃痛。

【经方验方应用】

治淋巴结结核：鲜襄荷根茎60g，鲜射干茎30g，水煎服。（《浙江民间常用草药》）

治蛇及虾蟆等蛊：襄荷根汁三升。顿服，蛊立出。（《卫生易简方》）

治大叶性肺炎：襄荷根茎9g，鱼腥草30g，水煎服。（《浙江民间常用草药》）

治中风，以大声咽喉不利：襄荷根二两。研、绞取汁，酒一大盏，相和令匀。不计时候，温服半盏。（《肘后方》）

治杂物眯目不出：白襄荷根，捣，绞取汁，注目中。（《圣惠方》）

治伤寒及时气、温病，及头痛、壮热、脉大，始得一日：生襄荷根、叶合捣，绞取汁，服三、四升。（《肘后方》）

治胃痛：襄荷开裂的果实90～120g，白糖适量，水煎服。（《浙江民间常用草药》）

2. 姜 *Zingiber officinale* Roscoe

姜科姜属多年生草本。

"饭不香，吃生姜"，姜既能和鱼肉搭配，又能和蔬菜为伍，堪称美食多面手；"冬吃萝卜夏吃姜，不用医生开药方""家备小姜，小病不慌"，姜有良好的保健功效，有"呕家圣药"之誉。

生姜始载于《名医别录》。案《说文解字》云：姜，御湿之菜也。《本草图经》载："生姜，生犍为山谷及荆州、扬州。今处处有之，以汉、温、池州者为良。苗高二三尺，叶似箭竹叶而长，两两相对，苗青，根黄，无花实。秋采根，于长流水洗过，日晒为干姜。"

【入药部位及性味功效】

生姜，又称姜根、百辣云、勾装指、因地辛、炎凉小子、鲜生姜、蜜炙姜、生姜汁、姜，为植物姜的新鲜根茎。10～12月茎叶枯黄时采收。挖起根茎，去掉茎叶、须根。味辛，性温。归肺、胃、脾经。散寒解表，降逆止呕，化痰止咳。主治风寒感冒，恶寒发热，头痛鼻塞，呕吐，痰饮喘咳，胀满，泄泻。

干姜，又称白姜、均姜，为植物姜根茎的干燥品。10月下旬至12月下旬茎叶枯萎时挖取根茎，去掉茎叶、须根，烘干。干燥后去掉泥沙、粗皮，扬净即成。味辛，性热。归脾、胃、心、肺经。温中散寒，回阳通脉，温肺化饮。主治脘腹冷痛，呕吐，泄泻，亡阳厥逆，寒饮喘咳，寒湿痹痛。

炮姜，又称黑姜，为植物姜干燥根茎的炮制品。味苦、辛，性温。归脾、胃、肝经。温中止泻，温经止血。主治虚寒性脘腹疼痛，呕吐，泻痢，吐血，便血，崩漏。

姜炭，为植物姜的干燥根茎经炒炭形成的炮制品。味苦、辛、涩，性温。归脾、肝、肾经。温经止血，温脾止泻。主治虚寒性吐血，便血，崩漏，阳虚泄泻。

生姜皮，又称姜皮、生姜衣，为植物姜的根茎外皮。秋季挖取姜的根茎，洗净，用竹刀刮取外层栓皮，晒干。味辛，性凉。归脾、肺经。行水消肿。主治水肿初起，小便不利。

姜叶，为植物姜的茎叶。夏秋季采收，切碎，鲜用或晒干。味辛，性温。活血散结。主治癥积，扑损瘀血。

临床上，生姜治风湿痛、腰腿痛；治疗妊娠恶阻；治疗蛔虫病；治胃、十二指肠溃疡；治疗疟疾；治疗急性细菌性痢疾；治疗急性睾丸炎；治疗孕妇胎儿臀位，一般以33周前用姜泥贴服疗效较好；治疗水烫伤；用于中毒急救，对于半夏、乌头、闹羊花、木薯、百部等中毒，均可用生姜急救；试用生姜揩擦治疗白癜风，生姜浸酒涂擦鹅掌风及甲癣均有一定效果。

【经方验方应用】

治偏风：生姜皮，作屑末，和酒服。（《食疗本草》）

治感冒风寒：生姜五片，紫苏叶一两。水煎服。（《本草汇言》）

治秃头：生姜捣烂，加温，敷头上，约2~3次。（《贵州中医验方》）

治赤白癜风：生姜频擦之良。（《易简方》）

治百虫入耳：姜汁少许滴之。（《易简方》）

治食诸蕈并菌中毒：生姜（切细）四两，豆浆四两，麻油二两半。上和研匀，楪盛，甑上蒸，一炊许时取出。不拘时候，时时服之，诸毒立解。（《普济方》）

治卒心痛：干姜末，温酒服方寸匕，须臾，六、七服，瘥。（《肘后方》）

治妊娠呕吐不止：干姜、人参各一两，半夏二两。上三味，末之，以生姜汁糊为丸，如梧子大。每服十丸，日三服。（《金匮要略》干姜人参半夏丸）

治痈疽初起：干姜一两。炒紫，研末，醋调敷周围，留头。（《诸症辨疑》）

治打伤瘀血：姜叶一升，当归三两。为末。温酒服方寸匕，日三。（《范汪方》）

当归生姜羊肉汤：补气养血，温中暖肾。主治产后血虚，腹中冷痛，寒疝腹中痛，以及虚劳不足等。（《金匮要略》）

艾叶生姜煨鸡蛋：艾叶15g，生姜25g，鸡蛋2个。将上3味加水适量同煮；待鸡蛋熟，剥去壳，复入原汤中煨片刻。吃蛋饮汤，每日2次。温经、止血、安胎、散寒。适用于崩漏及胎动不安、习惯性流产。（《民间方》）

四、薯蓣科

缠绕草质或木质藤本，少数为矮小草本。地下部分为根状茎或块茎，形状多样。叶互生，单叶或掌状复叶。花单性或两性，雌雄异株，很少同株。薯蓣科植物具有多种经济用途，特别是薯蓣皂素是合成激素的重要中间体，有"医药黄金"之称，有抗感染、抗过敏、抗病毒、抗休克的重要药理作用，是治疗风湿、心血管、脑炎和抢救危重患者的重要药物。此外，还有淀粉食用及酿酒等用途。

薯蓣（山药） *Dioscorea polystachya Turczaninow*

薯蓣科（Dioscoreaceae）薯蓣属多年生缠绕草质藤本。

薯蓣块茎富含淀粉，可供蔬食，根可入药，为日常食用蔬菜"山药"。

《广雅》云："王延、诸署，署预也。"《疏证》云："今之山药也。根大，故谓之诸署，诸署之言储与也。"因音近字变而有诸署、署预、薯蓣、署豫、薯药诸名。《山海经》郭注云："今江南单呼为薯，语有轻重耳。"玉延，谓其根肉洁白如玉。《广雅》作"王延"似误。修脆者，修者长也，其根长而脆也。《本草衍义》云："薯蓣因唐代宗名预，避讳改为薯药；又因宋英宗讳署，改为山药。尽失当日本名。"而《广雅疏证》云："此谓药字改于唐，山字改于宋也。案韩愈《送文畅师北游诗》云：'山药煮可掘。'则唐时已呼山药，别国异言古今殊语，不必皆为避讳也。"然唐代宗、宋英宗后则薯蓣之名渐隐，而山药名得专行，共情形亦与避讳改名相似。

山药出自侯宁极《药谱》，原名薯蓣，《神农本草经》列为上品。宋代《本草图经》记载颇详，云："今处处有之……春生苗，蔓延篱援，茎紫、叶青，有三尖角，似牵牛更厚而光泽，夏开细白花，大类枣花，秋生实于叶间，状如铃，二月、八月采根。"

零余子出自《本草拾遗》，云："此署预子，在叶上生，大看如卵。署预子有数（种），此（零余子）则是其一也。一本云：大如鸡子、小者如弹丸，在叶下生。"《本草纲目》："零余子，即山药藤上所结子也。长圆不一，皮黄肉白，煮熟去皮，食之胜于山药，美于芋子，霜后收之。坠落在地看，易于生根。"

武穴佛手山药，湖北省黄冈市武穴市特产，块茎扁且有褶皱，形状象掌状，淡褐色，其上密生须根，肉白色，切口有黏液。2009 年 7 月 14 日，国家农业部正式批准对"武穴佛手山药"实施农产品地理标志登记保护，地域范围包括武穴市梅川镇、余川镇及其毗邻佛手山药生长区域。2012 年，佛手山药被湖北省农业厅评为"湖北首届名优蔬菜金奖"。

【入药部位及性味功效】

山药，又称诸署、署预、薯蓣、山芋、诸署、署豫、玉延、修脆、薯、山薯、王薯、薯药、怀山药、蛇芋、白苕、九黄姜、野白薯、山板薯、扇子薯、佛掌薯，为植物薯蓣（山药）的块茎。芦头栽种当年收，珠芽繁殖第 2 年收，于霜降后叶呈黄色时采挖。洗净泥土，用竹刀或碗片刮去外皮，晒干或烘干，即为毛山药。选择粗大顺直的毛山药，用清水浸匀，再加微热，并用棉被盖好，保持湿润，闷透，然后放在木板上搓揉成圆柱状，将两头切齐，晒干打光，即为光山药。味甘，性平。归肺、脾、肾经。补脾，养肺，固肾，益精。主治脾虚泄泻，食少浮肿，肺虚咳喘，消渴，遗精，带下，肾虚尿频，外用治痈肿、瘰疬。

山药藤，为植物薯蓣（山药）的茎叶。夏、秋季采收，洗净，切段晒干或鲜用。味微苦、微甘，性凉。清利湿热，凉血解毒。主治湿疹，丹毒。

零余子，又称薯蓣果、署预子，为植物薯蓣（山药）的珠芽。秋季采收，切片晒干或鲜用。味甘，性平。归肾经。补虚，益肾，强腰。主治虚劳羸瘦，腰膝酸软。

临床上，山药治疗婴儿腹泻。

【经方验方应用】

治脾胃虚弱，不思进饮食：山芋、白术各一两，人参三分。上三味，捣罗为细末，煮白面糊为丸，如小豆大，每服三十丸，空心食前温米饮下。（《圣济总录》山芋丸）

治湿热虚泄：山药、苍术等份，饭丸，米饮服。（《濒湖经验方》）

治噤口痢：干山药一半炒黄色，半生用，研为细末，米饮调下。（《百一选方》）

治痰气喘急：山药捣烂半碗，入甘蔗汁半碗，和匀，顿热饮之。（《简便单方》）

治肿毒：山药、蓖麻子、糯米为一处，水浸研为泥，敷肿处。（《普济方》）

治乳癖结块及诸痛日久，坚硬不溃：鲜山药和芎藭、白糖霜共捣烂涂患处。涂上后奇痒不可忍，忍之良久渐止。（《本经逢原》）

治冻疮：山药少许，于新瓦上磨为泥，涂疮口上。（《儒门事亲》）

治病后耳聋：薯蓣果 30g，猪耳朵 1 只。炖汤，捏住鼻孔徐徐吞服。（《江西草药》）

治皮肤湿疹、丹毒：山药藤 90～120g，煎汤熏洗。或鲜草捣烂外敷。（《上海常用中草药》）

无比山药丸：补肝益肾，强筋壮腰。主治脾肾亏虚所致腰腿无力，梦遗滑精，遗尿，耳鸣，目暗，盗汗等。（《太平惠民和剂局方》）

一品山药：生山药 500g，面粉 150g，核桃仁、什锦果脯、蜂蜜各适量，白糖 100g，猪油、荚粉少许。将生山药洗净，蒸熟，去皮，放小搪瓷盆中加入面粉，揉成面团，再放在盘中按成饼状，上置核桃仁、什锦果脯适量，移蒸锅上蒸 20 分钟。出锅后在圆饼上浇一层蜜糖（蜂蜜 1 汤匙、白糖 100g、猪油和荚粉少许，加热即成）。每日 1 次，每次适量，当早点或夜宵吃。补肾滋阴。适用于消渴、尿频、遗精。（《药膳食谱集锦》）

小米怀山药粥：怀山药 45g（鲜者约 100g），小米 50g，白糖适量。将山药洗净捣碎或切片，与小米同煮为粥，熟后加白糖适量调匀。健脾止泄，消食导滞。适用于小儿脾胃素虚、消化不良、不思乳食、大便稀溏等。（《民间方》）

山药炖猪肚：将猪肚煮熟，再入山药同炖至烂。滋养肺肾。适用于消渴多尿。（《民间方》）

山药茯苓包子：山药粉 100g，茯苓粉 100g，面粉 200g，白糖 300g，猪油、青丝、红丝适量。将山药粉、茯苓粉置大碗中，加冷水适量浸成糊状，移火上蒸 30 分钟，取出调面粉和好，发酵调碱制成软面，再以白糖、猪油、青红丝（或果脯）作馅，包成包子，蒸熟。益脾，补心，涩精。适用于食少纳呆、消渴、遗尿、遗精、早泄。（《儒门事亲》）

山药天花粉汤：山药、天花粉各 30g，同煎汤。每日分 2 次服完。补脾胃，生血。适用于再生障碍性贫血。（《民间方》）

五、百合科

多年生草本。地下具鳞茎或根状茎，叶基生或茎生，茎生叶常互生，少有对生或轮生。花单生或聚集成各式各样的花序，花常两性，花被片 6 枚，花瓣状，两轮，离生或合生。蒴果或浆果。科中既有名花，又有良药，还可以食用，蔬菜如葱、蒜、韭、黄花菜、百合等。

1. 洋葱 *Allium cepa* L.

百合科（Liliaceae）葱属多年生草本。

洋葱的营养成分十分丰富，不仅富含钾、硒、维生素C等营养素，更有两种特殊的营养物质——槲皮素和前列腺素A，更是迄今为止唯一一种含有前列腺素A的蔬菜，被誉为"菜中皇后"。

洋葱，是人类最早栽培的芳香蔬菜之一，考古学家在距今7000多年的化石里曾发现它的痕迹，堪称蔬菜中的"元老"。洋葱原产于亚洲中西部，由欧洲向世界传播，16世纪，传入北美洲，17世纪传到日本命名为"洋葱"，后引入中国成为通用名。我国栽培历史悠久，西汉时，张骞出使西域带回的物种中就有洋葱，当时称"胡葱"。清朝康熙年间吴震方所著《岭南杂记》记载了洋葱由欧洲传入广东、澳门一带的情况："洋葱，形似独颗蒜，而无肉，剥之如葱。澳门白鬼饷客，缕切如丝，珑玱满盘，味极甘辛。今携归二颗种之，发生如常葱，至冬而萎。"

【入药部位及性味功效】

洋葱，又称玉葱、浑提葱、洋葱头，为植物洋葱的鳞茎。当下部第1～2片叶枯黄，鳞茎停止膨大进入休眠阶段，鳞茎外层鳞片变干时便可采收，葱头挖出后，在田间晾晒3～4天，当叶片晒至7～8成干时，编成辫子贮藏。味辛、甘，性温。健胃理气，解毒杀虫，降血脂。主治食少腹胀，创伤，溃疡，滴虫性阴道炎，高脂血症。

【经方验方应用】

治滴虫性阴道炎：鲜洋葱、鲜芹菜各等份。捣烂取汁，加醋适量，临睡前用带绒棉球蘸药汁塞阴道，次晨取出，连续1周。（《福建药物志》）

2. 葱 *Allium fistulosum* L.

百合科葱属多年生草本。

葱作为日常膳食的调味品，各种菜肴必加香葱而调和，故有"和事草"的雅号。

葱，始载于《神农本草经》，列为中品，又名和事草、茐、菜伯、火葱、大葱。葱、茐，皆因其叶中空而得名。《本草纲目》："葱从囱，外直中空，有囱通之象也。茐者，草中有孔也，故字从孔，茐脉象之。葱初生曰葱叶，叶曰葱青，衣曰葱袍，茎曰葱白，叶中涕曰葱苒，诸物皆宜，故曰菜伯、和事。"

【入药部位及性味功效】

葱白，又称葱茎白、葱白头，为植物葱的鳞茎。夏、秋季采挖，除去须根、叶及外膜，鲜用。味辛，性温。归肺、胃经。发表，通阳，解毒，杀虫。主治感冒风寒，阴寒腹痛，二便不通，痢疾，疮痈肿痛，虫积腹痛。

葱汁，又称葱苒、葱涕、空亭液、葱涎、葱油，为植物葱的茎或全株捣取之汁。全年采茎或全株，捣汁，鲜用。味辛，性温。归肝经。散瘀止血，通窍，驱虫，解毒。主治衄血，尿血，头痛，耳聋，虫积，外伤出血，跌打损伤，疮痈肿痛。

葱须，又称葱根，为植物葱的须根。全年可采收，晒干。味辛，性平。归肺经。祛风散寒，解毒，散瘀。主治风寒头痛，喉疮，痔疮，冻伤。

葱叶，为植物葱的叶。全年可采收，晒干或鲜用。味辛，性温。归肺经。发汗解表，解毒散肿。主治感冒风寒，风水浮肿，疮痈肿痛，跌打损伤。

葱花，为植物葱的花。7～9月花开时采收，阴干。味辛，性温。散寒通阳。主治脘腹冷痛，胀满。

葱实，又称葱子，为植物葱的种子。夏、秋季采收果实，晒干，搓取种子，簸去杂质。味辛，性温。温肾，明目，解毒。主治肾虚阳毒，遗精，目眩，视物昏暗，疮痈。

临床上，葱白治疗感冒、荨麻疹、产后尿闭、蛲虫病、急性乳腺炎等。

【经方验方应用】

治胃痛、胃酸过多、消化不良：大葱头4个，赤糖120g。将葱头捣烂，混入赤糖，放在盘里用锅蒸熟。每日3次，每次9g。（内蒙古《中草药新医疗法资料选编》）

治痈疮肿痛：葱全株适量，捣烂，醋调炒热，敷患处。（江西《草药手册》）

治痔正发疼痛：葱和须，浓煎汤，置盆中坐浸之。（孟诜《必效方》）

治磕打损伤，头脑破骨及手足骨折或指头破裂，血流不止：葱白捣烂，焙热封裹损处。（《日用本草》）

治乳房胀痛、乳汁不通：葱白适量捣碎，加盐少许，用锅煎成饼，贴患处。（《全国中草药汇编》）

治鼻衄血：葱白一握，捣裂汁，投酒少许，抄三两滴入鼻内。（《胜金方》）

治冻伤：葱须、茄根各四两，煎水洗泡患处。（内蒙古《中草药新医疗法资料选编》）

3. 蒜 Allium sativum L.

百合科葱属多年生草本。

大蒜被誉为防癌的"卫士"、降脂的"良药"、解毒的"高手"，其中的大蒜素，是一种天然广谱抗菌素。

蒜又名青蒜、大蒜，以"葫"始载于《名医别录》。陶弘景云："今人谓葫为大蒜，蒜为小蒜，以其气类似也。"大蒜原产胡地，汉代引入我国内地，张华《博物志》云："张骞使西域，得大蒜。"《本草图经》云："每颗六七瓣，初种一瓣，当年便成独子葫。"《千金要方》谓葫"独子者最良。"故入药取独蒜、独头蒜。

【入药部位及性味功效】

大蒜，又称胡蒜、葫、独头蒜、独蒜，为植物蒜的鳞茎。在蒜薹采收后20～30天即可采挖蒜头。采收的蒜头，除去残茎及泥土，置通风处晾至外皮干燥。味辛，性温。归脾、胃、肺、大肠经。温中行滞，解毒，杀虫。主治脘腹冷痛，痢疾，泄泻，肺痨，百日咳，感冒，痈疖肿毒，肠痈，癣疮，蛇虫咬伤，钩虫病，蛲虫病，带下阴痒，疟疾，喉痹，水肿。

临床上，大蒜治疗细菌性痢疾、阿米巴痢疾、肺结核、百日咳、急性阑尾炎、流行性脑脊髓膜炎、真菌感染、头癣、沙眼、蛲虫病、滴虫性阴道炎、高脂血症等。

【经方验方应用】

治小儿百日咳：大蒜15g，红糖6g，生姜少许，水煎服，每日数次。（《贵州中医验

方》）

治感冒：蒜头、茶叶各 9g，开水泡服。（《福建药物志》）

治小儿白秃疮，凡头上团团然白色：以蒜揩白处。（《普济方》）

治脑漏鼻渊：大蒜切片，贴足心，取效止。（《摘玄方》）

4. 韭 Allium tuberosum Rottler ex Sprengle

百合科葱属多年生草本。

韭菜含有丰富的纤维素，其独特辛香味是其所含的硫化物形成的，这些硫化物有一定的杀菌消炎作用，还能帮助人体吸收维生素 B_1、维生素 A。中医也把韭菜称为"洗肠草"。

《说文解字》："韭，菜名。一种而久者，故谓之韭。象形，在一之上。一，地也。"象叶出地上之形。陈藏器："谓韭是草钟乳，言其温补也。"《齐民要术》："谚曰：韭者懒人菜，以其不须岁种也。"性能兴阳，故有起阳、壮阳之称。多根须，故称丰本。叶扁长，而称扁菜。

韭菜原名韭，本草记载始见于《名医别录》。《本草纲目》："叶丛生丰本，长叶青翠，可以根分，可以子种，其性内生，不得外长，叶高三寸便剪，剪忌日中，一岁不过五剪，收子者只可一剪。八月开花成丛，收取醃藏供馔，谓之长生韭，言剪而复生，久而不乏也。九月收子，其子黑色而扁，须风处阴干，勿令渑郁。北人至冬移根于土窖中，培以马屎，暖则即长，高可尺许，不见风日，其叶黄嫩，谓之韭黄，豪贵皆珍之。"又曰："韭之为菜，可生可熟，可菹可久，乃菜中最有益者。"

【入药部位及性味功效】

韭菜，又称丰本、草钟乳、起阳草、懒人菜、长生韭、壮阳草、扁菜，为植物韭的叶。第 1 刀韭菜叶收割比较早，4 叶心即可收割，经养根施肥后，当植株长到 5 片叶收割第 2 刀。根据需要也可连续收割 5～6 刀，鲜用。味辛，性温。归肝、胃、肾、肺经。补肾，温中，行气，散瘀，解毒。主治肾虚阳痿，里寒腹痛，噎膈反胃，胸痹疼痛，衄血，吐血，尿血，痢疾，痔疮，痈疮肿毒，漆疮，跌打损伤。

韭根，又称韭菜根，为植物韭的根。全年均可采，洗净，鲜用或晒干。味辛，性温。温中，行气，散瘀，解毒。主治里寒腹痛，食积腹胀，胸痹疼痛，赤白带下，衄血，吐血，漆疮，疮癣，跌打损伤。

韭子，又称韭菜子、韭菜仁，为植物韭的种子。韭抽薹开花后，约经 30 天种子陆续成熟，种壳变黑，种子变硬时，用剪刀剪下花茎，分期分批进行，剪下花茎扎成小把，挂在通风处，或放在席上晾晒，待种子能脱粒时再行脱粒，晒干。味辛、甘，性温。归肝、肾经。补益肝肾，壮阳固精。主治肾虚阳痿，腰膝酸软，遗精，尿频，尿浊，带下清稀。

【经方验方应用】

治急性乳腺炎：鲜韭菜 60～90g，捣烂敷患处。（《福建药物志》）

治漆疮：鲜韭菜叶和盐少许，揉软搓擦患处。（《福建药物志》）

治疥疮：用韭菜煎汤洗之佳。捣如泥敷之亦可。（《普济方》）

治翻胃：韭菜汁二两，牛乳一盏。上用生姜汁半两，和匀。温服。（《丹溪心法》）

治喉卒肿不下食：韭一把，捣熬薄之，冷则易。（《千金方》）

治过敏性紫癜：鲜韭菜 500g，洗净，捣烂绞汁，加健康儿童尿 50mL。日 1 剂，分 2 次服。（《福建省中草药新医疗法资料选编》）

治荨麻疹：韭菜、甘草各 15g，煎服，或用韭菜炒食。（苏医《中草药手册》）

治痔疮：韭菜不以多少，先烧热汤，以盆盛汤在内，盆上用器具盖之，留一窍，却以韭菜于汤内泡之，以谷道坐窍上，令气蒸熏，候温，用韭菜轻轻洗疮数次。（《袖珍方》）

治产后血晕：韭菜（切）入瓶内，注热醋，以瓶口对鼻。（《妇人良方》）

治聤耳出汁：韭汁日滴三次。（《圣惠方》）

治百虫入耳不出：捣韭汁，灌耳中。（《千金方》）

治气喘：用韭菜绞汁，饮一杯立愈。（《简便单方》）

治中风失音：用韭菜汁罐之。（《寿世保元》）

治漆疮作痒：韭叶杵敷。（《斗门方》）

治虚劳尿精：韭子二升，稻米三升。上二味，以水一斗七升煮如粥。取汁六升，为三服。（《千金方》）

治神经衰弱：韭菜子、丹参各 9g，茯神、何首乌各 12g，五味子 6g，煎服。（《安徽中草药》）

治蛔虫腹痛：韭菜根 60g，鸡蛋 1 个。加醋少许，煨水服。（《贵州草药》）

治赤白带下：韭根捣汁，和童尿露一夜，空心温服。（《海上仙方》）

治诸痛：韭菜根捣烂，醋拌炒。绢包熨痛处。（《古今医鉴》）

5. 黄花菜 Hemerocallis citrina Baroni

百合科萱草属多年生草本。

黄花菜是为数不多的能抗衰老而又味道鲜美、营养丰富的蔬菜，因其含有丰富的卵磷脂，又被称为"健脑菜"。鲜花中含有秋水仙碱易使人中毒，故应经高温处理或长时间干制，以免中毒。

黄花草又名黄金萱、柠檬萱草、黄花萱草。《本草纲目》引晋代嵇含所著《宜男花序》中云："荆楚之土号为鹿葱，可以荐菹。尤可凭据。今东人采其花跗干而货之，名曰黄花菜。"

萱草又名谖草、宜男、鹿葱、忘忧草、丹棘、鹿剑、漏芦、芦葱、疗愁、黄花菜、黄花草。《本草纲目》："萱本作谖，谖，忘也，《诗经》云：'焉得谖草，言树之背'，谓忧思不能自遣，故欲树此草，玩味以忘忧也。吴人谓之疗愁。董子云：欲忘人之忧，则赠之丹棘，一名忘忧故也。其苗烹食，气味如葱，而鹿食九种解毒之草，萱乃其一，故又名鹿葱。周处《风土记》云：怀妊妇人佩其花，则生男。故名宜男。李九华《延寿书》云：嫩苗为蔬，食之动风，令人昏然如醉，因名忘忧。此亦一说也。"

【入药部位及性味功效】

金针菜，又称萱草花、川草花、宜男花、鹿葱花、萱萼，为植物黄花菜、萱草 [*Hemerocallis fulva* （L.）L.]、北黄花菜（*H. lilioasphodelus* L.）、小黄花菜（*H. minor* Mill.）的花蕾。5～8 月花将要开放时采收，蒸后晒干。味甘，性凉。清热利湿，宽胸解郁，凉血解毒。主治小便短赤，黄疸，胸闷心烦，少寐，痔疮便血，疮痈。

萱草根，又称漏芦果、漏芦根果、黄花菜根、天鹅孵蛋、绿葱兜、水大蒜、皮蒜、地冬、玉葱花根、竹叶麦冬、多儿母、红孩儿、爬地龙、绿葱根、镇心丹、昆明漏芦，为植物黄花菜、萱草、北黄花菜、小黄花菜的根。夏、秋采挖，除去残茎、须根，洗净泥土，晒干。味甘，性凉，有毒。归脾、肝、膀胱经。清热利湿，凉血止血，解毒消肿。主治黄疸，水肿，淋浊，带下，衄血，便血，崩漏，乳痈，乳汁不通。

萱草嫩苗，为植物黄花菜、萱草、北黄花菜、小黄花菜的嫩苗。春季采收，鲜用。味甘，性凉。清热利湿。主治胸膈烦热，黄疸，小便短赤。

【经方验方应用】

治痔疮出血：黄花菜30g，红糖适量。煮熟，早饭前1小时服，连服3~4天。（《福建药物志》）

治心痛诸药不效：萱草根一寸，磨醋一杯，温服止。（《医统大全》）

治男妇腰痛：漏芦根果十五个，猪腰子一个。水煎服三次。（《滇南本草》）

第七章
动物类食用农产品资源

第一节　水产类动物

一、长臂虾科

长臂虾科是长臂虾总科中种类最多，分布最广，十分常见的科，呈世界性分布，海洋、淡水均有。

日本沼虾（河虾）　*Macrobrachium nipponense*

长臂虾科（Palaemonidae）动物。

优质的淡水虾类。肉质细嫩，味道鲜美，营养丰富，是高蛋白低脂肪的水产食品，含有丰富的镁元素和虾青素。

日本沼虾又名青虾、河虾。《本草纲目》："鰕音霞，俗作虾，入汤则红色如霞也。"

虾，始载于《名医别录》。李时珍云："虾，江湖出者大而色白，溪池出者小而色青，皆磔须钺鼻，背有断节，尾有硬鳞，多足而好跃，其肠属脑，其子在腹外。凡有数种，米虾、糠虾，以精粗名也；青虾、白虾，以色名也；梅虾，以梅雨时有也；泥虾、海虾，以出产地名也。"《本草纲目拾遗》云："虾生淡水者色青，生咸水者色白，溪涧中出者壳厚气腥，湖泽池沼中者壳薄肉满，气不腥，味佳。海中者色白肉粗，味殊劣。入药以湖泽中者为第一。"古代所用虾系指多种淡水虾而言，现今药用的淡水虾以青虾为主。

【入药部位及性味功效】

虾，为动物日本沼虾等的全体或肉。每年5月和11月分两批捕捞。捕捉方式可用干塘法或网捕法。捕得后，鲜用或焙干入药。味甘，性微温。归肝、胃、肾经。补肾壮阳，通乳，托毒。主治肾虚阳痿，产妇乳少，麻疹透发不畅，阴疽，恶核，丹毒，臁疮。

【经方验方应用】

治阳痿：①鲜活河虾 60g，清水中漂洗净，滚热黄酒半杯，将虾烫死后吃虾、喝酒，每日 1 次，连吃 7 天为 1 个疗程。②鲜活河虾、韭菜适量，略加油、盐炒熟吃。（《食物中药与便方》）

治无乳及乳病：鲜虾米一斤，取净肉捣烂，黄酒热服，少时乳至，再用猪蹄汤饮之，一日几次，其乳如泉。（《本草纲目拾遗》虾米酒）

治小儿麻疹、水痘：活虾煮汤服。能促其早透早回，经过顺利，并可减少并发症。（《食物中药与便方》）

二、鲤科

鲤科鱼类是鲤形目中分布最广、种类也最多的一群，都是淡水鱼类，分布在底栖或水中层，为卵生，杂食、草食或肉食鱼类。

1. 鲫鱼 Carassius auratus (Linnaeus)

鲤科（Cyprinidae）鲫属杂食性淡水鱼。

我国最常见的淡水鱼类之一，肉质细嫩鲜美。"鲫"谐音"吉"，民间在喜庆时，往往喜采用鲫鱼做菜肴，冀望诸事吉祥；有的人家给孕妇、产妇进食鲫鱼菜肴，同样也是征兆吉利。所以，鲫鱼又有"喜头鱼"之称。

鲫鱼虽好，却不是所有人都可以吃，如痛风患者、部分肝肾病患者、出血性疾病患者等不宜食用。

鲫，《广雅》作鲫，《说文解字》作鲋。鲋本于束声。《广雅疏证》云："（鲫）之言莱也。《方言》云：莱，小也……今鲫鱼形似小鲤，色黑而体促，腹大而脊高，所在有之……"故，因小而称鲫，因脊高而称鲋，字变为鲫。

鲫鱼入药始载于《新修本草》。《蜀本草》云："鲫鱼，形亦似鲤，色黑而体促，肚大而脊隆。所在池泽皆有之。"《本草图经》云："鲫鱼，亦有大者至重二三斤，性温无毒，诸鱼中最可食。"《食疗本草》："凡鱼生子，皆粘在草上及土中。寒冬月水过后，亦不腐坏。每到五月三伏时，雨中便化为鱼。"

【入药部位及性味功效】

鲫鱼，又称鲋、鲫瓜子，为动物鲫鱼的肉。四季均可捕捞，捕后，除去鳞、鳃及内脏，洗净，鲜用。味甘，性平。归脾、胃、大肠经。健脾和胃，利水消肿，通血脉。主治脾胃虚弱，纳少反胃，产后乳汁不行，痢疾，便血，水肿，痈肿，瘰疬，牙疳。

鲫鱼骨，为动物鲫鱼的骨骼。收集鲫鱼之骨，洗净，晾干或烘干。杀虫，敛疮。主治疮肿。

鲫鱼头，为动物鲫鱼的头。四季均可捕捞，切取鱼头，洗净，鲜用或烘干。味甘，性温。归肺、大肠经。止咳，止痢，敛疮。主治咳嗽，痢疾，小儿口疮，黄水疮。

鲫鱼脑，为动物鲫鱼的脑。杀鲫鱼时，剖开鱼头，取出脑髓，鲜用。主治耳聋。

鲫鱼子，为动物鲫鱼的卵子。收集雌鱼的卵子，漂净，鲜用。味甘，性平。归肝经。调中，补肝，明目。主治目中障翳。

鲫鱼胆，为动物鲫鱼的胆囊。捕捞后，剖腹，取出胆囊，洗净，鲜用。味苦，性寒，有毒。归肺、肝经。清热明目，杀虫，敛疮。主治消渴，沙眼，疳疮，阴蚀疮。

【经方验方应用】

治卒病水肿：鲫鱼三尾。去肠留鳞，以商陆、赤小豆等份，填满扎定，水三升，煮糜去鱼，食豆饮汁，二日一作，小便利愈。（《肘后方》）

下乳汁：①鲫鱼长七寸，猪脂半斤，漏芦八两，石钟乳八两。上四味，切猪脂，鱼不须洗治，清酒一斗二升合煮，鱼熟药成，绞去滓，适寒温分五服饮，其间相去须臾一饮，令药力相及。（《千金方》）②鲫鱼500g，去鳞和内脏，加黄豆芽或通草适量，一同煮熟，连汤带肉吃下。（《常见药用动物》）

治产后臂痛抽筋：活鲫鱼（250g重）1条。将鱼切成2寸长小块，不去鳞肠，用香油炸焦。服后饮热黄酒120g，取微汗。（《吉林中草药》）

治小儿的喘：活鲫鱼七个。以器盛，令儿自便尿养之，待红，煨熟食。一女年十岁，用此永不发也。（《濒湖集简方》）

治小儿头不生发：鲫鱼烧灰，末，以酱汁和敷之。（《千金方》）

治痢疾：鲫鱼头烧存性研末，每次5g，每日3次。（《中国动物药》）

治面疮出黄水：以鲫鱼头烧灰研末，和酱清汁敷上，一日易。（《小儿卫生总微论方》）

治产后阴肿、下脱肠出、玉户不闭：鲫鱼头焙干，为末。半服半搽即收上。（《卫生易简方》）

治耳聋：鲫鱼脑一合，以竹筒子盛蒸之，冷灌耳中。（《直指方》）

治泪眼：鲫鱼胆七个，人乳一盏，和匀，饭锅上蒸一两次。点眼，其泪自收。（《串雅内编》）

治阴生疮：用鲫鱼胆搽。（《卫生易简方》）

2. 草鱼 *Ctenopharyngodon idella*

鲤科草鱼属草食性淡水鱼。

草鱼吃草的效率很高，古代的广东人不光是养草鱼吃，还用草鱼顺便来开荒除草肥田种水稻，被称为"拓荒者"；因其食量大、吃食杂，并且抢食很凶，尚有"强盗草鱼"外号。

《本草纲目》云："鲩又音混，郭璞作鮌。其性舒缓，故曰鲩，曰鰀。俗名草鱼，因其食草也。"《通雅》谓"江北呼为混鱼。""混"亦鮌之声转。

鲩鱼药用始载于《本草拾遗》，云："鲩鱼，似鲤，生江湖间。"《本草纲目》谓之"其形长身圆，肉厚而松，状类青鱼，有青鲩、白鲩二色，白者味胜。"

【入药部位及性味功效】

鲩鱼，又称鮌鱼、鰀鱼、混鱼、草鲩、草青、草根、混子，为动物草鱼的肉。每年除生殖季节外，均可捕捞，捕得后，除去鳞片、鳃、内脏，洗净，鲜用。味甘，性温。归脾、胃经。平肝祛风，温中和胃。主治虚劳，肝风头痛，久疟，食后饱胀，呕吐泄泻。

鲩鱼胆，为动物草鱼的胆囊。捕得后，剖腹，取出胆囊，洗净，鲜用。味苦，性寒，有毒。清热利咽明目，祛痰止咳。主治咽喉肿痛，目赤肿痛，咳嗽痰多。

【经方验方应用】

治消化不良：草鱼肉适量，麦芽 10g，山楂 30g，陈皮 10g。水煎服，每日 2 次。(《中国动物药》)

治小儿咽喉痹肿、乳食难下：鲩鱼胆二枚，灶底土一分（研）。相和，调涂咽喉上，干即易之。(《圣惠方》鲩鱼胆膏)

治暴聋：草鱼胆 1 个，加冰片少许，滴入耳中。(《中国动物药》)

3. 鲤鱼 *Cyprinus carpio* L.

鲤科鲤属杂食性淡水鱼。

鲤鱼有"食品上味"的称号，属于底栖杂食性鱼类，荤素兼食；又是低等变温动物，体温随水温变化而变化。

"鲤""利"谐音，"鱼""余"音同，而"利"意所含与"余"意所指又是农耕民族的理想所在，所以鲤鱼作为重要的民俗标志物一直活跃在民俗生活中。

《本草纲目》云："鲤鳞有十字文理，故名鲤。"其体侧下方金黄色，近赤，雄鱼尾鳍、臀鳍均赤色；也有体红色者，故有赤鲤鱼、赪鲤之名。赪即赤色也。《玉篇》名赤鲋，色赤而形似鲋也。唐代讳称鲤，号鲤鱼为赤鲋公。《酉阳杂俎》："国朝律，取得鲤鱼即宜放，仍不得吃，好赤鲋公，卖者杖六十，言鲤为李也。"

鲤鱼入药始载于《神农本草经》。《本草图经》云："今处处有之，即赤鲤鱼也，其脊中鳞一道，每鳞上皆有小黑点，从头数至尾无大小，皆三十六鳞。"又云："盖诸鱼中此为最佳，又能神变，故多贵之。今人食品中以为上味。其胆、肉、骨、齿皆入药，古今方书并用之。"《食疗本草》云："刺在肉中，中风水肿痛者，烧鲤鱼眼睛作灰，纳疮中，汁出即可。"

【入药部位及性味功效】

鲤鱼，又称赤鲤鱼、赪鲤、鲤拐子、鲤子，为动物鲤鱼的肉或全体。鲤鱼可用网捕、钓钩捕等。多为鲜鱼入药。味甘，性平。归脾、肾、胃、胆经。健脾和胃，利水下气，通乳，安胎。主治胃痛，泄泻，水湿肿满，小便不利，脚气，黄疸，咳嗽气逆，胎动不安，妊娠水肿，产后乳汁稀少。

鲤鱼鳞，为动物鲤的鳞片。将鲤鱼杀死后，洗净，刮取鳞片，晒干。散血，止血。主治血瘀吐血，衄血，崩漏，带下，产后瘀滞腹痛，痔瘘。

鲤鱼皮，为动物鲤鱼的皮。将鲤鱼杀死后，洗净，取皮，晾干。安胎，止血。主治胎动不安，胎漏，骨鲠。

鲤鱼血，为动物鲤鱼的血。剖杀鲤鱼时取血，鲜用。解毒消肿。主治小儿火丹，口唇肿痛，口眼㖞斜。

鲤鱼脑，为动物鲤鱼的脑髓。将鲤鱼杀死后，取出脑髓，鲜用。味甘，性平。归肝、肾经。明目，聪耳，定痫。主治青盲，暴聋，久聋，诸痫。

鲤鱼目，又称鲤鱼眼睛，为动物鲤的眼睛。将鲤鱼杀死后，取出眼球，洗净，晾干。

主治刺疮，伤风、伤水作肿。

鲤鱼齿，为动物鲤的牙齿。杀残鲤鱼，取其齿，洗净，晾干。利水通淋。主治淋证，小便不通。

鲤鱼胆，为动物鲤的胆囊。将鲤鱼杀死后，取出胆囊，晾干或鲜用。味苦，性寒，有毒。归肝、心经。清热明目，退翳消肿，利咽。主治目赤肿痛，青盲障翳，咽痛喉痹。

鲤鱼肠，为动物鲤的肠子。将鲤鱼剖腹取肠，洗净，鲜用。解毒，敛疮。主治聤耳，痔瘘，肠痈。

鲤鱼脂，为动物鲤的脂肪。杀死鲤鱼后，取出脂肪，鲜用或炼油。定惊止痫。主治小儿惊痫。

临床上，鲤鱼治疗妊娠水肿。

【经方验方应用】

治胃痛、胸前胀痛、消化不良：鲤鱼 250g，胡椒 1.5g，生姜 3 片，鸡内金 9g，荸荠 63g。共炖汤服。（《山东药用动物》）

治慢性肾炎：鲜大鲤鱼一条 500g，去鳞及内脏，醋 30g，茶叶 6g。共放入锅内加水炖熟，空腹吃（1 次吃不完，可分 2 次）。（《全国中草药汇编》）

治产后乳汁不足：鲤鱼 200g，木瓜 250g，煎汤吃。（《常见药用动物》）

治妇女月经不调、腰痛、心慌头昏：鲜鲤鱼 250g，当归 15g，赤小豆 50g，生姜少许，米酒适量。共煎汤服之。（《常见药用动物》）

治产后腹痛：赤鲤鱼烧灰，酒调服之。（《普济方》）

治凡肿毒已溃未溃：鲤鱼烧灰，醋调涂。以瘥为度。（《卫生易简方》）

治产伤尿脬，茶水入口即尿：大鲤鱼一尾只取鳞，用油炸，令酥脆，加盐、醋、姜、葱拌匀，蒸食之。（《疑难急症简方》）

治诸鱼骨鲠在喉中：鲤鱼皮鳞不拘多少，烧灰研细。每服二钱匕，新汲水调下，未出更服。（《圣济总录》鱼鳞散）

治口眼歪斜：鲤鱼血、白糖各等份，搅匀后涂之，向左歪涂右，向右歪涂左。（《吉林中草药》）

治耳聋有脓，不瘥，有虫：捣桂和鲤鱼脑，（棉裹）纳耳中，不过三四度。（《千金方》）

治卒淋：鲤鱼齿烧灰，酒服方寸匕。（《养生必用方》）

治小便不通：鲤鱼齿烧灰，末，酒服方寸匕，日三。（《千金方》）

治慢性中耳炎：将耳内浓汁擦净，然后将鲜鲤鱼胆汁滴入耳中，用棉填塞耳孔，每日 1 次。（《全国中草药汇编》）

治阴痿：雄鸡肝一具，鲤鱼胆四枚。上二味，阴干百日，末之，雀卵和，吞小豆大一丸。（《千金方》）

治男子茎肿：用鲤鱼胆敷。（《调燮类编》）

4. 鲢鱼 *Hypophthalmichthys molitrix*

鲤科鲢属滤食性淡水鱼。

肉质鲜嫩，富含胶原蛋白，较宜养殖。终生以浮游生物为食，能清除水中大量的藻类物质，有"藻类克星"之称。

《本草纲目》云："酒之美者曰酎，鱼之美者曰鲢。陆佃云：好群行相与也，故曰鲢，相连也，故曰鲢。传云'鱼属连行'是矣。"又《通雅》谓鲢为鲢与鳙的总名。白鲢、白鲢，均言其色也，扁鱼则言其形也。

鲢鱼入药始载于《本草纲目》，又名鲢鱼，曰："鲢鱼，处处有之。状如鳙，而头小形扁，细鳞肥腹。其色最白。失水易死，盖弱鱼也。"

【入药部位及性味功效】

鲢鱼，又称鲢、鲢鱼、白鲢、白脚鲢、鲢子、白鲢、洋胖子、白叶，为动物鲢鱼的肉。四季均可捕捞，捕得后，除去鳞片及内脏，洗净，鲜用。味甘，性温。归脾、胃经。温中益气，利水。主治久病体虚，水肿。

5. 鳙鱼（胖头鱼） *Hypophthalmichthys nobilis*

鲤科鳙属温水性、浮游生物食性淡水鱼。

鳙鱼有着"水中清道夫"的美誉，头大而肥、肉质雪白细嫩，属于高蛋白、低脂肪、低胆固醇的鱼类。

《本草纲目》引《山海经》："鳙鱼似鲤，大首。"认为鳙鱼即是鳙鱼，谓此鱼是"鱼中之下品，盖鱼之庸常以供馐食者，故曰鳙曰鳙。"鳙，出自《汉书·司马相如传》，郭璞注："鳙似鲢而黑。"《史记·司马相如传》中正文及注，鳙均作鳙。今按鳙鱼似鲢、大头，身灰黑并有黑斑，故又有皂鲢、黑鲢、包头、胖头诸名。

鳙鱼之名始载于《本草拾遗》。《本草纲目》云："鳙鱼，处处江湖有之，状似鲢而色黑，其头最大，有至四五十斤者。味亚于鲢。鲢之美在腹，鳙之美在头。或以鲢、鳙为一物，误矣。首之大小，色之黑白，不大相侔。"

【入药部位及性味功效】

鳙鱼，又称鳙鱼、鳙、鳙鱼、皂包头、皂鲢、黑包头鱼、鳙头鲢、包头鱼、胖头鱼、黑鲢，为动物鳙鱼的全体。四季均可捕捞，捕后，除去鳞片及内脏，鲜用。味甘，性温。归脾、胃经。温中健脾，壮筋骨。主治脾胃虚弱，消化不良，肢体肿胀，腰膝酸痛，步履无力。

鳙鱼头，为动物鳙鱼的头。四季均可捕捞，捕捞后，取其头部，除去鳃，洗净，鲜用。味甘，性温。补虚，散寒。主治头晕，风寒头痛。

【经方验方应用】

治脾虚水肿：鳙鱼肉适量，猪苓 5g，白术 15g，煎煮，食肉饮汁。（《中国动物药》）

治风寒头痛：川芎 6g，白芷 9g，生姜 3 片，鳙鱼头 1 个。用水 3 碗，煎成 1 碗，加酒 1 杯，温服。（《中国有毒鱼类和药用鱼类》）

治妇女头晕：鱼头 1 个，生葱 6 条，米酒 30g，水 1 碗。先将鱼头煎香，加酒、水、葱煮沸，同盐调味吃。（《中国有毒鱼类和药用鱼类》）

第二节　畜禽类动物

一、雉科

雉科为鸡形目最大科，头顶常具羽冠或肉冠。体结实，喙短，呈圆锥形，适于啄食植物种子；翼短圆，不善飞；脚强健，具锐爪，善于行走和掘地寻食。

家鸡 *Gallus gallus domesticus* Brisson

雉科（Phasianidae）动物、家禽。

由原鸡长期驯化而来，保持鸟类某些生物学特性，如可飞翔，习惯于四处觅食，不停地活动；听觉灵敏，白天视觉敏锐，具有神经质的特点，食性广泛，借助吃进砂粒石砾以磨碎食物。

家鸡又名烛夜，始载于《神农本草经》，原名丹雄鸡。鸡，古字象形。《说文解字诂林》引《殷墟文字》云："卜辞中诸鸡字，皆象形，高冠修尾，一见可别于他禽。"徐锴《说文解字系传》则"以为鸡稽也，能考时也。"烛夜，谓其能守夜伺晨，故称。《本草纲目》："肶胵，鸡肫也。"近人讳之，呼肫内黄皮为鸡内金。《本草图经》云："鸡之类最多，丹雄鸡、白雄鸡、乌雄雌鸡，头、血、冠、肠、肝、胆、肶胵里黄、脂肪、羽翮、肋骨、卵黄、屎白等并入药。"鸡经过长期饲养杂交后，形成许多品种，虽体形大小、毛色不一，均称家鸡，入药部分基本相同。

乌骨鸡为家鸡的一种，在《滇南本草》中已有使用记载。《本草纲目》云："乌骨鸡，有白毛乌骨者，黑毛乌骨者，斑毛乌骨者，有骨、肉俱乌者，肉白骨乌者，但观鸡舌黑者，则骨肉俱乌，入药更良。"

【入药部位及性味功效】

鸡肉，为动物家鸡的肉。宰杀后除去羽毛及内脏，取肉鲜用。味甘，性温。归脾、胃经。温中，益气，补精，填髓。主治虚劳羸瘦，病后体虚，食少纳呆，反胃，腹泻下痢，消渴，水肿，小便频数，崩漏带下，产后乳少。

鸡血，为动物家鸡的血液。宰鸡时收集血液，鲜用。味咸，性平。归肝、心经。祛风，活血，通络，解毒。主小儿惊风，口面㖞斜，目赤流泪，木舌舌胀，中恶腹痛，痿痹，跌打骨折，痘疮不起，妇女下血不止，痈疽疮癣，毒虫咬伤。

鸡头，为动物家鸡的头部。宰杀时，取头部去毛洗净，烘干备用。味甘，性温。归肝、肾经。补肝肾，宣阳通络。主治小儿痘浆不起，时疹疮毒，蛊毒。

鸡嗉，又称鸡喉咙，为动物家鸡的嗉囊。宰鸡时取下嗉囊，洗净，鲜用或烘干。调气，解毒。主治噎膈，小便失禁，发背肿毒。

鸡脑，为动物家鸡的脑髓。宰杀时，除净头部羽毛，取脑髓鲜用或烘干备用。止痉息风。主治惊痫，夜啼，妇人难产。

雄鸡口涎，为动物家鸡雄者的口涎。将生姜少许塞入雄鸡口中倒提，即有口涎流出，收集鲜用。解虫毒。主治蜈蚣咬伤，蝎螫伤。（据《泉州本草》记载，母鸡涎亦治蜈蚣咬伤。）

鸡内金，又称鸡肫胫里黄皮、鸡肫胫、鸡肫内黄皮、鸡肫皮、鸡黄皮、鸡食皮、鸡合子、鸡中金、化石胆、化骨胆，为动物家鸡的砂囊内膜。全年均可采收，将鸡杀死后，立即取出砂囊，剥下内膜，洗净，晒干。味甘，性平。归脾、胃、肾、膀胱经。健脾消食，涩精止遗，消癥化石。主治消化不良，饮食积滞，呕吐反胃，泄泻下痢，小儿疳积，遗精，遗尿，小便频数，泌尿系结石及胆结石，癥瘕经闭，喉痹乳蛾，牙疳口疮。

鸡肝，为动物家鸡的肝脏。宰鸡时剖腹取内脏，摘下肝脏，鲜用或烘干备用。味甘，性温。归肝、肾、脾经。补肝肾，明目，消疳，杀虫。主治肝虚目暗，目翳，夜盲，小儿疳积，妊娠胎漏，小儿遗尿，妇人阴蚀。

鸡胆，为动物家鸡的胆囊。宰鸡时剖腹取出内脏，摘下胆囊，烘干备用，或取胆汁鲜用。味苦，性寒。归肝经。清热解毒，祛痰止咳，明目。主治百日咳，慢性支气管炎，中耳炎，小儿细菌性痢疾，砂淋，目赤流泪，白内障，耳后湿疮，痔疮。

鸡肠，为动物家鸡的肠子。宰杀时剖腹取出肠子，洗净，鲜用或烘干。益肾，固精，止遗。主治遗尿，小便频数，失禁，遗精，白浊，痔漏，消渴。

鸡子，又称鸡卵、鸡蛋，为动物家鸡的卵。味甘，性平。归肺、脾、胃经。滋阴润燥，养血发胎。主治热病烦闷，燥咳声哑，目赤咽痛，胎动不安，产后口渴，小儿疳痢，疟疾，烫伤，皮炎，虚人羸弱。

鸡子白，又称鸡卵白、鸡子清、鸡蛋白，为动物家鸡的蛋清。敲碎蛋壳的一端，使蛋清流出，收集生用，或将蛋煮熟，取蛋白用。味甘，性凉。归肺、脾经。润肺利咽，清热解毒。主治伏热咽痛，失音，目赤，烦满咳逆，下痢，黄疸，疮痈肿毒，烧烫伤。

鸡子黄，又称鸡卵黄、鸡蛋黄，为动物家鸡的蛋黄。味甘，性平。归心、肾、脾经。滋阴润燥，养血息风。主治心烦不得眠，热病痉厥，虚劳吐血，呕逆，下痢，烫伤，热疮，肝炎，小儿消化不良。

鸡子黄油，又称蛋黄油、卵黄油，为动物家鸡的蛋黄油。将煮熟的鸡蛋，去蛋白留下蛋黄，置铜锅内以文火加热，待水分蒸发后再用大火，即熬出蛋黄油，过滤装瓶，高压灭菌备用。味甘，性平。归脾经。消肿解毒，敛疮生肌。主治烫火伤，中耳炎，湿疹，神经性皮炎，溃疡久不收口，疮痔疥癣，手足皲裂，外伤，诸虫疮毒。

鸡子壳，又称鸡卵壳、混沌池、凤凰蜕、混沌皮、鸡子蜕、鸡蛋壳，为动物家鸡的卵的硬外壳。食用鸡蛋时收集蛋壳，洗净，烘干。味淡，性平。归胃、肾经。收敛，制酸，壮骨，止血，明目。主治胃脘痛，反胃，吐酸，小儿佝偻病，各种出血，目生翳膜，疳疮痘毒。

凤凰衣，又称鸡卵中白皮、鸡子白皮、凤凰退、鸡蛋膜衣、鸡蛋衣，动物家鸡卵孵鸡后蛋壳内的卵膜。收集孵鸡后留下的蛋壳，取内方的卵膜备用。味甘、淡，性平。归脾、胃、肺经。养阴清肺，敛疮，消翳，接骨。主治久咳气喘，咽痛失音，淋巴结核，溃疡不敛，目生翳障，头目眩晕，创伤骨折。

鸡翻羽，又称鸡翅、鸡翮翎，为动物家鸡的翅羽。取鸡的两翅羽毛，洗净烘干。破瘀，消肿，祛风。主治血闭，痈疽，骨鲠，产后小便失禁，小儿遗尿，过敏性皮炎。

乌骨鸡，又称乌鸡、药鸡、武山鸡、羊毛鸡、绒毛鸡、松毛鸡、黑脚鸡、丛冠鸡、穿裤鸡、竹丝鸡，为动物乌骨鸡去羽毛及内脏的全体。宰杀后去羽毛及内脏，取肉及骨骼鲜用。亦可冻存、酒浸贮存，或烘干磨粉备用。味甘，性平。归肝、肾、肺经。补肝肾，益气血，退虚热。主治虚劳羸瘦，骨蒸劳热，消渴，遗精，滑精，久泻，久痢，崩中，带下。

临床上，鸡内金治疗婴幼儿腹泻、扁平疣等；鸡胆治疗慢性气管炎；鸡蛋治疗疟疾、急慢性肾炎、神经性皮炎、银屑病等；鸡蛋防治疟疾，治疗烧烫伤、流行性腮腺炎、急性颌下淋巴结炎（未溃）、痈疮初期（未溃）、宫颈糜烂等；蛋黄油治疗烧伤、慢性中耳炎、急慢性湿疹、小腿溃疡、小儿消化不良等；鸡蛋壳治疗小儿营养不良、佝偻病、手足搐弱症以及各种出血等；凤凰衣治疗慢性溃疡、角膜溃疡及鼻黏膜溃疡等；鸡毛治疗皮肤病；乌骨鸡治疗气虚、血虚、脾虚、肾虚等各种虚证。

【经方验方应用】

治肾虚耳聋：乌雌鸡一只，治净，以无灰酒三升，煮熟，趁热食三五只，效。（《本草纲目》）

治肺结核：行鸡（未生蛋的母鸡）肉120g，百部9g，淮山药12g，党参9g，甜杏仁15g，百合9g，共炖吃。（《广西药用动物》）

治中风口面㖞僻不正：雄鸡血煎热涂之，正则止。或新取之血，使涂之亦佳。涂患处一边为良。（《圣济总录》鸡血涂方）

治眼赤烂，开不得：取鸡冠血点目中，日三五度。（《圣惠方》）

治发背痈疽：雄鸡冠血滴疽上，血尽再换。（《保寿堂经验方》）

治对口毒疮：热鸡血频涂之，取散。（《坦仙皆效方》）

治燥癣作痒：雄鸡冠血频频涂之。（《范汪方》）

治妇女功能失调性子宫出血：取健康公鸡抽取鲜血20mL，立即趁热饮服，每日2次。（《食物中药与便方》）

治小儿惊痫：①以鸡脑烧灰，酒服之。②鸡子黄和乳汁，量儿大小服之。（《普济方》）

治蝎螫毒：鸡口沥出涎涂之瘥。（《古今医统》）

治食积腹满：鸡内金研末，乳服。（《本草求原》）

消导酒积：鸡内金、干葛（为末）等份。面糊丸，梧子大。每服五十丸，酒下。（《袖珍方》）

治小儿温疟：烧肫腔中黄皮，末，和乳与服。（《千金要方》）

治小儿疣目：鸡肫黄皮擦之自落。（《集要方》）

治夜盲症和眼目视物模糊：①鸡肝10个，苍术6g，以苍术煎水煮鸡肝食之，日服2次。②鸡肝2个，青葙子15g，鸡肝煮熟切片，青葙子炒熟研末，和匀吃。（《山东药用动物》）

治鸡盲、夜盲、小儿疳眼（角膜软化症）：每日取鲜鸡肝1~2个，沸水中烫20分钟，以食盐或酱油蘸食，连吃3~5天为1个疗程。（《食物中药与便方》）

治妇女阴痒（滴虫病）：鲜鸡肝切片，纳入阴户内。每日换2次。（《吉林中草药》）

治支气管哮喘：鸡胆浸尿灰（草木灰泡健康人尿40天以上至蛋皮变蓝或青为度），每

日煮吃1个。（《广西民族药简编》）

治胃痉挛：新鲜大鸡蛋12个，打碎搅和，加冰糖500g，黄酒500g，一并熬成焦黄色。每次食前服1大匙，每日3次。（《食物中药与便方》）

治神经性皮炎：鲜鸡蛋3～5个，放入大口瓶中，泡入好浓醋，以浸没鸡蛋为度，密封。静置10～14天后，取出蛋打开，将蛋清蛋黄搅和，涂患处皮肤上，3～5分钟后，稍干再涂1次，每日2次。（《食物中药与便方》）

治汤火烧、浇，皮肉溃烂疼痛：鸡蛋清、好酒淋洗之。（《海上方》）

治中耳炎流脓：蛋黄油，加冰片少许，滴入耳内，每日滴3次左右。（《广西药用动物》）

治褥疮、慢性皮肤溃疡、慢性湿疹：鸡蛋1～2个，将鸡蛋黄放在锅内煎取蛋油。患处作常规消毒后，将蛋油涂在疮面，每日1～2次。（《广西药用动物》）

治骨结核、冻疮：蛋黄油涂患处。（《山东药用动物》）

治下肢溃烂、痔瘘瘘管：清洁患部后，涂以蛋黄油，可促使愈合。（《食物中药与便方》）

治心脏病脉搏间歇：蛋黄油，每日约1mL，分2次服。（《食物中药与便方》）

治胃酸过多，胃、十二指肠溃疡疼痛：鸡蛋壳焙燥研极细末，每次3g，饭前以温开水送服，每日2～3次。（《食物中药与便方》）

治失音：凤凰衣3g，桔梗6g，诃子6g，水煎服。（《内蒙古中草药》）

治少小睡中遗尿不自觉：赤鸡翅烧末，酒服三指撮，日三。（《肘后方》）

治食诸鱼骨鲠：白雄鸡左右翮大毛各一枚，烧灰。水服一刀圭。（《肘后方》）

二、鸭科

天鹅、雁和多种多样的鸭类都是鸭科的成员，外形和习性各异：有些食植物，有些则食鱼；有些只能漂浮在水面上，有些则擅长潜水；有些是飞行能力最强的鸟类之一，有些则不善于飞行；有些雌雄相差不大（如天鹅等），有些雌雄相差悬殊（如鸳鸯等）。

家鸭 Anas domesticus Linnaeus

鸭科（Anatidae）动物、家禽。

家鸭是由绿头鸭和斑嘴鸭驯化而来的；很多雌性家鸭的品种都不会孵蛋及养育幼鸭。鸭除了食用和取其鸭毛作羽绒外，少部分家鸭的鸭肝亦会用作鹅肝的替代品。

家鸭又名鹜、舒凫、家凫。《禽经》云："鸭鸣呷呷"，其名自呼。野鸭为凫，家鸭为鹜。鸭一般指家鸭。凫能高飞，而鸭舒缓不能飞，故曰舒凫。《尔雅义疏》云："谓之舒者，以其行步舒迟也。"

鸭肉入药始载于《名医别录》。陶弘景云："鹜即是鸭，鸭有家、有野。"《本草纲目》云："按《格物论》云：鸭雄者绿头文翅，雌者黄斑色，亦有纯黑、纯白者，又有白而乌骨者，药食更佳。鸭皆雄瘖雌鸣，重阳后乃肥腯，味美。清明后生卵，则内陷不满。昔有人食鸭肉成症，用秫米治之而愈。"

《本草纲目》云："鸭，水禽也，治水利小便，宜用青头雄鸭。""治虚劳热毒，宜用乌骨白鸭。"《本经逢原》:"鹜，温中补虚，扶阳利水，是其本性。男子阳气不振者，食之最宜，患水肿人用之最妥。黑嘴白尾者，治肠胃久虚。"《本草便读》:"鸭血功专解毒，但须热饮方解，亦古今相传之法耳。"《随息居饮食谱》:"鸭卵，纯阴性寒，难熟。滞气甚于鸡子，诸病皆不可食。惟腌透者，煮食可口，且能愈泻痢。"

【入药部位及性味功效】

白鸭肉，又称鹜肉，为动物家鸭的肉。四季均可宰杀，秋、冬季更适宜，除去羽毛及内脏，取肉鲜用。味甘，微咸，性平。归肺、脾、肾经。补益气阴，利水消肿。主治虚劳骨蒸，咳嗽，水肿。

鸭毛，又称鸭羽，为动物家鸭的羽毛。宰鸭时拔取羽毛，晒干。解热毒。主治粪窦毒，水火烫伤。

鸭血，为动物家鸭的血液。宰鸭时收集血液，鲜用。味咸，性凉。补血，解毒。主治劳伤吐血，贫血虚弱，药物中毒。

鸭肪，又称鹜肪、鸭脂，为动物家鸭的脂肪油。宰杀后剖腹取脂肪，熬油，放凉。味甘，性平。消瘰散结，利水消肿。主治瘰疬，水肿。

鸭头，为动物家鸭的头部。宰鸭时取下头部，鲜用。利水消肿。主治水肿尿涩，咽喉肿痛。

鸭涎，为动物家鸭的口涎。以生姜少许，塞入鸭口中，将其倒悬，即有口涎流出，收集鲜用。味淡，性平。主治异物哽喉，小儿阴囊被蚯蚓咬伤肿亮。

鸭肫衣，又称鸭肫脏、鸭肫内皮、鸭肫皮、鸭内金，为动物家鸭的砂囊角质内壁。宰鸭去内脏时，摘下砂囊（鸭肫），剖开，剥取内壁，晒干或烘干。味甘，性平。归脾、胃经。消食，化积。主治食积胀满，嗳腐吞酸，噎膈翻胃，诸骨哽喉。（其功效与鸡内金相似，有些地区作鸡内金代用品使用。）

鸭胆，为动物家鸭的胆囊。宰鸭去内脏时，摘下胆囊，取胆汁鲜用。味苦，性寒。清热解毒。主治目赤肿痛，痔疮。

鸭卵，又称鸭蛋、鸭子、鹜实、鹜元，为动物家鸭的卵。取鸭蛋鲜用，或加工成咸蛋、变蛋（皮蛋）。味甘，性凉。滋阴，清肺，平肝，止泻。主治胸膈结热，肝火头痛眩晕，喉痛，齿痛，咳嗽，泻痢。

【经方验方应用】

治慢性肾炎、浮肿：取 3 年以上绿头老鸭 1 只，去毛，剖腹去肠杂，填入大蒜头 4~5 球，煮至烂熟（不加盐或略加糖），吃鸭、蒜并喝汤，可隔若干日吃 1 只。（《食物中药与便方》）

治粪毒（农家烧粪于地，为烈日蒸晒，人跣足行其上，受其热毒，足趾肿痛，似溃非溃）：以鸭羽煎汤，合皂矾洗之。（《华佗神医秘传》）

治烧烫伤溃烂出水：大鸭毛适量，烧灰，加冰片少许，共研末，用香油调，涂患处。（《山东药用动物》）

治经来潮热，胃气不开，不思饮食：白鸭血，头上取之，酒调饮。（《秘传内府经验女科》）

治贫血虚弱：用 1 只鸭的血，加清水适量，食盐少许，隔水蒸熟，再和入好酒（最好

是首乌酒）1～2汤匙，稍蒸片刻后服食，每日1次，连服4～5次为1个疗程。（《中华食疗大全》）

治中风：白鸭血，1天约两杯，晚食前1小时饮用。（《动植物民间药》）

治中诸药毒已死者：取生鸭断头，以鸭项内病者口中，得血三两滴入喉中即苏也。（《太平御览》引《博物志》）

解百蛊毒：白鸭血，热饮之。（《本草纲目》引《广记》）

治高血压：每日吃皮蛋2～3个，不用咸味，淡吃，或用糖醋蘸食。（《食物中药与便方》）

治肠炎、腹泻：鸭蛋1～2个，酸醋250g，共煮熟，吃蛋和醋。（《广西药用动物》）

治颈淋巴结结核：鸭蛋2只，大蒜90g（去皮），同放锅内，加水适量同煮，待鸭蛋煮熟后，去壳再煮片刻。稍加调味后饮汤吃蛋和大蒜。本方肺结核患者亦可经常食用。（《中华食物疗法大全》）

三、猪科

猪科是旧大陆非反刍有蹄类的代表，由野猪和鹿豚组成。本科有5个属，仅1属（猪属）分布于中国。猪科最著名最成功的种类当属野猪或家猪，野猪和家猪为同一种，学名相同。

猪 Sus scrofa domesticus Brisson

猪科（Suidae）哺乳动物、家畜。

猪是一种杂食类哺乳动物，身体肥壮，四肢短小，鼻子口吻较长，性格温驯，适应力强，繁殖快，毛发较粗硬，有黑、白、酱红或黑白花等色。

猪又名豕、豨、豚、彘。豕，即猪。《说文解字》谓豕"象毛足而后有尾形。"段玉裁注云："豕，首画象其头，次象其四足，末象其尾。"《尔雅义疏》云："《说文解字》：'豕，彘也。竭其尾，故谓之豕。读与豨同'……又云：'彘，豕也。后蹄废谓之彘。'豨，豕走豨豨也……然则猪、彘声转，豕、彘、豨俱声近，故郭云皆通名亦。"

猪脑，《千金·食治》载其"损男子阳道，临房不能行事。"《随息居饮食谱》："多食损人，患筋软、阳痿。"

《本草经疏》云："猪肚为补脾胃之要品，脾胃得补，则中气益，利自止矣。"又云："猪胰盖是甘寒滑泽之物，甘寒则津液生，滑泽则垢腻去，故主如书述诸证也。男子多食损阳、薄大肠，其能专在去垢腻，可用以浣垢衣，俗名猪胰子。"

【入药部位及性味功效】

猪肉，为动物猪的肉。宰杀后，刮除猪毛，剖腹去骨脏，取肉鲜用或冷藏备用。味甘、咸，性微寒。归脾、胃、肾经。补肾滋阴，养血润燥，益气，消肿。主治肾虚羸瘦，血燥津枯，燥咳，消渴，便秘，虚肿。

猪骨，为动物猪的骨骼。宰杀后，除去毛及内脏，剔去肉，留取骨骼，洗净，晾干。味涩，性平。止渴，解毒，杀虫止痢。主治消渴，肺结核，下痢，疮癣。

猪胆，为动物猪的胆汁。宰杀后，剖腹取出胆囊，取胆汁鲜用或将胆囊挂起晾干，或在半干时稍稍压扁，再干燥之。味苦，性寒。归肝、胆、肺、大肠经。清热，润燥，解毒。主治热病燥渴，大便秘结，咳嗽，哮喘，目赤，目翳，泻痢，黄疸，喉痹，聤耳，痈疽疔疮，鼠瘘，湿疹，头癣。

猪毛，为动物猪的毛。宰杀后，刮下猪毛，洗净，晾干。味涩，性平。止血，敛疮。主治崩漏，烧烫伤。

猪肤，又称猪皮，为动物猪的皮肤。宰杀后，刮去猪毛，剥取皮肤，洗净，鲜用或冷藏。味甘，性凉。归肾经。清热养阴，利咽，止血。主治少阴客热下痢，咽痛，吐血，衄血，月经不调，崩漏。

猪髓，为动物猪的脊髓或骨髓。宰杀后，剔出骨骼，取下髓部。味甘，性寒。归肾经。益髓滋阴，生肌。主治骨蒸劳热，遗精带浊，消渴，疮疡。

猪血，为动物猪的血液。宰杀猪时，取流出的血液，鲜用。味咸，性平。归心、肝经。补血养心，息风镇惊，下气，止血。主治头风眩晕，癫痫惊风，中满腹胀，奔豚气逆，淋漏下血，宫颈糜烂。

猪脂膏，又称猪膏、猪脂、猪肪膏、猪脂肪，为动物猪的脂肪油。宰杀后，刮去猪毛，剖腹，取出脂肪，鲜用或熬炼成熟猪油。味甘，性微寒。滋液润燥，清热解毒。主治虚劳羸瘦，咳嗽，黄疸，便秘，皮肤皲裂，疮疡，烫火伤。

猪脑，为动物猪的脑髓。宰杀后，除去毛及内脏，剖开头颅，取出脑髓部分，鲜用或冷藏备用。味甘，性寒。补益脑髓，疏风，润泽生肌。主治头痛，眩晕，失眠，手足皲裂，痈肿，冻疮。

猪齿，又称猪牙，为动物猪的牙齿。宰杀后，取其齿，洗净晾干。味甘，性平。镇惊息风，解毒。主治小儿惊风，癫痫，痘疮，蛇咬伤，牛肉中毒。

猪舌，为动物猪的舌。宰杀后，割下猪舌，洗净鲜用。味甘、性平。归脾经。健脾益气。主治脾虚食少，四肢羸弱。

猪靥，又称猪气子，为动物猪的甲状腺体。宰杀后，刮去猪毛，取出甲状腺体，鲜用或烘干。味甘，性微温，有毒。散结消瘿。主治气瘿，气瘤。

猪心，为动物猪的心脏。宰杀后，剖腹取心，洗净鲜用或冷藏。味甘、咸，性平。归心经。养心安神，镇惊。主治惊悸怔忡，自汗，失眠，神志恍惚，癫、狂、痫。

猪肺，为动物猪的肺。宰杀后，取出肺，洗净，鲜用或冷藏。味甘，性平。归肺经。补肺止咳，止血。主治肺虚咳嗽，咯血。

猪肚，为动物猪的胃。宰杀后，剖开腹部，取出胃，洗净，鲜用或冷藏。味甘，性温。归脾、胃经。补虚损，健脾胃。主治虚劳羸瘦，劳瘵咳嗽，脾虚食少，消渴便数，泄泻，水肿脚气，妇人赤白带下，小儿疳积。

猪肠，又称猪脏，为动物猪的肠。宰杀后，剖腹取得，洗净，鲜用或冷藏备用。味甘，性微寒。归大、小肠经。清热，祛风，止血。主治肠风便血，血痢，痔漏，脱肛。

猪肝，为动物猪的肝脏。宰杀后，剖腹取肝，鲜用或冷藏。味甘、苦，性温。归脾、胃、肝经。养肝明目，补气健脾。主治肝虚目昏，夜盲，疳眼，脾胃虚弱，小儿疳积，脚气浮肿，水肿，久痢脱肛，带下。

猪脾，又称联贴、草鞋底、猪横利，为动物猪的脾脏。宰杀后，刮去猪毛，剖腹，取出脾脏部分，洗净，鲜用或烘干。味甘，性平。归脾、胃经。健脾胃，消积滞。主治脾胃虚热，脾积痞块。

猪胰，为动物猪的胰脏。宰杀后，剖腹，取出胰脏，洗净，鲜用或冷藏备用。味甘，性平。益肺止咳，健脾止痢，通乳润燥。主治肺痿咳嗽，肺胀喘急，咯血，脾虚下痢，乳汁不通，手足皲裂，不孕，糖尿病。

猪肾，又称猪腰子，为动物猪的肾脏。宰杀后，剖腹，取出肾脏，洗净，鲜用，或冷藏。味咸，性平。归肾经。补肾益阴，利水。主治肾虚耳聋，遗精盗汗，腰痛，产后虚羸，身面浮肿。

猪脬，又称猪尿胞、猪胞、猪小肚，为动物猪的膀胱。宰杀后，刮去猪毛，剖腹，取膀胱，洗净，鲜用或晾干。味甘、咸，性平。归膀胱经。止渴，缩尿，除湿。主治消渴，遗尿，疝气坠痛，阴囊湿疹，阴茎生疮。

豚卵，又称豚颠、猪石子、猪睾丸、猪外肾、猪隐睾，为动物猪的睾丸。将雄猪宰杀后，刮去猪毛，摘取睾丸，洗净。或阉割小猪时留下睾丸。味甘、咸，性温。归肾经。温肾散寒，镇惊定痫。主治哮喘，睾丸肿痛，疝气痛，阴茎痛，癃闭，惊痫。

猪乳，又称猪乳汁，为动物猪的乳汁。从哺乳母猪乳房中挤取。味甘、咸，性凉。补虚，清热，镇惊。主治小儿惊风，癫痫，虚羸发热。

猪蹄，又称猪四足，动物猪的蹄。宰杀后，刮去猪毛，剁下脚爪，洗净，鲜用。味甘、咸，性平。归胃经。补气血，润肌肤，通乳汁，托疮毒。主治虚伤羸瘦，产后乳少，面皱少华，痈疽疮毒。

猪蹄甲，又称猪悬蹄、猪悬蹄甲、猪蹄合子、猪爪甲、猪退，为动物猪的蹄甲。宰杀后，刮去猪毛，剁下蹄甲，洗净晾干。味咸，性微寒。归胃、大肠经。化痰定喘，解毒生肌。主治咳嗽喘息，肠痈，痔漏，疝气偏坠，白秃疮，冻疮。

火腿，又称熏蹄、兰熏、南腿，为动物猪的腿腌制而成。宰杀后，去毛，取腿，腌制。味甘、咸，性温。健脾开胃，滋肾益精，补气养血。主治虚劳，怔忡，虚痢，泄泻，腰脚软弱，漏疮。

临床上，猪胆治疗急性胃肠炎、细菌性痢疾，百日咳，传染性肝炎，单纯性消化不良、甲周炎、毛囊炎、溃疡等外科感染，妇产科各种手术及炎症感染，滴虫性阴道炎、宫颈炎，沙眼，慢性化脓性中耳炎，疖腮，淋巴结核，以及用作通便剂等；猪血治理宫颈糜烂；猪胰治疗慢性气管炎；猪血治疗宫颈糜烂。

【经方验方应用】

治头癣（包括黄癣、白癣）：猪胆1个取汁，雄黄9g。雄黄为末，以猪胆汁调成糊状，涂患处。（《内蒙古药用动物》）

治烫火伤：猪毛烧灰，麻油调涂。（《袖珍方》）

治头赤秃：猪毛烧灰，细研，以猪脂和敷之。（《圣惠方》）

治血友病，鼻衄、齿衄、紫癜：猪蹄1只，红枣10～15个，同煮至稀烂，每日1剂。（《山东药用动物》）

治失血性贫血、痔血、便血、妇女崩漏下血：猪皮62～93g，加水及黄酒少许，用文火久煮至稀烂，以红糖调服。（《山东药用动物》）

治小儿火丹：猪肉切片贴之。（《本草纲目》）

治肺结核：猪骨250g，鲜石油菜60g，加水600mL，煎到400mL。每日1剂，分2次服。（《广西药用动物》）

治渗出性胸膜炎：猪骨60g，水指甲30g，水煎服，每日1剂，分2次服。（《广西药用动物》）

治小儿单纯性消化不良：猪骨（煅），研末。每日服3次，开水冲服。1周岁内每次服1.5g，2周岁每次服3g，3周岁每次服4.5g，可类推。（《广西药用动物》）

催乳：猪骨150g，鲜红旱莲（湖南连翘）60g，每日1剂，水煎，分2次服。（《广西药用动物》）

治肺虚咳嗽：猪肺一具，切片，麻油炒熟，同粥食。（《证治要诀类方》）

治吐血：梨汁、藕汁、莱菔汁、人乳、童便各一碗，猪肺一个（不落水，入童便灌足）。和煎至汁存二碗半，炒米粉和为丸，每服五钱。（《卫生鸿宝》猪肺丸）

治产后乳汁不下：猪肝一具（切），红米一合，葱白、盐、豉等。上以肝如常法作羹食，作粥亦得。（《食医心镜》猪肝羹）

治女子阴中苦痒，搔之痛闷：取猪肝炙热，纳阴中。（《肘后方》）

治脾胃虚热：猪脾、陈橘皮红、生姜、人参、葱白（切，拍之）。合陈米水煮如羹，去橘皮，空腹食之。（《本草图经》）

治脾胃气弱，不下食，米谷不化：猪脾一具，猪胃一枚。上二味，净洗细切，入好米二合，如常法煮粥，空腹食。（《圣济总录》猪脾粥）

治脾脏肿大：猪脾1条，鲜白花丹根30g，煲水服。每日服1剂，15天为1个疗程。（《广西药用动物》）

治一切肺病，咳嗽脓血不止：猪胰一具，削薄，竹筒盛，于煻火中炮令极熟，食上吃之。（《食医心镜》）

治手足皲裂，出血疼痛：以酒挼猪胰，洗并服（敷）之。（《肘后方》）

治赤白癜风：猪胰一具，酒浸一时，饭上蒸熟食。不过十具。（《寿域神方》）

治糖尿病：新鲜猪胰1条，洗净，于开水中烫到半熟，以酱油拌食，每日1条。（《山东药用动物》）

滋润手面：杏仁、花粉各一钱，猪胰一个，红枣二枚（去皮、核），用好酒二杯浸之。早晚洗手面时擦之，皮肤光润。（《同寿录》）

治渴疾，饮水不止：干猪胞十枚，剪破，出却气，去却系著处，用干盆子一只，烧胞烟尽，取出，研令极细，每服一钱匕，温酒调下，不拘时候。（《圣济总录》甘露散）

治小儿尿床及产后遗尿：猪胞、猪肚各一个，糯米半升入脬内，更以脬入肚内，同五味煮食。（《活幼全书》缩泉方）

治肾风阴囊痒：猪尿胞火炙熟，空心吃，盐汤咽下。（《卫生易简方》）

治惊痫中风，壮热，吐舌出沫：豚卵一双（细切），当归二分。以醇酒三升，煮一升分服。（《普济方》）

治小儿腹股沟疝：猪隐睾一个（阉割小猪时取）。放瓦片上，用另一瓦合上，放炉内焙干后取出研末，一次口服。（内蒙古《中草药新医疗法资料选编》）

治秃疮：猪外肾，捣烂，去筋渣用。鲜用花椒、细茶熬水洗净，后将药搽上封固。（《鲁府禁方》秃疮方）

治疮肿、烧伤：将家猪肾鞭连根割下，混合猪苦胆煎煮。不加水，煮至成油状物的稠膏。取膏外敷或涂搽患处。（《彝医动物药》）

治小儿惊痫，发动无时：猪乳汁三合，以绵缠浸，令儿吮之，惟多尤佳。（《食医心镜》）

治妇人产后无乳汁：猪蹄一只，治如常，白米半升。上煮令烂，取肉切，投米煮粥，著盐、酱、葱白、椒、姜，和食之。（《食医心镜》猪蹄粥）

令面光泽、面洁白：大猪蹄一个。上以水二升，清浆水一升，煮令烂如胶，夜用涂面，晓以水洗之，面皮光急矣。（《圣惠方》）

治痈疽发背，或发乳房，初起微赤：母猪蹄二只，通草六分。以绵裹，和煮作羹食之。（《梅师集验方》）

治诸痔：猪后蹄甲不拘多少，烧存性，为末，陈米汤调二钱，空心服。（《直指方》猪甲散）

治小儿白秃：猪蹄甲七个，每个入白矾一块，枣儿一个，烧存性，研末。入轻粉、麻油调搽。（《本草纲目》）

治冻烂疮：猪后悬蹄。上一味，烧为灰，研细，以猪脂和敷之。（《圣济总录》猪蹄膏）

治久泻：陈火腿脚爪一个，白水煮一日，令极烂，连汤一顿食尽。（《救生苦海》）

四、牛科

牛科动物最初进化为草原物种，是专性食草动物，反刍功能完善，门齿和犬齿均退化，前白齿和白齿为高冠，珐琅质有褶皱，齿冠磨蚀后表面形成复杂的齿纹，适于吃草；多种雌雄均有角，骨心和角鞘终生生长，角中空，不分叉，固定不脱落，被称为"空心有角有蹄类动物"。除家牛、家羊和家牦牛外，牛科动物全部列入《世界自然保护联盟濒危物种红色名录》（IUCN）ver3.1。

牛科动物的梳理行为有助于保持它们的皮毛和皮肤清洁并驱除寄生虫。

1. 牛

牛科（Bovidae）哺乳动物、家畜。

黄牛被毛以黄色为最多，品种可能因此而得名，但也有红棕色和黑色等，在农区主要作役用，半农半牧区役乳兼用，牧区则乳肉兼用。

水牛皮厚、汗腺极不发达，热时需要浸水散热，所以得名水牛，自古以来就有农田里的"守护者""耕耘者"等美称。

黄牛全国各地均有饲养，水牛则以南方水稻田地区为多。《本草拾遗》："《神农本草经》不言黄牛、乌牛、水牛，但言牛。牛有数种，南人以水牛为主，北人以黄牛、乌牛为主。牛种既殊，人用亦别也。"《本草纲目》："水牛色青苍，大腹锐头，其状类猪，角若担矛，卫护其犊，能与虎斗。亦有白色者，郁林人谓之周留牛。又广南有稷牛，即果下牛，形最卑小，《尔雅》谓之犩牛，《王会篇》谓之纨牛是也。牛齿有下无上，察其齿而知其年，三岁二齿，四岁四齿，五岁六齿，六岁以后，每年接脊骨一节也。牛耳聋，其听以鼻。牛瞳竖而不横。其声曰牟，项垂曰胡……百叶曰膍，角胎曰鰓……嚼草复出曰齝，腹草未化曰圣齑。牛在畜属土，在卦属坤，土缓而和，其性顺也。《造化权舆》云："乾阳为马，坤阴为牛，故马蹄圆，牛蹄坼。马病则卧，阴胜也；牛病则立，阳胜也。马起先前足，卧先后足，从阳也；牛起先后足，卧先前足，从阴也。独以乾健坤顺为说，盖知其一而已。"

黄明胶之名首见于《食疗本草》。《本草纲目》云："黄明胶即今之水胶，乃牛皮所作，其色黄明。"《本草汇言》："黄明胶，止诸般失血之药也。梁心如曰：其性黏腻，其味甘涩，入服食药中，固气敛脱。与阿胶仿佛通用，但其性平补，宜于虚热者也。如散痈肿，调脓止痛，护膜生肌，则黄明胶又迈于阿胶一筹也。"

《说文解字》："鰓，角中骨也。"包孕角内，故谓之胎。或称牛角笋，形似竹笋也。

牛黄称为丑宝，乃因牛属丑，为隐名。牛黄始载于《神农本草经》，列为上品。陶弘景云："牛黄，今人多皆就胆中得之耳。唯以磨爪甲，舐拭不脱者是真。"《新修本草》云："牛有黄者，必多吼唤。喝迫而得之，谓之生黄，最佳。黄有三种：散黄粒如麻豆；漫黄若鸡卵中黄糊，在肝胆；圆黄为块，形有大小，并在肝胆中。"又云："其吴牛未闻有黄也。"《本草衍义》："牛黄，亦有骆驼黄，皆西戎所出也。骆驼黄极易得，医家当审别考而用之，为其形相乱也。黄牛黄轻松，自然微香，以此为异。盖又有牦牛黄，坚而不香。"李时珍云："牛之黄，牛之病也。其病在心及肝胆之间，凝结成黄。"

酥始载于《名医别录》。《本草经集注》云："酥出外国，亦从益州来，本是牛羊乳所为，作之自有法。"《新修本草》云："酥，揱酪作之，其性犹与酪异……酥有牛酥、羊酥，而牛酥胜羊酥，其牦牛复优于家牛也。"

酪始载于《本草经集注》。《新修本草》云："驴乳尤冷，不堪作酪也。"《本草拾遗》云："干酪强于湿酪，牛者为上。"《本草纲目》云："酪、潼，北人多造之。水牛、黄牛、牦牛、羊、马、驼之乳，皆可作之。入药以牛酪为胜，盖牛乳亦多尔。"

醍醐始载于《雷公炮炙论》，云："是酪之浆，凡用以绵重过滤，于铜器中沸三两沸了用。"《新修本草》载："醍醐，生酥中，此酥之精液也，好酥一石有三四升醍醐，熟杵炼，贮器中，待凝，穿中至底，便津出得之。"

《本草经疏》："牛食百草，其精华萃于胆，其味苦，其气大寒，无毒。"《本草纲目》："韩愗言：牛肉补气，与黄芪同功。"《医林纂要》："牛肉味甘，专补脾土，脾胃者，后天气血之本，补此则无不补矣。"

【入药部位及性味功效】

牛肉，为动物黄牛（*Bos taurus domesticus* Gmelin）或水牛（*Bubalus bubalis* Linnaeus）的肉。味甘，水牛肉性凉，黄牛肉性温。归脾、胃经。补脾胃，益气血，强筋骨。主治脾胃虚弱，气血不足，虚劳羸瘦，腰膝酸软，消渴，吐泻，痞积，水肿。

霞天膏，为动物黄牛的肉经熬炼而成之膏。味甘，性温。归脾经。健脾胃，补气血，润燥化痰。主治虚劳羸瘦，中风偏废，痰饮痞积，皮肤痰核。

黄明胶，又称水胶、牛皮胶、海犀胶、广胶、明胶，为动物黄牛的皮制成的胶。味甘，性平。归肺、大肠经。滋阴润燥，养血止血，活血消肿，解毒。主治虚劳肺痿，咳嗽咯血，吐衄，崩漏，下痢便血，跌打损伤，痈疽疮毒，烧烫伤。

牛骨，为动物黄牛或水牛的骨骼。宰牛时或加工牛肉时留下骨骼，去净残肉，烘干或晾干备用。味甘，性温。蠲痹，截疟，敛疮。主治关节炎，泻痢，疟疾，痔疮。

牛髓，为动物黄牛或水牛的骨髓。宰牛加工食品时，收集有髓腔的骨骼，敲取骨髓，鲜用。味甘，性温。归肾、心、脾经。补血益精，止渴，止血，止带。主治精血亏损，虚劳羸瘦，消渴，吐衄，便血，崩漏带下。

牛血，为动物黄牛或水牛的血液。宰牛时收集血液，鲜用。味咸，性平。归脾经。健脾补中，养血活血。主治脾虚羸瘦，经闭，血痢，便血，金疮折伤。

牛脂，为动物黄牛或水牛的脂肪。宰牛时取下脂肪，鲜用或熬后去滓用，亦可冷藏。味甘，性温。润燥止渴，止血，解毒。主治消渴，黄疸，七窍出血，疮疡疮癣。

黄牛角，又称牛角，为动物黄牛的角。宰牛时锯下牛角，水煮，去除内部骨质角䚡后，洗净，晒干或烘干。味苦，性寒。清热解毒，凉血止血。主治温病高热，神昏谵语，风毒喉痹，疮毒，血淋，吐血，崩漏，尿血。

牛角䚡，又称牛角胎、牛角笋，为动物黄牛或水牛角中的骨质角髓。加工牛角时，将取出的骨质角䚡用清水浸泡数日，再洗净，晒或烘干。味苦，性温。归肝、肾经。化瘀止血，收涩止痢。主治瘀血疼痛，吐血，衄血，肠风便血，崩漏，带下，痢下赤白，水泻，浮肿。

牛脑，为动物黄牛或水牛的脑。宰牛时取出脑髓，鲜用或烘干。味甘，性温。补脑祛风，止渴消痞。主治头风眩晕，脑漏，消渴，痞气。

牛鼻，为动物黄牛或水牛的鼻子。宰牛时取下鼻部，鲜用，亦可冷藏或烘干。味甘，性平。生津，下乳，止咳。主治消渴，妇人无乳，咳嗽，口眼歪斜。

牛齿，为动物黄牛或水牛的牙齿。宰牛时从口中取下牙齿，洗净，晾干。味涩，性凉。镇惊，固齿，敛疮。主治小儿牛痫，牙齿动摇，发背恶疮。

牛口涎，又称牛涎，为动物黄牛或水牛的唾液。以水洗牛口，涂抹少许食盐，少顷即有口涎流出，收集鲜用或冷藏。和胃止呕，明目去翳。主治反胃呕吐，噎膈，霍乱，喉闭口噤，目睛伤损，目翳。

牛喉咙，为动物黄牛或水牛的咽喉部。宰牛时取下喉部，洗净，鲜用。降逆止呕。主治反胃，呕逆。

牛靥，又称牛食系，为动物黄牛或水牛的甲状腺体。宰牛时取出甲状腺，洗净，烘干。味甘，性温。利咽消瘿。主治喉痹，气瘿。

牛肺，为动物黄牛或水牛的肺。宰牛时由胸腔中取出肺脏，用清水灌洗，除去血水，鲜用。味甘，性平。归肺经。益肺，止咳喘。主治肺虚咳嗽喘逆。

牛肚，又称牛百叶、牛膍，为动物黄牛或水牛的胃。宰牛时，剖腹取出胃，漂洗干净，鲜用或冷藏。味甘，性温。归脾、胃经。补虚羸，健脾胃。主治病后虚羸，气血不足，消渴，风眩，水肿。

牛羊草结，又称草结、西格格，为动物黄牛、水牛或山羊胃内的草结块。宰杀牛羊时检查胃部，如有草结块，取出晾干。味淡，性微温。降逆止呕。主治噎膈反胃，呕吐。

牛肠，为动物黄牛或水牛的肠。宰牛时剖腹取肠，漂洗干净，鲜用或冷藏。味甘，性平。归大肠、小肠经。厚肠。主治肠风痔漏。

牛肝，为动物黄牛或水牛的肝脏。宰牛时剖腹取肝脏，洗净，鲜用或烘干。味甘，性平。归肝经。补肝，养血，明目。主治虚劳羸瘦，血虚萎黄，青盲雀目，惊痫。

牛胆，为动物黄牛或水牛的胆或胆汁。从宰牛场收集，取得后挂起阴干或自胆管处剪开，将胆汁倾入容器内，密封冷藏，或加热使之干燥。味苦，性寒。归肝、胆、肺经。清肝明目，利胆通肠，解毒消肿。主治风热目疾，心腹热渴，黄疸，咳嗽痰多，小儿惊风，便秘，痈肿，痔疮。

牛黄，又称犀黄、丑宝，为动物黄牛或水牛的胆囊、胆管、肝管结石。全年均可收集，杀牛时取出肝脏，注意检查胆囊、肝管及胆管等有无结石，如发现立即取出，去净附着的薄膜，用灯心草包上，外用毛边纸包好，置于阴凉处阴干，切忌风吹、日晒、火烘，以防变质。天然牛黄因来自个别病牛体，产量甚微，供不应求。为解决牛黄药源不足，目前采用人工培育牛黄取得很好效果。味苦、甘，性凉。归心、肝经。清心凉肝，豁痰开窍，清热解毒。主治热病神昏，中风窍闭，惊痫抽搐，小儿急惊风，咽喉肿烂，口舌生疮，痈疽疔毒。

牛脾，又称牛连贴，为动物黄牛或水牛的脾脏。宰牛时，剖腹取脾脏，洗净鲜用，或烘干。味甘、微酸，性温。归脾、胃经。健脾开胃，消积除痞。主治脾胃虚弱，食积痞满，痔瘘。

牛肾，为动物黄牛或水牛的肾脏。宰牛时剖腹取出肾脏，洗净，鲜用，或冷藏。味甘、咸，性平。归肾经。补肾益精，强腰膝，止痹痛。主治虚劳肾亏，阳痿气乏，腰膝酸软，湿痹疼痛。

肾精子，为动物黄牛、水牛或猪的膀胱结石。宰牛或猪时检查膀胱，若发现内有结石，取出洗净，阴干。化石通淋。主治尿路结石。

牛鞭，为动物黄牛或水牛的阴茎和睾丸。杀雄牛后，割取阴茎和睾丸，除去残肉及油脂，整形后风干或低温干燥。味甘、咸，性温。补肾益精壮阳，散寒止痛。主治肾虚阳痿，遗精，宫寒不孕，遗尿，耳鸣，腰膝酸软，疝气。

牛胞衣，为动物黄牛或水牛的胎盘。母牛产仔时，收集胎盘，漂洗干净，烘干。味甘，性温。敛疮，止痢。主治臁疮，冷痢。

牛乳，为母牛乳腺中分泌的乳汁。现食用的牛乳系普通牛种经高度选育而成的专门化乳用品种（如黑白花牛等）产的乳汁。取奶牛乳汁，消毒后鲜用或冷藏。味甘，性微寒。归心、肺、胃经。补虚损，益肺胃，养血，生津润燥，解毒。主治虚弱劳损，反胃噎膈，消渴，血虚便秘，气虚下痢，黄疸。

酥，又称苏、酪苏、酥油、马思哥油、白酥油，为牛乳或羊乳经提炼而成的酥油。味甘，性微寒。归脾、肺、大肠经。养阴清热，益气血，止渴润燥。主治阴虚痨热，肺痿咳嗽，失音，吐血，消渴，便秘，肌肤失润。

酪，又称潼，为牛乳、羊乳、马乳、骆乳炼制而成的乳制品。味甘、酸，性微寒。归肺、胃、大肠经。滋阴清热，益肺养胃，止渴润燥。主治胸中烦热口渴，肠燥便秘，肌肤枯涩，瘾疹热疮。

醍醐，为牛乳制成的食用脂肪。味甘，性凉。归肺经。滋阴清热，益肺止血，止渴润燥。主治虚劳烦热惊悸，肺痿咳唾脓血，消渴，便秘，风痹，皮肤瘙痒。

牛筋，为动物黄牛或水牛的蹄筋。宰牛加工牛肉时取下蹄筋，洗净，鲜用或烘干。味甘，性凉。补肝强筋，祛风热，利尿。主治筋脉劳伤，风热体倦，腹胀，小便不利。

牛蹄，为动物黄牛或水牛的蹄。宰牛时取下蹄部，洗净，鲜用。味甘，性凉。清热止血，利水消肿。主治风热，崩漏，水肿，小便涩少。

牛蹄甲，为动物黄牛或水牛的蹄甲。在宰牛场收集，洗净，烘干。味甘，性温。定惊安神，敛疮。主治癫痫，小儿夜啼，臁疮。

牛皮，又称败鼓皮、败鼓牛皮，为动物水牛或黄牛的皮。宰牛时取皮，刮洗干净，鲜用或烘干。味咸，性平。利水消肿，解毒。主治水肿，腹水，尿少，痈疽疮毒。

水牛角，又称沙牛角，为动物水牛的角。全年均可采。取角后，水煮，除去角鳃，干燥。味苦、咸，性寒。归心、肝经。清热，解毒，凉血，定惊。主治热病头痛，高热神昏，发斑发疹，吐血、衄血，瘀热发黄，小儿惊风及咽喉肿痛，口舌生疮。

水牛尾，为牛科动物水牛的尾部。宰牛时割下尾部，刮皮洗净，鲜用或烘干备用。味咸，性平。利水消肿。主治水肿尿少。

临床上，牛胆汁治疗百日咳；牛黄治疗癫痫病、上呼吸道感染等；水牛角治疗精神分裂症、原发性血小板减少性紫癜等。

【经方验方应用】

治肺阴虚咳嗽：黄明胶 15g，杏仁 10g，糯米 15g，水煎服，日服 2 次。（《中国动物药》）

治寒湿脚气：黄明胶一块（细切，面炒成珠），研末。每服一钱，酒下。（《本草纲目》引《万氏方》）

治寒冻足跟，开裂血出疼痛：黄明胶烧灰。上一味，细研为末，以唾调涂之。（《圣济总录》牛胶散）

治原发性高血压：牛骨粉 1g，混食物中服用。每日 1 次，连续服用，可在 1 年内血压下降，并稳定在正常值。（《中国动物药》）

治瘦病：牛髓，和地黄汁、白蜜作煎服之。（《食疗本草》）

治瘫痪：熟牛骨内髓一碗，炼熟蜜一斤。二味滤过，入炒面一斤，炒干姜末三两。四味搅匀，丸如弹子大。每日服三四丸，细嚼酒下。（《万病回春》）

治皮肤枯燥如鱼鳞：牛骨髓、真酥油各等份。上二味合炼一处，以净瓷器贮之。每日空心用三匙，热酒调服。不饮酒者，蜜汤调。七日肌肤润泽，久服滋阴养血，止嗽，荣筋。（《古今医统》）

治手足皲裂：牛髓敷之。（《本草纲目》）

治狐臭：牛脂和胡粉三合，煎令可丸，涂腋下。（《外台》引《姚僧坦集验方》）

治赤秃发落：牛、羊角等份烧灰，上研如粉，以猪脂调敷之。（《普济方》）

治产后乳汁无：牛鼻肉洗净，切小片。上一味，以水煮烂，后入五味，如常羹法，任意食之。（《圣济总录》牛肉羹）

固牙齿：牛齿二十枚，固济瓶中，煅令通赤，取细研为末。水一盏，末二钱匕，煎令热，含浸牙齿，冷即吐却，永坚牢。（《政类本草》引耳珠先生方）

治晕车、晕船呕吐：牛羊草结为末，每次冲服 3g。（《内蒙古中草药》）

治妇人阴痒，有虫：取牛肝，截五寸，绳头纳入阴中，半日虫入肝，出之。（《外台》引《古今录验方》）

治急慢性气管炎，咳嗽：牛胆汁 1 份，面粉 2 份。共混合炒热，每日服 3 次，每次 0.9g，开水送下服。（《广西药用动物》）

治酒渣鼻：牛黄末，水调敷之。（《普济方》）

疗痔：牛脾一具，熟煮，空腹食之尽，勿与盐酱等。一具不瘥，更与一具。从旦至未令尽。（《千金翼方》）

老人补益：真生牛乳一钟。先将白米作粥，煮半熟，去少汤。入牛乳，待煮熟盛碗，再加酥一匙服之。（《调燮类编》）

治大病后不足，万病虚劳：黄牛乳一升。以水四升，煎服一升。如人饥，稍稍饮之，不得过多。（《千金要方》）

治玉茎生疮：牛蹄甲烧灰，油调敷之。（《本草纲目》引《奚囊备急方》）

治银屑病极痒抓烂：牛角爪烧灰存性，为末，香油调搽。（《寿世保元》）

治耳疮：败鼓牛皮，醋浸涂，或烧灰猪脂调涂。（《本草求原》）

治流行性乙型脑炎、高热惊厥：水牛角片，3岁以内每日30g，3岁以上每日60g。水煎2小时，每日2～3次分服。一般用药1周以上，或用到患者完全清醒为止。（《食物中药与便方》）

2. 羊

牛科哺乳动物、家畜。

山羊是人类最早驯化的一种家畜，为人类提供肉、奶、皮、毛等主要生活资料，在人类农业文明和经济发展中有着重要的作用。

绵羊性情既胆怯，又温顺，易驯化。公绵羊多有螺旋状大角具有威慑性，母绵羊无角或角细小；由于毛的保温和隔热作用，能耐寒、耐热。肉质鲜嫩，为人类提供肉和毛皮等产品。

山羊又名长髯主簿。《说文解字》云："羊，象头角足尾之形。孔子曰：牛羊之字，以形举也。"《礼记·曲礼》称祭祀用的羊为柔毛。《尔雅义疏》："羊，祥也……以羊为祥善之物也。"山羊有长髯，戏称"长髯主簿"。《说文解字》："夏羊牡曰羭。"《说文通训定声》："夏羊，黑羊。"故羭谓黑色公羊。

羖羊角入药始载于《神农本草经》，列为中品。《本草经集注》云："羊有三四种，最以青色者为胜，次则乌羊。"《本草图经》曰："羊之种类亦多，而羖羊亦有褐色、黑色、白色者。毛长尺余……北人引大羊以此群羊为首，又谓之羊头。"《本草衍义》曰："羖羊角出陕西、河东……尤狠健，毛最长而厚，此羊可入药，如要食，不如无角白大羊。"《本草纲目》云："生江南者为吴羊，头身相等而毛短；生秦晋者为夏羊，头小身大而毛长，土人二岁而剪其毛，以为毡物，谓之绵羊。"吴羊即之山羊。

《药性论》："青羊肝服之明目。"《本草纲目》："按倪维德《原机启微》集云，羊肝补肝，与肝合，引入肝经，故专治肝经受邪之病。今羊肝丸治目有效，可征。"《本草纲目》又曰："肝开窍于目，胆汁减则目暗。目者，肝之外候，胆之精华也，故诸胆皆治目病。"《药性纂要》："胆汁甚凉，人之胆汁减则目昏，肝开窍于目，目属肝之外候，胆之精华所注也。故诸胆皆治目，而羊胆尤甚。"

【入药部位及性味功效】

羖羊角，为动物雄性山羊（*Capra hircus* Linnaeus）或雄性绵羊（*Ovis aries* Linnaeus）的角。四季均可采收，锯角，干燥。味苦、咸，性寒。归肝、心经。清热，镇惊，明目，解毒。主治风热头痛，温病发热神昏，烦闷，吐血，小儿惊痫，惊悸，青盲内障，痈肿疮毒。

羊皮，为动物山羊或绵羊的皮。宰羊时剥取皮肤，鲜用或烘干。味甘，性温。补虚，祛瘀，消肿。主治虚劳赢弱，肺脾气虚，跌打肿痛，蛊毒下血。

羊肉，为动物山羊或绵羊的肉。味甘，性热。归脾、胃、肾经。温中健脾，补肾壮阳，益气养血。主治脾胃虚寒，食少反胃，泻痢，肾阳不足，气血亏虚，虚劳赢瘦，腰膝酸软，阳痿，寒疝，产后虚赢少气，缺乳。

羊骨，为动物山羊或绵羊的骨骼。宰羊时取骨骼鲜用，或冷藏、烘干。味甘，性温。归肾经。补肾，强筋骨，止血。主治虚劳赢瘦，腰膝无力，筋骨挛痛，耳聋，齿摇，膏淋，白浊，久泻，久痢，月经过多，鼻衄，便血。

羊髓，为动物山羊或绵羊的骨髓或脊髓。宰羊时取骨髓或脊髓，鲜用。味甘，性平。益阴填髓，润肺泽肤，清热解毒。主治虚劳腰痛，骨蒸劳热，肺痿咳嗽，消渴，皮毛憔悴，目赤障翳，痈疽疮疡。

羊血，为动物山羊或绵羊的血液。宰羊时取血，将鲜血置于平底器皿内晒干，切成小块，或将血灌入羊肠中，用细绳扎成3～4cm长的小节，晒干。味咸，性平。补血，止血，散瘀，解毒。主治妇女血虚中风，月经不调，崩漏，产后血晕，吐血，衄血，便血，痔血，尿血，筋骨疼痛，跌打损伤。

羊脂，为动物山羊或绵羊的脂肪油。宰羊时剖腹取脂肪，置锅内煎熬，滤出油脂，冷却。味甘，性温。补虚，润燥，祛风，解毒。主治虚劳赢瘦，久痢，口干便秘，肌肤皲裂，痿痹，赤丹肿毒，疮癣疮疡，烧烫伤，冻伤。

羊头蹄，为动物山羊或绵羊的头或蹄肉。宰羊时取下头或蹄，去毛洗净，鲜用或冷藏。味甘，性平。补肾益精。主治肾虚劳损，精亏赢瘦。

羊脑，为牛科动物山羊或绵羊的脑髓。宰羊时剖开盖骨取脑髓鲜用，或冷藏。味甘，性温。补虚健脑，润肤。主治体虚头昏，皮肤皲裂，筋伤骨折。

羊须，为动物山羊或绵羊的胡须。剪取山羊的胡须，晒干。收涩敛疮。主治小儿疳疮，小儿口疮。

羊靥，为动物山羊或绵羊的甲状腺体。宰羊时从颈部取下甲状腺体，鲜用或烘干。味甘、淡，性温。化痰消瘿。主治气瘿。

羊肺，为动物山羊或绵羊的肺。宰羊时剖开胸腔取肺，鲜用或冷藏。味甘，性平。归肺经。补肺，止咳，利水。主治肺痿，咳嗽气喘，消渴，水肿，小便不利或频数。

羊心，为动物山羊或绵羊的心脏。宰羊时剖开胸腔取心脏，鲜用。味甘，性温。归心经。养心，解郁，安神。主治心气郁结，惊悸不安，膈中气逆。

羊肚，又称羊胃、羊脆肚，为动物山羊或绵羊的胃。宰羊时剖腹取胃，洗净鲜用或冷藏。味甘，性温。归脾、胃经。健脾胃，补虚损。主治脾胃虚弱，虚劳赢瘦，纳呆，反胃，自汗盗汗，消渴，尿频。

羊胲子，又称羊哀、百草丹，为动物山羊胃中的草结。宰山羊时剖腹取胃，如其中有草结，取出洗净，晾干。味淡，性温。归胃经。降逆，止呕，解百草毒。主治噎膈反胃，噫气，晕船呕吐，草药中毒。

羊肝，为动物山羊或绵羊的肝。宰羊时剖腹取肝，洗净，鲜用。或切片晒干、烘干。味甘、苦，性凉。归肝经。养血，补肝，明目。主治血虚萎黄，羸瘦乏力，肝虚目暗，雀目，青盲，障翳。

羊胆，为动物山羊、绵羊或青羊的胆汁。宰羊时，剖腹，割取胆囊，将胆管扎紧，悬通风处晾干。或取新鲜胆汁入药。味苦，性寒。归肝、胆经。清热解毒，明目退翳，止咳。主治目赤肿痛，青盲夜盲，翳障，肺痨咳嗽，小儿热惊，咽喉肿痛，黄疸，痢疾，便秘，热毒疮疡。

羊黄，为动物山羊的胆囊结石。宰羊时，剖腹，取胆囊，如发现有结石，即取出，洗净，晾干。味苦，性平，有小毒。清热，开窍，化痰，镇惊。主治热盛神昏，风痰闭窍，谵妄，惊痫。

羊胰，为动物山羊或绵羊的胰脏。宰羊时剖腹取胰脏，鲜用或冷藏。润肺止咳，泽肌肤，止带。主治肺燥久咳，皮肤晦暗，带下。

羊肾，又称羊肾子、羊腰子，为动物山羊或绵羊的肾。宰羊时剖腹取肾，鲜用或冷藏。味甘，性温。归肾经。补肾，益精。主治肾虚劳损，腰脊冷痛，足膝痿弱，耳鸣，耳聋，消渴，阳痿，滑精，尿频，遗尿。

羊脬，又称羊胞，为动物山羊或绵羊的膀胱。宰羊时剖腹取膀胱，洗净，鲜用或冷藏。味甘，性温。缩小便。主治下焦气虚，尿频遗尿。

羊外肾，又称羊石子、羊卵子、羊肾，为动物山羊或绵羊的睾丸。宰杀公羊时，割取睾丸，洗净，悬通风处晾干。味甘、咸，性温。归肾经。补肾，益精，助阳。主治肾虚精亏，腰背疼痛，阳痿阴冷，遗精，滑精，淋浊，带下，消渴，尿频，疝气，睾丸肿痛。

羊胎，为动物山羊或绵羊母羊的胎盘。母羊生产小羊时收集胎盘，洗净，鲜用或烘干。味甘、咸，性温。补肾益精，益气养血。主治肾虚羸瘦，久疟，贫血。

羊乳，为动物山羊或绵羊的乳汁。取乳羊的乳汁，消毒后鲜用。味甘，性微温。补虚，润燥，和胃，解毒。主治虚劳羸瘦，消渴，心痛，反胃呕逆，口疮，漆疮，蜘蛛咬伤。

临床上，山羊角治疗流行性感冒。

【经方验方应用】

治肝阳头痛、痉挛、抽掣，小儿惊痫，妇女产后中风：山羊角，削片或研末，取30g，水煎服。（《食物中药与便方》）

治流行性乙型脑炎，高热神昏，谵语抽风：山羊角30g，钩藤6～9g，水煎服。（《食物中药与便方》）

治支气管炎：陈山羊角1只，炙灰，研末，每日服2～3次，开水冲服。分3天服完。（《广西药用动物》）

治赤秃发落：羖羊角、牛角，烧灰等份，猪脂调敷。（《普济方》）

益肾气，强阳道：白羊肉半斤。去脂膜，切作生。以蒜齑食之，三日一度。（《食医心镜》）

治血小板减少性紫癜、再生不良性贫血：生羊胫骨1～2根（敲碎），加红枣10～20个，糯米适量。同煮稀粥，每日2～3次分服。15天为1个疗程。（《食物中药与便方》）

治大便下血：羊血，煮熟，拌醋食。（《本草纲目》引《便民食疗》）

治误食钩吻及毒菌等中毒：山羊血大量灌服，有解毒急救之效。（《食物中药与便方》）

治半身不遂、中风：羊脂，入粳米、葱白、姜、椒、豉煮粥，日食一具。（《寿世青编》羊脂粥）

治手脚皲裂：山羊油外敷。（《青藏高原药物图鉴》）

治诸中风：羊肚一枚，粳米二合，葱白数茎，豉半合，蜀椒（去目，闭口者，炒出汗）三十粒，生姜二钱半（细切）。上六味拌匀，入羊肚内，烂煮熟，五味调和，空心食之。（《饮膳正要》羊肚羹）

治尿床：①取羊肚，盛水令满，线缚两头，熟煮，即开，取中水顿服之。②取羊脬一个，盛水满中，炭火烧之尽肉，空腹食之。（《千金要方》）

治久咳：羊肝60g，香油30g，共炒熟，少许盐，内服。（《东北动物药》）

治远年咳嗽：羊胰三具，大枣百枚。酒五升，渍七日，饮之。（《肘后方》）

治肾劳损精竭：炮羊肾一枚。去脂，细切，于豉汁中，以五味、米糁如常法作羹食，作粥亦得。（《食医心镜》）

治下焦虚冷、脚膝无力、阳事不行：羊肾一个（熟煮），和半大两炼成乳粉，空腹食之。（《食医心镜》）

治小儿口烂疮：取羊乳，细细沥口中。（《外台秘要》引《小品方》）

治漆疮：羊乳汁涂之。（《千金要方》）

参考文献

[1] 才晓玲.常见食用菌简介 [M].北京：中国农业大学出版社，2018.

[2] 蔡和晖，廖森泰，叶运寿，等.金针菇的化学成分、生物活性及加工研究进展 [J].食品研究与开发，2008（11）：171-175.

[3] 柴铁劬.吃对食物调好体质 [M].北京：中国纺织出版社，2016.

[4] 常庆涛，刘荣甫，马小凤，等.药食同源作物荞麦的营养保健价值及栽培技术 [J].金陵科技学院学报，2016，32（2）：67-70.

[5] 陈海华，董海洲.大麦的营养价值及在食品业中的利用 [J].西部粮油科技，2002（2）：34-36.

[6] 陈冉静.银耳功能性食品生产工艺及生物活性研究 [D].成都：西华大学，2015.

[7] 陈瑞娟，毕金峰，陈芹芹，等.胡萝卜的营养功能、加工及其综合利用研究现状 [J].食品与发酵工业，2013，（10）：201-206.

[8] 崔再兴，李玲.豌豆的特征特性及开发利用价值 [J].杂粮作物，2010，30（2）：154-155.

[9] 单峰，黄璐琦，郭娟，等.药食同源的历史和发展概况 [J].生命科学，2015，27（8）：1061-1069.

[10] 邓德江.平菇高效栽培实用新技术 [M].北京：中国农业大学出版社，2015.

[11] 范文虎，车璐.我国"三品一标"建设统计研究初探 [J].中国农业资源与区划，2019，40（7）：11-16.

[12] 浮吟梅.食品营养与健康 [M].北京：中国轻工业出版社，2021.

[13] 傅润民，杜澍.板栗 [M].北京：中国展望出版社，1985.

[14] 顾德兴.普通生物学 [M].北京：高等教育出版社，2000.

[15] 顾雪梁.中外花语花趣辞典 [M].杭州：浙江人民出版社，2005.

[16] 郭春景.芹菜的营养价值与安全性评价 [J].吉林农业，2018（6）：83-84.

[17] 国家中医药管理局《中华本草》编委会.中华本草 [M].上海：上海科学技术出版社，1999.

[18] 何莉，张天伦.黄花菜的生物学特性及应用价值分析 [J].农业科技通讯，2012（3）：176-178.

[19] 胡忠仁.莴苣的食疗功能 [J].中国保健营养，1998（2）：38.

[20] 黄龙雨.莲地下茎发育的适应性进化与遗传机理研究 [D].武汉：中国科学院大学（中国科学院武汉植物园），2017.

[21] 黄年来，林志彬，陈国良.中国食药用菌学 [M].上海：上海科学技术文献出版社，2010.

[22] 蒋莉丽.乡村振兴背景下农产品品牌战略探讨 [J].中小企业管理与科技，2021，34：136-138，142.

[23] 李刚.抚顺林区的野生侧耳资源调查 [J].中国林副特产，2013（5）：2.

[24] 李俊香.核桃的价值及其前景分析 [J].科技与创新，2014（8）：161.

[25] 李梅.中医药学基础 [M].北京：中国医药科技出版社，2016.

[26] 李鹏，王彦鹏，张志成.猴头菇的历史文化溯源与食疗文化 [J].中国食用菌，2019，38（12）：112-114.

[27] 李其忠.张伯讷中医学基础讲稿 [M].北京：人民卫生出版社，2009.

[28] 李天培.番薯的营养和经济价值 [J].中国土特产，2000（6）：28.

[29] 李新正，刘瑞玉，梁象秋.中国长臂虾总科的动物地理学特点 [J].生物多样性，2003，11（5）：14.

[30] 李月梅.香菇的研究现状及发展前景 [J].微生物学通报，2005（4）：149-152.

[31] 刘世河.碎笔闲说大白菜 [J].养生月刊.2019，40（4）：376-377.

[32] 刘世珍.中华猕猴桃的营养价值 [J].中国食物与营养，2003（5）：48-49.

[33] 刘兴旺，张海涛.鲫鱼营养生理研究进展 [J].广东饲料，2012，21（4）：33-35.

[34] 鲁涤非.花卉学 [M].北京：中国农业出版社，2001.

[35] 路新国.《黄帝内经》与中国传统饮食营养学 [J].南京中医药大学学报（社会科学版），2001（4）：174-178.

[36] 唐雪阳，谢果珍，周融融，等.药食同源的发展与应用概况 [J].中国现代中药，2020，22（09）：1428-1433.

[37] 孟瑜清.樱桃栽培技术 [M].北京：中国农业大学出版社，2015.

[38] 缪士毅."地下雪梨"——荸荠 [J].保健医苑，2015（1）：2.

[39] 南京中医学院.中医学概论 [M].长沙：湖南科学技术出版社，2013.

[40] 沈蓓，吴启南，陈蓉，等.芡实的现代研究进展 [J].西北药学杂志，2012，27（2）：185-187.

[41] 沈玉帮，张俊彬，李家乐．草鱼种质资源研究进展 [J]．中国农学通报，2011，27（7）：369-373.

[42] 生活彩书堂编委会．五谷杂粮护健康一本全 [M]．北京：中国纺织出版社，2010.

[43] 施小墨．药食同源不得病——谈谈中医养生与传承发展（上）[J]．中老年保健，2020（10）：8-9.

[44] 施小墨．药食同源不得病——谈谈中医养生与传承发展（下）[J]．中老年保健，2020（11）：8-9.

[45] 宋国安．枸杞籽的药用保健价值与开发前景 [J]．中国食物与营养，2005（7）：26-28.

[46] 苏山玉，马瑞霞．猴头菇的生物学特性与栽培技术 [J]．河北农业科技，2007（9）：45-46.

[47] 孙博．几种水产品营养成分分析 [D]．大连：辽宁师范大学，2011.

[48] 孙远明．食品营养学（第3版）[M]．北京：中国农业大学出版社，2019.

[49] 孙长颢．营养与食品卫生学（第8版）[M]．北京：人民卫生出版社，2017.

[50] 万文豪．中国菱科植物分类研究 [J]．南昌大学学报（理科版），1984（2）：73-80.

[51] 王立峰．薏米中多酚类物质对抗氧化、抗肿瘤和降血脂作用的评价研究 [D]．无锡：江南大学，2012.

[52] 王良忠．豇豆的营养价值及秋季高产高效栽培技术 [J]．魅力中国，2014（9）：109.

[53] 王文亮，王守经，宋康，等．海带的功能及其开发利用研究 [J]．中国食物与营养，2008（8）：26-27.

[54] 王文亮，徐同成，刘丽娜，等．金针菇的保健功能及其开发前景 [J]．中国食物与营养，2011，17（7）：18-19.

[55] 王子儒．食疗佳品——南瓜 [J]．中老年保健，2012（2）：52.

[56] 谢果珍，唐雪阳，梁雪娟，等．药食同源的源流内涵及定义 [J]．中国现代中药，2020，22（9）：1423-1427，1462.

[57] 徐志建，戴网成，沈晓昆．家鸭品种资源的忧思 [J]．中国畜禽种业，2013，9（6）：123-124.

[58] 严仲铠．中华食疗本草 [M]．北京：中国中医药出版社，2018.

[59] 颜正华．颜正华中药学讲稿 [M]．北京：人民卫生出版社，2011.

[60] 杨铭铎，龙志芳，李健．香菇风味成分的研究 [J]．食品科学，2006（5）：223-226.

[61] 岳建华．发展药食同源产业助力健康中国战略——《中国食品》杂志专访中国药膳研究会会长杨锐 [J]．中国食品，2020（16）：17-19，16.

[62] 悦读坊．你应该了解的四季瓜果菜蔬知识（插图版）[M]．武汉：湖北科学技术出版社，2016.

[63] 张江凡，齐甜甜，董传举，等．中国不同鲫鱼品系系统发育关系研究进展 [J]．河南水产，2018（3）：25-27.

[64] 张全斌，赵婷婷，綦慧敏，等．紫菜的营养价值研究概况 [J]．海洋科学，2005（2）：69-72.

[65] 张润光，苏东华，张小翠．香菇的营养保健功能及其产品开发 [J]．食品研究与开发，2004（4）：125-128.

[66] 张卫明．一带一路经济植物 [M]．天津：东南大学出版社，2017.

[67] 周雄祥，魏玉翔．无公害紫苏栽培技术 [J]．长江蔬菜，2017（3）：42-44.

[68] 朱文嘉，王联珠，郭莹莹，等．我国紫菜产业现状及质量控制 [J]．食品安全质量检测学报，2018，9（13）：3353-3358.

[69] 主流．实用饮食与营养常识 [M]．成都：成都时代出版社，2016.

[70] 邹莉，李玲，池玉杰．松口蘑的研究进展 [J]．中国食用菌，2005（3）：11-13.

[71] 邹宇晓，徐玉娟，廖森泰，等．冬瓜的营养价值及其综合利用研究进展 [J]．中国果菜，2006（5）：46-47.